图 1-3　万里长城

图 1-4　秦始皇陵复原图

图 1-9　清明上河图

图 1-12　圆明园复原图

图 1-17　16 世纪画家曾画的巴比伦空中花园

图 1-18　雅典卫城

图 1-19　古罗马斗兽场

图 1-20　泰姬陵

图 1-21　巴黎圣母院

图 1-22　克里姆林宫

图 1-23　圣彼得大教堂

图 1-24　罗马耶稣会教堂

图 1-25　美国国会大厦

图 1-26　威斯敏斯特宫

图 1-27　巴黎歌剧院

图 1-28　流水别墅

图 1-30　上海世博会中国馆

图 1-31　应县木塔

图 1-32　混合结构房屋

图 1-33　钢筋混凝土建筑

图 1-34　钢结构建筑

图 2-4　混凝土浇筑

图 2-9　大跨度钢结构

图 2-10　钢筋混凝土结构

图 2-16　光圆钢筋

图 2-17　带肋钢筋

(a)　防水卷材

(b)　土工膜防水板材

(c)　隔声材料

(d)　吸声材料

(e)幕墙

图 2-27　建筑功能材料

图 2-28　岩棉

图 2-29　玻璃纤维短切丝

图 2-30　蛭石

图 2-31　泡沫玻璃

图 4-2　钢筋混凝土结构高层住宅楼

图 4-3　钢结构厂房

图 4-4　木结构房屋

图 4-5　砖混结构房屋

图 4-6　框架结构房屋

图 4-7　剪力墙结构房屋

图 5-1　岭南建筑

图 5-2　西南地区的山地建筑

图 5-3　西藏的藏居

图 5-4　羌族的碉楼

图 5-5　徽派建筑

图 5-6　北京四合院

图 5-7　苗族吊脚楼

图 5-8　傣族竹楼

图 5-9　窑洞

图 6-1　定位放线

图 6-2　土方开挖

21世纪高职高专土建系列工学结合型规划教材

高职高专土建专业“互联网+”创新规划教材

全新修订

建筑工程概论

主　编◎申淑荣　王淑群

副主编◎王　维　闫振林

参　编◎魏　松

主　审◎徐锡权

内 容 简 介

本书依据国家相关标准规范、学科发展需要、高职高专的教学规律和教学特点，以适合职业岗位实际需要为宗旨，以使学生了解建筑工程专业知识为目标，来编写教材的基本内容。本书力求内容实用、精练、重点突出，注重与建设工程现行工程设计、施工规范及标准紧密结合。全书分为绪论和 10 个学习模块，模块内容分别为建筑概述、建筑材料、建筑制图、建筑构造、建筑工程设计、建筑工程施工、建设项目管理、工程防灾和抗灾、建筑信息化、建筑产业现代化等。

本书可作为高职高专、各类成人高等教育土建类专业及建筑工程行业相关专业的教材，也可供有关建筑工程类专业技术人员参考使用。

图书在版编目(CIP)数据

建筑工程概论/申淑荣，王淑群主编. —北京：北京大学出版社，2015.8
(21 世纪高职高专土建系列工学结合型规划教材)
ISBN 978-7-301-25934-4

Ⅰ. ①建…　Ⅱ. ①申…　②王…　Ⅲ. ①建筑工程—高等职业教育—教材　Ⅳ. ①TU

中国版本图书馆 CIP 数据核字(2015)第 125013 号

书　　名　建筑工程概论
著作责任者　申淑荣　王淑群　主编
策划编辑　杨星璐
责任编辑　刘健军
标准书号　ISBN 978-7-301-25934-4
出版发行　北京大学出版社
地　　址　北京市海淀区成府路 205 号　100871
网　　址　http://www.pup.cn　新浪官方微博：@北京大学出版社
电子信箱　pup_6@163.com
电　　话　邮购部 010- 62752015　发行部 010-62750672　编辑部 010-62750667
印 刷 者　河北滦县鑫华书刊印刷厂
经 销 者　新华书店
787 毫米×1092 毫米　16 开本　15.75 印张　彩插 8　378 千字
2015 年 8 月第 1 版　2015 年 8 月第 1 次印刷
2019 年 8 月修订　2021 年 7 月第 6 次印刷
定　　价　41.00 元

修订前言

“建筑工程概论”是土建相关专业的学生入校以后了解专业的一个窗口。本书主要介绍了“建筑工程概论”课程的作用、建筑工程的有关基础知识、建筑材料、建筑制图、建筑工程的基本构造、建筑工程的设计程序、建筑工程的施工技术、建筑工程施工过程中的模块管理、工程防灾和抗灾等。通过学习本课程，学生将对土建专业及将要学习的专业知识有大体的了解，为以后专业课的学习打下很好的基础。

近年来国家规范变动很大，目前按新规范编写的此类教材较少。本书依据最新颁布的国家、行业规范及标准编写的。

根据学科发展需要，本次修订在原教材基础上增加了模块 9 建筑信息化和模块 10 建筑产业现代化两部分内容。

本书在编写中力求反映高等职业技术教育的特点，突出以下特色。

(1) 图文并茂，浅显易懂。根据目前高职学生的认知能力和综合素质，本书在内容的处理上做到知识结构合理，图文并茂，浅显易懂。

(2) 采取任务驱动方式编写模块。模块前编写学习目标、职业目标、涉及专业、体系地位、学习要求和导入案例，模块后编写模块小结和复习思考题。

(3) 配备多媒体辅助教学资源包。包括教学标准、多媒体课件、资源库等资料。

(4) 加强课后训练。每个模块附有课后练习题。

(5) 以“互联网+”思维在书中增加了拓展阅读。读者可通过手机的“扫一扫”功能，扫描书中的二维码，阅读更丰富、更直观的拓展知识内容，使学习不再枯燥。

本书由申淑荣、王淑群担任主编。王维、闫振林担任副主编。本书本次修订的具体编写分工是：日照职业技术学院申淑荣编写绪论、模块 1、模块 2、模块 10；鲁中职业学院王淑群编写模块 3；日照职业技术学院王维编写模块 5、模块 6；日照职业技术学院魏松编写模块 4、模块 8；河南财政税务高等专科学校闫振林编写模块 7、模块 9。全书由日照职业技术学院申淑荣统稿。

本书由日照职业技术学院(国家一级注册建造师)徐锡权主审，主审认真审阅了书稿，并提出了许多宝贵意见和建议；同时在本书编写过程中还参阅和检索了一些院校的优秀教材内容，吸收了国内外许多同行专家的最新研究成果，均在参考文献中列出，谨在此表示衷心的感谢。

由于编者水平所限，书中如有不足之处，敬请使用本书的师生与读者批评指正，以便修订时改正。

编　者

2019 年 1 月

CONTENTS

目录

绪　论

“建筑工程概论”是建筑及工程类专业的入门课程，用于指导进入建筑工程及相关专业学习的学生正确认识有关建筑工程学科的地位和作用，了解本学科的培养目标和素质要求，树立正确的学习目的和良好的学习态度，为学习本学科的基本理论知识和专业知识打下思想基础。

一、课程性质和特点

本课程为建筑及工程类专业的一门综合性专业基础课，具有实践性强和综合性强的特点。其基本目的是获得对中外建筑学科与建筑艺术、建筑技术发展概况；建筑结构与建筑构造知识；建筑制图、建筑设计、建筑人居环境；常用建筑材料特性、用途及其生产工艺；建筑施工组织、建筑防灾抗灾等相关知识点的完整而系统的认识，使学生把握住专业的学习方向，以利于今后更好地从事专业课程方面的学习和研究。

二、课程目标

课程设置的目标是使得学生能够：

(1) 熟悉建筑及建筑学的真正含义、基本建筑知识、建筑发展历史等多方面的内容，掌握现代科学技术对建筑的影响；

(2) 掌握建筑结构体系及建筑构造；

(3) 掌握城市与建筑规划知识，中国传统建筑文化，熟悉城市规划与生态环境知识，了解建筑设计的基本程序与方法；

(4) 掌握建筑材料的种类、特性及其工程技术性质；

(5) 掌握建筑设备的种类、组成、特性及建筑施工组织的内容；

(6) 了解建筑产业现代化的发展；

(7) 将上述内容与建筑工程相联系，为进一步专业课程的学习打下良好的基础。

三、与相关课程的联系与区别

本课程是在学生入校后开设的一门全面介绍建筑专业知识与基本知识的课程，是“建筑制图”“房屋建筑学”“建筑材料”“建筑施工”“建筑设备”“工程造价”等专业课程的衔接课程。

四、建筑工程专业的培养目标

我国高等学校建筑工程专业的培养目标是：培养适应社会主义现代化建设需要，德智体全面发展，掌握建筑工程学科的基本理论和基本知识，获得建筑工程师的基本训练，具有创新精神的高级工程科学技术人才，毕业生能从事建筑工程的设计、施工与管理工作，具有初步的工程项目规划和研究开发能力。

1. 基本素质

(1) 思想政治德育素质

热爱祖国，拥护党的基本路线，懂得马克思列宁主义、毛泽东思想、邓小平理论基本原理，具有爱国主义、集体主义、社会主义思想和良好的思想品德；具有健康的体魄、良好的心理素质，能够经受挫折、不断进取；具有广泛的社会交往能力，适应各种社会环境；思路开阔、敏捷，善于处理突发问题；具有公平竞争与组织协调的能力；具有敬业精神、团队意识和创新能力。

(2) 科学人文素质

具有高等职业技术人员必备的人文、科学基础知识；具有确切的汉语语言、文字表达能力，具有一定的外语阅读、听说与查阅专业技术资料的能力；具有联系实际、实事求是的科学态度；具有资源节约、爱护环境、清洁生产、安全生产的观念及基本知识；具有良好的文化、艺术修养等素质。

(3) 职业素质

热爱本职，忠于职守；深入实际，勇于攻关；一丝不苟，精益求精；严格自律，不谋私利；团结协作，互相配合；遵章守纪，维护公德。

(4) 身体心理素质

具有一定的体育、健康和军事基本知识，掌握科学锻炼身体的方法和基本技能，接受必要的军事训练，达到国家规定的大学生体质健康标准和军事训练合格标准；具有健康的身体和良好的心理素质。

2. 知识要求

① 具有本专业所必需的数学、力学、信息技术、建设工程法律法规知识。

② 掌握建筑构造、建筑结构的基本理论和专业知识。

③ 掌握建筑材料与检测、建筑施工、建筑工程计量与计价、施工管理、质量检验、施工安全等专业技术知识。

④ 具有建筑水、电、设备等相关专业技术知识。

⑤ 了解建筑施工新材料、新工艺、新技术的相关信息。

⑥ 具有 1～2 个主要工种操作的初步技能。

3. 能力要求

(1) 职业核心能力

① 具有建筑工程施工的能力。

② 具有建筑工程管理的能力。

(2) 职业岗位能力

① 能够对工程材料及制品进行检验、使用和保管。

② 能够正确识读和熟练绘制建筑工程施工图。

③ 能够熟练操作建筑测量仪器，并能进行施工测量。

④ 能够进行建筑工程造价计算和编制施工组织设计，并能参与投标报价。

⑤ 能够收集、整理、编制施工技术资料。

⑥ 会运用规范和技术标准对工程质量进行检验与安全管理，分析和解决施工中的一般

技术问题。

⑦ 能熟悉建筑施工过程，掌握建筑施工技术及质量标准、安全要求，组织施工。

⑧ 能够从事建筑工程项目管理，制订管理计划，并能组织实施、检查分析。

4. 职业态度

(1) 具有良好的职业道德。

(2) 具有一定的社会责任心。

(3) 具有爱岗敬业的精神。

(4) 具有诚实守信的品质。

(5) 具有团队协作的能力。

5. 建筑工程专业主要教学方式

(1) 课堂教学

课堂教学是学校教学的主要教学形式，即通过教师讲授，学生听课来学习。

(2) 实训教学

通过实训掌握专业技能。例如，试验，通过试验手段掌握试验技术，弄懂科学原理；测量实训，通过距离、高程、地形等的测绘掌握测量的技能；课程设计，任何一个工程项目确定后都要通过设计，然后通过施工，最后交付使用。设计是综合运用所学的知识，提出自己的设想和技术方案，并以工程图纸及其说明书来表达自己的设计意图，在根本上培养学生自主学习、自主解决问题的能力。

(3) 施工实习

贯彻理论联系实际的原则，让学生到施工现场或管理部门学习生产技术和管理知识。

模块1

建筑概述

学习目标

了解建筑工程的基本概念，建筑的发展历史，建筑的发展趋势。掌握建筑的构成要素，建筑方针及建筑方针之间的关系，建筑的分级。熟悉建筑的分类。

学习要求

能力目标	知识要点	权　重
建筑工程的基本概念	建筑、建筑物、构筑物、建设工程	10%
建筑的发展历史	汉式建筑、中国古代建筑的发展、国外建筑的发展	10%
建筑的发展趋势	高层、超高层、大跨度、大空间建筑；更加人性化的建筑；环保、节能建筑	10%
建筑构成要素	建筑功能、建筑技术、建筑形象	20%
建筑方针	适用、安全、经济、美观	20%
建筑的分类	工业建筑、农业建筑、民用建筑、大量性建筑、大型性建筑、木结构建筑、混合结构建筑、钢筋混凝土结构建筑、钢结构建筑	15%
建筑的分级	耐火等级、耐久年限等级	15%

导入案例

普利兹克建筑奖一年一度由凯悦基金会(Hyatt Foundation)颁发，“以表扬在世建筑师，其建筑作品展现了其天赋、远见与奉献等特质的交融，并透过建筑艺术，立下对人道与建筑环境延续意义重大的贡献”。奖项 1979 年由杰伊 · 普利兹克与其妻子辛蒂设立，并由普利兹克家族提供资金，它被公认是全球最主要的建筑奖项之一，有“建筑界的诺贝尔奖”的美誉。

每年有五百多名从事建筑设计工作的建筑师被提名这一奖项，由来自世界各地的知名建筑师及学者组成评审团评出一个个人或组合，以表彰其在建筑设计创作中所表现出的才智、洞察力和献身精神，以及其通过建筑艺术为人类及人工环境方面所作出的杰出贡献，被誉为建筑学界的诺贝尔奖。

普利兹克奖授奖“无关国籍、种族、宗教或思想”，受奖者可获得奖金 10 万美元、奖状，以及自 1987 年起增颁的铜质奖章一只，奖章背面的拉丁文铭刻——firmitas、utilitas、venustas (坚固、适用、美观)——源自罗马建筑师维特鲁威。1987 年前，受奖者可获得限量亨利 · 摩尔雕像与奖金。该奖项由美国总统颁奖并致辞，在享有盛名的建筑物如白宫、古根海姆美术馆等地方举办颁奖会，印制刊物并举办巡回各国的得奖作品展。1979—2014 年期间，普利兹克奖已颁给 39 位建筑师，对于世界上的建筑师而言，获奖意味着至高无上的终身荣耀。

普利兹克建筑奖在许多程序上及奖金方面参照了诺贝尔奖。普利兹克建筑奖的获奖者可以得到 10 万美元的奖金，一个正式的获奖证书，1987 年以后还增加了一块铜质奖章(在这之前为每位获奖者颁发的是一座限量制版的亨利 · 摩尔的雕塑)。奖章正面图案的设计是以有“摩天楼之父”美称的芝加哥著名建筑师 Louis Sullivan(沙里文)的设计为基础，刻有“The Pritzker Architecture Prize” (Pritzker 建筑奖)字样，获奖者的姓名刻在奖章正中，奖章背面刻着亨利 · 沃顿 1624 年在其《建筑的要素》一书中提出的建筑的 3 个基本条件:“坚固、适用、美观”。

任何国家的任何人，无论是政府官员、作家、批评家、学者、建筑师、建筑团体、实业家，只要有志于发展建筑学，都可以被提名为候选人。该奖无任何国家、种族、信仰和意识形态偏见。

历届普利兹克建筑奖获得者见表 1-1。

表 1-1　历届普利兹克建筑奖获得者

年份	届别	获得者姓名	获得者所在国家
1979 年	第一届	菲利普 · 约翰逊	美国
1980 年	第二届	路易斯 · 巴拉甘	墨西哥
1981 年	第三届	詹姆斯 · 斯特林	英国
1982 年	第四届	凯文 · 洛奇	美国
1983 年	第五届	贝聿铭	美国
1984 年	第六届	理查德 · 迈耶	美国
1985 年	第七届	汉斯 · 霍莱因	奥地利

续表

年份	届别	获得者姓名	获得者所在国家
1986 年	第八届	戈特弗里德·玻姆	德国
1987 年	第九届	丹下健三	日本
1988 年	第十届	戈登·邦夏(美国)和奥斯卡·尼迈耶 (巴西)	美国、巴西
1989 年	第十一届	弗兰克·盖里	美国
1990 年	第十二届	阿尔多·罗西	意大利
1991 年	第十三届	罗伯特·文丘里	美国
1992 年	第十四届	阿尔瓦罗·西扎	葡萄牙
1993 年	第十五届	槙文彦	日本
1994 年	第十六届	克里斯蒂安·德·波特赞姆巴克	法国
1995 年	第十七届	安藤忠雄	日本
1996 年	第十八届	拉斐尔·莫内欧	西班牙
1997 年	第十九届	斯维勒·费恩	挪威
1998 年	第二十届	伦佐·皮亚诺	意大利
1999 年	第二十一届	诺曼·福斯特	英国
2000 年	第二十二届	雷姆·库哈斯	荷兰
2001 年	第二十三届	雅克·赫尔佐格和皮埃尔·德·梅隆	瑞士
2002 年	第二十四届	格伦·马库特	澳大利亚
2003 年	第二十五届	约翰·伍重	丹麦
2004 年	第二十六届	扎哈·哈迪德	英国
2005 年	第二十七届	汤姆·梅恩	美国
2006 年	第二十八届	保罗·门德斯·达·罗查	巴西
2007 年	第二十九届	理查德·罗杰斯	英国
2008 年	第三十届	让·努维尔	法国
2009 年	第三十一届	彼得·卒姆托	瑞士
2010 年	第三十二届	妹岛和世和西泽立卫	日本
2011 年	第三十三届	艾德瓦尔多·苏托·德·莫拉	葡萄牙
2012 年	第三十四届	王澍	中国
2013 年	第三十五届	伊东丰雄	日本
2014 年	第三十六届	坂茂	日本
2015 年	第三十七届	弗雷·奥托	德国

1.1 建筑工程的基本概念

建筑是建筑物与构筑物的总称，是人们为了满足社会生活需要，利用所掌握的物质技术手段，并运用一定的科学规律、风水理念和美学法则创造的人工环境。供人们进行生产、生活或其他活动的房屋或场所称为建筑物，如住宅、医院、学校、商店等；人们不能直接在其内进行生产、生活的建筑称为构筑物，如水塔、烟囱、桥梁、堤坝、纪念碑等。

本书所涉及的建筑主要是建筑物。

1. 建筑工程

建筑工程是为新建、改建或扩建房屋建筑物和附属构筑物设施所进行的规划、勘察、设计和施工、竣工等各项技术工作和完成的工程实体，以及与其配套的线路、管道、设备的安装工程，也指各种房屋、建筑物的建造工程，又称建筑工作量。

房屋建筑物的建造工程包括厂房、剧院、旅馆、商店、学校、医院和住宅等，其新建、改建或扩建必须兴工动料，通过施工活动才能实现。附属构筑物设施指与房屋建筑配套的水塔、自行车棚、水池等。线路、管道、设备的安装指与房屋建筑及其附属设施相配套的电气、给排水、暖通、通信、智能化、电梯等线路、管道、设备的安装活动。

2. 建设工程与建筑工程概念的区别

根据《建设工程质量管理条例》第二条规定，此处所称建设工程是指土木工程、建筑工程、线路管道和设备安装工程及装修工程。显然，建筑工程为建设工程的一部分，与建设工程的范围相比，建筑工程的范围相对较窄，其专指各类房屋建筑及其附属设施和与其配套的线路、管道、设备的安装工程，因此也被称为房屋建筑工程。故此，桥梁、水利枢纽、铁路、港口工程，以及不是与房屋建筑相配套的地下隧道等工程均不属于建筑工程范畴。

1.2 建筑的历史及发展

中华民族在五千年的悠久历史中，创造出了光辉灿烂的建筑文化。中国传统建筑经过几千年的形成、发展、成熟、演变的过程，已经成为世界上独具风格的一门建筑科学，在世界上自成系统、独树一帜，和欧洲建筑、伊斯兰建筑并称世界三大建筑体系。在古代以中国为中心，以汉式建筑为主，传播至日本、朝鲜、蒙古和越南等国，形成了别具一格的建筑风格，在人类的文明史上写下了光辉的篇章。

1.2.1 中国建筑发展史

中国建筑艺术是世界建筑史上延续时间最长、分布地域最广、有着特殊风格和建构体系的造型艺术。古老的中国建筑体系大约发端于距今八千年前的新石器时代。当时，原始文明的星火遍布中华大地，仰韶文化、龙山文化、河姆渡文化等创造的木骨泥墙、木结构榫卯、地面式建筑、干阑式建筑等建筑技术和样式，为一个伟大的建筑体系播下了种子，如图 1-1 所示。夏代和商代是这个体系的萌芽期，两代不仅出现了壁垒森严的城市和建于夯土台上的大殿，中国传统建筑的基本空间构成要素——廊院也产生了，如河南偃师二里头早商都城遗址(图 1-2)，有长、宽均为百米的夯土台，台上建有八开间的殿堂，周围以廊，是迄今发现的我国最早的规模较大的木架夯土建筑和庭院的实例。

图 1-1　原始半穴居建筑复原

图 1-2　夏朝二里头宫殿的廊院建筑

到了周朝和春秋战国时期，中国古代建筑体系已初步形成。周朝建筑布局对称严谨，此后历代宫殿、坛庙、住宅、方格网城市等建筑群体的布局原则基本遵从周制。这一时期的建筑还追求高大、华丽和宏伟，瓦、砖、斗拱、高台建筑也出现了。

秦朝和汉朝是中国建筑发展史的第一个高峰。两朝建筑体制宏伟，博大雄浑，如万里长城 (图 1-3)、秦始皇陵(图 1-4)、阿房宫(图 1-5)、建章宫(图 1-6)……魏晋南北朝是传统建筑持续发展和佛教建筑传入的时期，这一时期的中国建筑，融进了许多传自古印度(天竺)、西亚的建筑形式与风格。经过魏晋南北朝的过渡，隋唐两朝开始对外来文化进一步兼收并蓄。到公元 7 世纪中晚期至 8 世纪中期的盛唐，中国建筑艺术的发展达到了顶峰。

图 1-3　万里长城

图 1-4　秦始皇陵复原图

图 1-5　阿房宫

图 1-6　建章宫

隋、唐时期的建筑，既继承了前代成就，又融合了外来影响，形成了一个独立而完整的建筑体系，把中国古代建筑推到了成熟阶段，并远播影响于朝鲜、日本。隋朝在建筑上颇有作为，修建了都城大兴城，营造了东都洛阳，开凿了南起余杭(杭州)，北达涿郡(北京)，东始江都，西抵长安(西安)，长约 2500km 的大运河，修筑万里长城，修建了一座世界上最早的敞肩式单孔并列券石拱桥赵州桥(又称安济桥)，如图 1-7 所示。唐朝是中国封建社会经济文化发展的高潮时期，建筑技术和艺术也有巨大发展。唐朝建筑的风格特点是气魄宏伟，严整开朗。建筑发展到了一个成熟的时期，形成了一个完整的建筑体系。它规模宏大，气势磅礴，形体俊美，庄重大方，整齐而不呆板，华美而不纤巧，舒展而不张扬，古朴却富有活力，正是当时时代精神的完美体现。唐代木构建筑的代表五台山佛光寺，如图 1-8 所示。

晚唐、五代和宋、辽、金、元的建筑，则上续盛唐之余脉，下启不同之风格。其中尤以宋朝建筑最为杰出，它以自己的“醇和秀美”逐步替代了唐朝建筑的“雄健深沉”，清明上河图 5m 多长的画卷里，其中描绘的房屋、桥梁、城楼等各有特色，完整地体现了宋朝建筑的特征，如图 1-9 所示。北宋崇宁二年(1103 年)，朝廷颁布并刊行了《营造法式》。这是一部有关建筑设计和施工的规范书，是一部完善的建筑技术专书。这部书的颁行，反映出中国古代建筑到了宋朝，在工程技术与施工管理方面已达到了一个新的历史水平。

图 1-7　赵州桥

图 1-8　五台山佛光寺

图 1-9　清明上河图

元、明、清三朝六百多年，中国建筑的历史是最后的发展高潮。元朝营建大都及宫殿，明朝营造南、北两京及宫殿。在建筑布局方面，较之宋朝更为成熟、合理。元朝建筑白塔寺(图 1-10)、明朝的建筑佳作长城、南京城、北京城和北京紫禁城(图 1-11)，清朝的圆明园(图 1-12)、颐和园(图 1-13)、承德避暑山庄(图 1-14)、天坛(图 1-15)，都是中国建筑的瑰宝，构成了中国古代建筑史的光辉华章。

图 1-10　元代建筑白塔寺

图 1-11　北京紫禁城

图 1-12　圆明园复原图

图 1-13　颐和园

图 1-14　承德避暑山庄

图 1-15　天坛

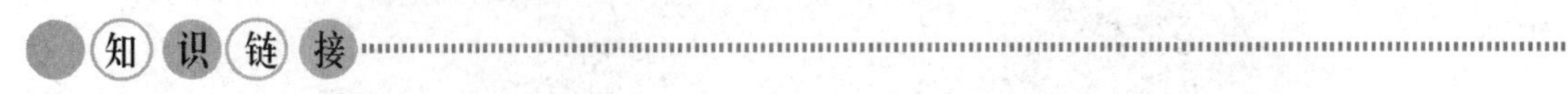

知识链接

中国古代建筑的特点如下。

(1) 以木构架为主的结构方式

中国古代建筑惯用木构架作房屋的承重结构。木构梁柱系统约在春秋时期已初步完备并广泛采用，到了汉朝发展得更为成熟。木构架结构大体可分为抬梁式、穿斗式、井干式。

(2) 独特的单体造型

中国古代建筑的单体，大致可以分为屋基、屋身、屋顶 3 个部分。凡是重要建筑物都建在基座台基之上，一般台基为一层，大的殿堂如北京明清故宫太和殿，建在高大的三重台基之上。单体建筑的平面形式多为长方形、正方形、六角形、八角形、圆形。中国古代建筑的屋顶形式丰富多彩。早在汉朝已有庑殿、歇山、悬山、囤顶、攒尖几种基本形式，并有了重檐顶。以后又出现了勾连搭、单坡顶、十字坡顶、盝顶、拱券顶、穹窿顶等许多形式。

(3) 中轴对称、方正严整的群体组合与布局

中国古代建筑多以众多的单体建筑组合而成为一组建筑群体，大到宫殿，小到宅院，莫不如此。它的布局形式有严格的方向性，常为南北向。中国古代建筑群的布置总要以一条主要的纵轴线为主，将主要建筑物布置在主轴线上，次要建筑物则布置在主要建筑物前的两侧，东西对峙，组成一个方形或长方形院落。

(4) 变化多样的装修与装饰

中国古代建筑对于装修、装饰极为讲究，凡一切建筑部位或构件，都要美化，所选用的形象、色彩因部位与构件性质不同而有别。台基和台阶本是房屋的基座和进屋的踏步，给以雕饰，配以栏杆，就显得格外庄严与雄伟。屋面装饰可以使屋顶的轮廓形象更加优美，增加了屋顶形象的艺术感染力。门窗、隔扇属外檐装饰，以其各种形象、花纹、色彩增强了建筑物立面的艺术效果。天花板、藻井是室内上空、屋顶内部的一种装饰。在建筑物上施彩绘是中国古代建筑的一个重要特征，是建筑物不可缺少的一项装饰艺术。

(5) 写意的山水园景

中国古典园林的一个重要特点是有意境，它与中国古典诗词、绘画、音乐一样，重在写意。造景家用山水、岩壑、花木、建筑等来表现某一艺术境界，故中国古典园林有写意山水园之称。

1.2.2 国外建筑的发展

古埃及是世界历史上最悠久的文明古国之一。金字塔是古埃及文明的代表作，是埃及国家的象征。金字塔分布在尼罗河两岸，古上埃及和下埃及，今苏丹和埃及境内。金字塔是古埃及法老的陵墓，大小不一，最大的是胡夫金字塔，高 137.2m，底长 230m，共用 230 万块平均每块 2.5t 的石块，占地 52000m^2。胡夫金字塔的建成时间大约距今 4700 年前，它仍然为世界之最，蔚为人间的壮观。狮身人面像是按照胡夫的脸型，雕刻的一座高 20m，长 57m，脸长 5m，头戴“奈姆斯”皇冠，额上刻着“库伯拉”圣蛇浮雕，下颌有帝王的标志(下垂的长须)的雕像，如图 1-16 所示。

巴比伦空中花园是古代世界七大奇迹之一，又称悬苑。在公元前 6 世纪由巴比伦王国的尼布甲尼撒二世在巴比伦城为其患思乡病的王妃安美依迪丝修建的。现已不存于世。空中花园据说采用立体造园手法，将花园放在四层平台之上，由沥青及砖块建成，平台由 25m 高的柱子支撑，并且有灌溉系统，奴隶不停地推动连系着齿轮的把手。园中种植各种花草树木，远看犹如花园悬在半空中，如图 1-17 所示。

图 1-16 胡夫金字塔及狮身人面像

图 1-17 16 世纪画家曾画的巴比伦空中花园

雅典卫城(图1-18)是希腊最杰出的古建筑群，是综合性的公共建筑，为宗教政治的中心

地。雅典卫城，也称为雅典的阿克罗波利斯，希腊语为“阿克罗波利斯”，原意为“高处的城市”或“高丘上的城邦”。雅典卫城面积约有 $4km^2$，位于雅典市中心的卫城山丘上，始建于公元前 580 年，集古希腊建筑与雕刻艺术之大成。卫城中最早的建筑是雅典娜神庙和其他宗教建筑。现存的主要建筑有山门、帕特农神庙、伊瑞克提翁神庙等。这些古建筑无可非议地堪称人类遗产和建筑精品，在建筑学史上具有重要地位。

古罗马竞技场亦称罗马斗兽场(图 1-19)，是古罗马帝国专供奴隶主、贵族和自由民观看斗兽或奴隶角斗的地方。罗马斗兽场，亦译作罗马大角斗场、罗马竞技场、罗马圆形竞技场、科洛西姆、哥罗塞姆，原名弗莱文圆形剧场，建于公元 72—82 年，是古罗马文明的象征。遗址位于意大利首都罗马市中心，它在威尼斯广场的南面，古罗马市场附近。从外观上看，它呈正圆形；俯瞰时，它是椭圆形的。它的占地面积约 2 万平方米，最大直径为 188m，小直径为 156m，圆周长 527m，围墙高 57m，这座庞大的建筑可以容纳近 9 万人的观众。

图 1-18　雅典卫城

图 1-19　古罗马斗兽场

泰姬陵(图 1-20)是印度知名度最高的古迹之一，在今印度距新德里 200 多千米外的北方邦的阿格拉城内，亚穆纳河右侧。它是莫卧儿王朝第 5 代皇帝沙贾汗为了纪念已故皇后泰姬·玛哈尔而建立的陵墓，被誉为“完美建筑”，又称为“印度的珍珠”。它由殿堂、钟楼、尖塔、水池等构成，全部用纯白色大理石建筑，用玻璃、玛瑙镶嵌，具有极高的艺术价值。泰姬陵的构思和布局充分体现了伊斯兰建筑艺术庄严肃穆、气势宏伟的特点，整个建筑富于哲理，是一个完美无缺的艺术珍品。这一非凡杰作被称为印度的奇珍，是伊斯兰教建筑中的代表作。

巴黎圣母院(图 1-21)是一座哥特式风格基督教教堂，是古老巴黎的象征。它矗立在塞纳河畔，位于整个巴黎城的中心。它的地位、历史价值无与伦比，是历史上最为辉煌的建筑之一。该教堂以其哥特式的建筑风格，祭坛、回廊、门窗等处的雕刻和绘画艺术，以及堂内所藏的 13—17 世纪的大量艺术珍品而闻名于世。虽然这是一幢宗教建筑，但它闪烁着法国人民的智慧，反映了人们对美好生活的追求与向往。

图 1-20　泰姬陵

图 1-21　巴黎圣母院

克里姆林宫(图 1-22)位于莫斯科市中心，坐落在涅格林纳河和莫斯科河汇合处的鲍罗维茨丘陵上，南临莫斯科河，西北接亚历山大罗夫斯基花园，东南与红场相连，呈不等边三角形。面积 27.5 万平方米，周长 2000 多米。曾为莫斯科公国和 18 世纪以前的沙皇皇宫。它由许多教堂、宫殿、花园和多层塔组成，其中最壮观、最著名的要属带有鸣钟的斯巴斯基钟楼。5 座最大的城门塔楼和箭楼装上了红宝石五角星，即克里姆林宫红星。克里姆林宫高大坚固的围墙和钟楼、金顶的教堂、古老的楼阁和宫殿构成了一组无比美丽而雄伟的艺术建筑群。它是俄罗斯国家的象征，是世界上最大的建筑群之一，是历史瑰宝、文化和艺术古迹的宝库，享有“世界第八奇景”的美誉。

圣彼得大教堂(图 1-23)是文艺复兴的建筑，由米开朗基罗设计。也是罗马基督教的中心教堂，也是欧洲天主教徒的朝圣地与梵蒂冈罗马教皇的教廷，呈罗马式建筑和巴洛克式建筑风格，是全世界第一大圆顶教堂。登教堂正中的圆穹顶部可眺望罗马全城；在圆穹内的环形平台上，可俯视教堂内部，欣赏圆穹内壁的大型镶嵌画。圣彼得大教堂是现在世界上最大的教堂，总面积 2.3 万平方米，主体建筑高 45.4 米，长约 211 米，最多可容纳近 6 万人同时祈祷。

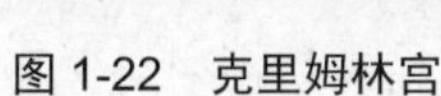

图 1-22　克里姆林宫

图 1-23　圣彼得大教堂

意大利文艺复兴晚期著名建筑师和建筑理论家维尼奥拉设计的罗马耶稣会教堂(图 1-24)，是由手法主义向巴洛克风格过渡的代表作，也有人称之为第一座巴洛克建筑。罗马耶稣会教堂平面为长方形，端部突出一个圣龛，由哥特式教堂惯用的拉丁十字形演变而来，中厅宽阔，拱顶布满雕像和装饰，两侧用两排小祈祷室代替原来的侧廊，十字正中升起一座穹窿顶。教堂立面借鉴早期文艺复兴建筑大师阿尔伯蒂设计的佛罗伦萨圣玛丽亚小教堂的处理手法。正门上面分层檐部和山花做成重叠的弧形和三角形，大门两侧采用了倚柱和扁壁柱。立面上部两侧做了两对大涡卷。巴洛克风格打破了对古罗马建筑理论家维特鲁威的盲目崇拜，也冲破了文艺复兴晚期古典主义者制定的种种清规戒律，反映了向往自由的世俗思想。

近现代建筑创作中的复古思潮是指从18世纪60年代到19世纪末流行于欧美的古典复兴、浪漫主义和折中主义。

美国国会大厦(图1-25)是美国国会所在地，位于美国首都华盛顿—哥伦比亚特区，华盛顿25m高的国会山上，是美国的心脏建筑。美国人把它看作是民有、民治、民享政权的最高象征。国会大厦经过重建、多次扩建，最终形成了全长233m的3层建筑，以白色大理石为主料，中央顶楼上建有出镜率极高的3层大圆顶，圆顶之上立有一尊6m高的自由女神青铜雕像。大圆顶两侧的南北翼楼，分别为众议院和参议院办公地。众议院的会议厅就是美国总统宣读年度国情咨文的地方。它仿照巴黎万神庙，极力表现雄伟，强调纪念性，是古典复兴风格建筑的代表作。

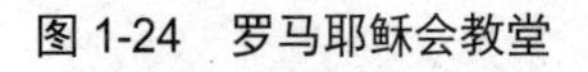

图1-24　罗马耶稣会教堂

图1-25　美国国会大厦

威斯敏斯特宫(图1-26)又称国会大厦，是英国国会(包括上议院和下议院)的所在地。威斯敏斯特宫是哥特式建筑的代表作之一，1987年被列为世界文化遗产。该建筑包括约1100个独立房间、100座楼梯和4.8km长的走廊。尽管今天的宫殿基本上由19世纪重修而来，但依然保留了初建时的许多历史遗迹，如威斯敏斯特厅(可追溯至1097年)，今天用作重大的公共庆典仪式。

巴黎歌剧院又称为加尼叶歌剧院(图1-27)，是一座位于法国巴黎，拥有2200个座位的歌剧院。巴黎歌剧院是世界上最大的抒情剧场，总面积11237m^2。歌剧院是由查尔斯·加尼叶于1861年设计的，其建筑将古希腊罗马式柱廊、巴洛克等几种建筑形式完美地结合在一起，规模宏大，精美细致，金碧辉煌，被誉为是一座绘画、大理石和金饰交相辉映的剧院，给人以极大的享受，是拿破仑三世典型的建筑之一。巴黎歌剧院是折中主义建筑的代表作，也是法兰西第二帝国的重要纪念物，剧院立面仿意大利晚期巴洛克建筑风格，并掺进了烦琐的雕饰，它对欧洲各国建筑有很大影响。

图 1-26　威斯敏斯特宫

图 1-27　巴黎歌剧院

流水别墅(图 1-28)是现代建筑的杰作之一，它位于美国匹兹堡市郊区的熊溪河畔，由F.L.赖特设计。别墅的室内空间处理也堪称典范，室内空间自由延伸，相互穿插；内外空间互相交融，浑然一体。流水别墅在空间的处理、体量的组合及与环境的结合上均取得了极大的成功，为有机建筑理论作了确切的注释，在现代建筑历史上占有重要地位。

图 1-28　流水别墅

1.2.3　现代建筑的发展

进入 21 世纪，建筑得到了飞速的发展。近些年来，随着经济和科学技术的发展，人民生活水平的提高，建筑工程，尤其是房屋建筑工程发展很快，并显示出以下主要趋势。

1. 高层、超高层、大跨度、大空间建筑

随着土地资源的紧缺和新结构、新材料、新方法的不断涌现，建筑工程正向高层、超高层、大跨度、大空间方向发展。如近几年，很多城市新建有不少标志性的超高建筑，并建有一些大型公共建筑，如北京 2008 年奥运会场馆——“鸟巢”堪称钢结构大跨度建筑世界之最，如图 1-29 所示。

图 1-29　奥运会场馆——鸟巢

2. 环保、节能建筑

随着人类环保意识的不断加强，无

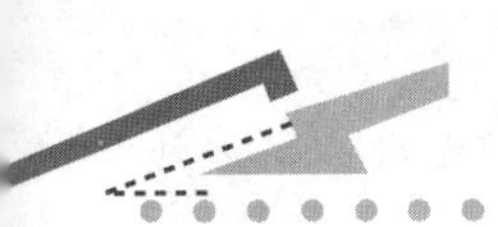

毒、无公害的绿色建材将日益推广，人类将用更新更好的建筑材料来营造自己的绿色家园。如人们正在研制和开发一些绿色建材，并在设计和建造中充分考虑减少污染问题，建造智能建筑。如天津的零碳建筑处于智能建筑的高级阶段，既然是零碳建筑，其全年的能耗能通过自身来解决，在这方面文体中心采用了光伏发电和低温地热发电相结合的方法，可以保证建筑内的电力供应自给自足。同时，建筑设计上还包括了无刷电机，温度、湿度独立控制的系统，还有能耗的计量和控制系统。随着智慧城市在我国的发展，天津市已经被国际智能社区论坛评为最具有潜力的中国智能社区城市。

3. 更加人性化的建筑

在大力提倡以人为本，构建和谐社会的主导思想推动下，建筑设计理念更加人性化。如为盲人设计专门的通道，卫生间的门触摸可自动开关，更利于盲人使用，体现了人文关怀。又如设置电动门通过感应可自动开闭；电动窗遇下雨、室内无人，也可自动关闭，免去人们的担心。使用声控灯、感应水龙头等，使房屋建筑更符合人们要求的房屋设计等。

4. 更加现代化的建筑

在建筑满足人类一般使用需求后，现在人类更加追求适用、舒适、有利健康、高标准、多功能的现代化建筑，以使生活质量进一步提高，如智能化建筑。

总之，建筑正随同社会和时代的发展日新月异，进入了崭新的时代。

1.2.4 未来建筑发展的趋势

未来的建筑会呈现三大特点。首先，节能减排的绿色建筑，用的是最健康的材料；其次，智能化的建筑，是人类工程学、环境科学、系统工程学、信息科学、建筑设计技术等元素交叉综合运用的综合体；再次，建筑设计本身达到建筑艺术的层面，能给人以美的享受。

1.3 建筑的构成要素

建筑的构成要素主要有三方面，即建筑功能、建筑技术和建筑形象。

1.3.1 建筑功能

建筑功能是指建筑物在物质和精神方面必须满足的使用要求。当人们说某个建筑物适用或者不适用时，一般是指它能否满足某种功能要求。所以建筑的功能要求是建筑物最基本的要求，也是人们建造房屋的主要目的。

在人类社会，建筑的功能除了满足人的物质生活要求之外，还有社会生活和精神生活方面的功能要求，因此，具有一定的社会性。

建筑功能要求是随着社会生产和生活的发展而发展的，从构木为巢到现代化的高楼大厦，从手工业作坊到高度自动化的大工厂，建筑功能越来越复杂多样，人们对建筑功能的要求也越来越高。不同的功能要求产生了不同的建筑类型，如各种生产性建筑、居住建筑、公共建筑等。而不同的建筑类型又有不同的建筑特点。因此，建筑功能是决定各种建筑物性质、类型和特点的主要因素。

1.3.2 建筑技术

建筑技术是建造房屋的手段，包括建筑材料与制品技术、结构技术、施工技术、设备技术等，建筑不可能脱离技术而存在。

建筑技术是受社会生产水平和科学技术水平制约的。例如，随着生产和科学技术的发展，各种新材料、新结构、新设备不断出现，同时工业化施工水平不断提高，建筑技术也出现了新的面貌。新的建筑功能要求由于建筑技术上可行而得以实现，如多功能大厅、超高层建筑等。建筑在满足社会的物质要求和精神要求的同时，也会反过来向建筑技术提出新的要求，推动建筑技术进一步发展。总之，建筑技术是建筑发展的重要因素，只有在建筑技术具有一定水平的条件下，建筑的物质功能要求和艺术审美要求才有可能充分实现。

1.3.3 建筑形象

建筑形象是指根据建筑的功能和艺术审美要求，并考虑民族传统和自然环境条件，通过建筑技术的建造，构成一定的建筑形象。构成建筑形象的因素，包括建筑的体形、内外部的空间组合、立面构图、细部处理、材料的质感与色彩、光影变化及装饰的处理等。如果对这些因素处理得当，就能产生良好的艺术效果，给人以一定的感染力，如庄严雄伟、朴素大方、轻松愉快、简洁明朗、生动活泼等。

建筑形象并不单纯是一个美观问题，它还常常反映社会和时代的特征，表现出特定时代的生产水平、文化传统、民族风格和社会精神面貌；表现出建筑物一定的性格和内容。例如，埃及的金字塔、希腊的神庙、中世纪的教堂、中国古代的宫殿、近现代出现的摩天大楼以及我国北京的人民大会堂、中央电视台总部大楼，巴黎埃菲尔铁塔、爱德华凯旋门等，它们都有不同的建筑形象，反映着不同的社会文化和时代背景。

2010 年上海世博会中国国家馆(图 1-30)，以城市发展中的中华智慧为主题，表现出了“东方之冠，鼎盛中华，天下粮仓，富庶百姓”的中国文化精神与气质。展馆的展示以“寻觅”为主线，带领参观者行走在“东方足迹”“寻觅之旅”“低碳行动”3 个展区，在“寻觅”中发现并感悟城市发展中的中华智慧。

图 1-30 上海世博会中国馆

1.3.4 建筑三要素的关系

由于建筑首先是一种物质资料的生产，因此建筑形象就不能离开建筑的功能要求和建筑技术而任意创造，否则就会走形式主义、唯美主义的歧途。

这三者之中，建筑功能起主导作用；建筑技术是达到目的的手段，技术对功能又有约束和促进作用；建筑形象是建筑功能、技术和艺术内容的综合表现。在优秀的建筑作品中，这三者是辩证统一，不可分割的。

1.4 建筑方针

随着我国综合国力的不断提升，对建筑物的建造标准也不断提高，因此，制定出一个科学的、全面的、能充分体现建筑本身属性的建筑方针势在必行。住房和城乡建设部总结了以往建设的实践经验，结合我国实际情况，制定了新的建筑技术政策，明确指出建筑业的主要任务是“全面贯彻适用、安全、经济、美观”的方针。

“适用”主要是针对建筑的功能属性。建房子主要是为了使用，适合使用当然是第一位的。不仅如此，“适用”这个词还有可延伸的含义，经济条件更好了，就不仅是适用，还要舒适，舒适也可包含在适用当中。

“安全”主要是针对建筑的保障属性，即房子适用和美观的前提是房子应该是安全的。有些专家讲的是“坚固”，我们认为还是改为“安全”更确切。比如抗震设防，根据地质地震分析，确定不同地区的设防烈度，建筑在发生规定的设防烈度地震时不影响正常使用、不坏，就是满足了安全度要求，而坚固表达不了这个意思。安全还有防火、防盗、私密性保障等要求，也是坚固所包含不了的。

“经济”是与建筑的适用、美观、安全均有关的建筑属性，但它与安全度的关系更紧密，所以把它放在安全之后更科学。新中国成立以来多次修改规范，安全度不断提高，钢筋混凝土工程的用钢量不断提高，经济性当然就不断降低，但这个降低是有意的、可控的。把经济写入建筑方针还有更重要的意义，就是要尽量避免不必要的浪费。从狭义上讲，建筑的安全和经济与结构专业更密切。结构专业的任务就是把安全与经济这一对矛盾处理好，找到二者的结合点，把建筑做得既安全又经济。既要注意建筑物本身的经济效益，又要注意建筑物的社会和环境的综合效益。

“美观”是在适用、安全、经济的前提下，把建筑美和环境美作为设计的重要内容，搞好室内外环境设计，为人民创造良好的工作和生活条件。政策中还提出对待不同建筑物、不同环境，要有不同的美观要求。

适用和美观既紧密相连又有一定的矛盾。比如对适用来讲，建筑形体越规整越好，但形体太规整了就会影响建筑的美观。所以，建筑学专业就是处理好适用与美观的矛盾，找到矛盾的结合点，以把建筑做得既适用又美观。

总之，把“适用、安全、经济、美观”这八个字作为建筑方针，才称得上是一个科学的、完整的建筑方针，才能起到正确全面地指导建筑设计施工的作用。

1.5 建筑的分类与等级

随着社会和科学技术的发展，一些建筑类型正在转化，如手工业作坊正在转化为现代化的工业厂房；而更多的新的建筑类型正在产生，如核电站、卫星站、大型客机机场等。到目前为止，建筑物的类型已有许许多多，而各种建筑物都有不同的使用要求和特点，因此有必要对建筑物进行分类和分等级。

1.5.1 建筑物分类

1. 按建筑物的使用功能分类

建筑物按使用功能大致可分为生产性建筑和非生产性建筑两大类。生产性建筑主要指供工农业生产用的建筑物，包括各种工业建筑和农牧业建筑；非生产性建筑则可统称为民用建筑。

(1) 工业建筑

由于工业部门种类很多，如冶金、机械、食品、纺织等，各类中又有很多不同的工厂，如钢铁厂、造船厂、糖果厂、毛纺厂等。而在一个工厂中，又可按其在生产中的用途分为生产类建筑、仓储类建筑、动力类建筑、辅助类建筑几类。

(2) 农牧业建筑

农牧业建筑主要包括谷物及种子仓库、牲畜畜舍、蘑菇房、粮食与饲料加工站、拖拉机站等。

(3) 民用建筑

民用建筑按使用情况可分为居住建筑和公共建筑。

① 居住建筑。居住建筑主要指供家庭和集体生活起居用的建筑物，包括各种类型的住宅、公寓和宿舍等。

② 公共建筑。公共建筑主要指供人们从事各种政治、文化、福利服务等社会活动用的建筑物，其中包括：行政办公建筑、学校建筑、文化科技性建筑、集会及观演性建筑、展览性建筑、体育建筑等。

2. 按建筑物的层数及高度分类

民用建筑按地上层数或高度分类划分应符合下列规定。

(1) 住宅建筑按层数分为低层住宅、多层住宅、中高层住宅、高层住宅。

(2) 除住宅建筑之外的民用建筑高度不大于 24m 的为单层和多层建筑，大于 24m 的为高层建筑(不包括建筑高度大于 24m 的单层公共建筑)。

(3) 建筑高度大于 100m 的民用建筑为超高层建筑。

3. 按建筑物规模分类

(1) 大量性建筑

这类建筑如一般居住建筑、中小学校、小型商店、诊所、食堂等。本书以此类建筑为主要介绍内容。

(2) 大型性建筑

大型性建筑是指多层和高层公共建筑和大厅型公共建筑。这类建筑一般是单独设计的。它们的功能要求高，结构和构造复杂，设备考究，外观突出个性，单方造价高，用料以钢材、料石、混凝土及高档装饰材料为主。如大城市火车站、机场候机厅、大型体育场馆、大型影剧场、大型展览馆等建筑。

4. 按建筑物的主要承重结构的材料分类

(1) 木结构建筑

木结构是单纯由木材或主要由木材承受荷载的结构，通过各种金属连接件或榫卯手段进行连接和固定。应县木塔为典型的木结构建筑，如图 1-31 所示。

(2) 混合结构建筑

混合结构是相对于单一结构如混凝土、木结构、钢结构而言的，是指多种结构形式总和而成的一种结构，由两种或两种以上不同材料的承重结构所共同组成的结构体系均为混合结构，如图1-32所示。最常用的混合结构是钢筋混凝土和砖木的混合。

(3) 钢筋混凝土结构建筑

钢筋混凝土结构是指用配有钢筋增强的混凝土制成的结构，如图1-33所示。承重的主要构件是用钢筋混凝土建造的。在钢筋混凝土结构中，钢筋承受拉力，混凝土承受压力。具有坚固、耐久、防火性能好、比钢结构节省钢材和成本低等优点。

(4) 钢结构建筑

钢结构建筑是一种新型的建筑体系。钢结构的优点是：大大节约施工时间，施工不受季节影响；增大住宅空间使用面积，减少建筑垃圾和环境污染；建筑材料可重复利用，拉动其他新型建材行业的发展；抗震性能好，使用中易于改造、灵活方便，给人带来舒适感等。中央电视台总部大楼为钢结构建筑，如图1-34所示。

图1-31　应县木塔

图1-32　混合结构房屋

图1-33　钢筋混凝土建筑

图1-34　钢结构建筑

1.5.2　建筑物等级

建筑物按其性质和耐久程度分为不同的建筑等级。设计时应根据不同的建筑等级，采用不同的标准和定额，选择相应的材料和结构。

1. 按建筑物耐火程度分类

燃烧性能是指建筑材料燃烧或遇火时所发生的一切物理和化学变化，这项性能由材料表面的着火性和火焰传播性、发热、发烟、炭化、失重，以及毒性生成物的产生等特性来衡量。

建筑物的耐火性能标准，主要是由建筑物的重要性和其在使用中的火灾危险性来确定的。

建筑物的耐火等级是按组成建筑物构件的燃烧性能和耐火极限来划分的。

知识链接

建筑构件的燃烧性能一般分为以下三类。

不燃烧体，用不燃材料做成的建筑构件。如金属材料和无机矿物材料(钢、混凝土、砖、石棉等)。

难燃烧体，用难燃烧材料做成的建筑构件或用可燃材料做成而用不燃烧材料做保护层的建筑构件。如塑化刨花板和经过防火处理的有机材料、沥青混凝土、加粉刷的灰板墙等。

燃烧体，用可燃烧材料做成的建筑构件。如木材、纸板、沥青及各种有机材料等。

耐火极限是对任一建筑构件按时间-温度标准曲线进行耐火试验，从受到火的作用时起，到失去支持能力或完整性被破坏或失去隔火作用时为止的这段时间，用 h 表示。

民用建筑的耐火等级应分为一、二、三、四级。除本规范另有规定者外，不同耐火等级建筑物相应构件的燃烧性能和耐火极限应不低于表 1-2 的规定。

表 1-2 建筑物构件的燃烧性能和耐火极限(h)

名称		耐火等级			
构件		一级	二级	三级	四级
墙	防火墙	不燃烧体 3.00	不燃烧体 3.00	不燃烧体 3.00	不燃烧体 3.00
	承重墙	不燃烧体 3.00	不燃烧体 2.50	不燃烧体 2.00	难燃烧体 0.50
	非承重外墙	不燃烧体 1.00	不燃烧体 1.00	不燃烧体 0.50	燃烧体
	楼梯间的墙 电梯井的墙 住宅单元之间的墙 住宅分户墙	不燃烧体 2.00	不燃烧体 2.00	不燃烧体 1.50	难燃烧体 0.50
	疏散走道两侧的隔墙	不燃烧体 1.00	不燃烧体 1.00	不燃烧体 0.50	难燃烧体 0.25
	房间隔墙	不燃烧体 0.75	不燃烧体 0.50	难燃烧体 0.50	难燃烧体 0.25
柱		不燃烧体 3.00	不燃烧体 2.50	不燃烧体 2.00	难燃烧体 0.50
梁		不燃烧体 2.00	不燃烧体 1.50	不燃烧体 1.00	难燃烧体 0.50
楼　板		不燃烧体 1.50	不燃烧体 1.00	不燃烧体 0.50	燃烧体
屋顶承重构件		不燃烧体 1.50	不燃烧体 1.00	燃烧体	燃烧体
疏散楼梯		不燃烧体 1.50	不燃烧体 1.00	不燃烧体 0.50	燃烧体
吊顶(包括吊顶搁栅)		不燃烧体 0.25	难燃烧体 0.25	难燃烧体 0.15	燃烧体

注：(1) 除本规范另有规定者外，以木柱承重且以不燃烧材料作为墙体的建筑物，其耐火等级应按四级确定；

(2) 二级耐火等级建筑的吊顶采用不燃烧体时，其耐火极限不限；

(3) 在二级耐火等级的建筑中，面积不超过 100m^2 的房间隔墙，如执行本表的规定确有困难时，可采用耐火极限不低于 0.3h 的不燃烧体；

(4) 一、二级耐火等级建筑疏散走廊两侧的隔墙，按本表规定执行确有困难时，可采用 0.75h 不燃烧体。

2. 按建筑物耐久年限分类

房屋耐久性是指组成房屋建筑的各类构件、装修和设备，在规定时间内和规定条件下能保持其正常功能状态的性能，是在住宅设计时就赋予住宅产品的内在属性。

耐久年限是指结构在正常使用、维修的情况下不影响结构预定功能的使用期限。建筑的设计使用年限分类见表 1-3。

表 1-3 设计使用年限分类

类别	设计使用年限/年	示 例
1	15 以下	临时性建筑
2	25～50	易于替换结构构件的建筑
3	50～100	普通建筑和构筑物
4	100	纪念性建筑和特别重要的建筑

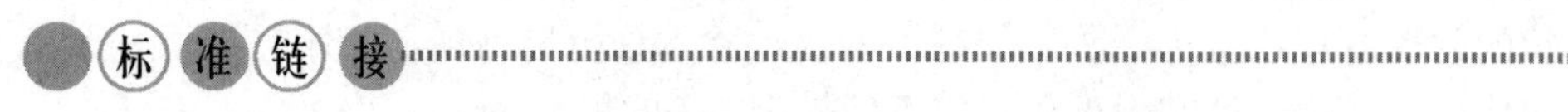

有关的标准有《民用建筑设计通则》(GB 50352—2005)、《建筑设计防火规范》(GB 50016—2014)等。

阅读案例

埃菲尔铁塔是一座于 1889 年建成位于法国巴黎战神广场上的镂空结构铁塔，高 300m，天线高 24m，总高 324m，如图 1-35 所示。埃菲尔铁塔得名于设计它的桥梁工程师居斯塔夫•埃菲尔。铁塔设计新颖独特，是世界建筑史上的技术杰作，因而成为法国和巴黎的一个重要景点和突出标志。

埃菲尔铁塔从 1887 年起建，分为三楼，分别在离地面 57.6m、115.7m 和 276.1m 处，其中一、二楼设有餐厅，三楼建有观景台，从塔座到塔顶共有 1711 级阶梯，共用去钢铁 7000t，12000 个金属部件，250 万只铆钉，超级壮观。

埃菲尔铁塔是由很多分散的钢铁构件组成的，看起来就像一堆模型的组件。由于铁塔上的每个部件事先都严格编号，所以装配时没出一点差错。施工完全依照设计进行，中途没有进行任何改动，可见设计之合理、计算之精确。据统计，仅铁塔的设计草图就有 5300 多张，其中包括 1700 张全图。建成后的埃菲尔铁塔高 300m，直到 1930 年它始终是全世界最高的建筑。每天都有世界各地的游客慕名前来参观。

1889 年 5 月 15 日，为给世界博览会开幕式剪彩，铁塔的设计师居斯塔夫•埃菲尔亲手将法国国旗升上铁塔的 300m 高空，由此，人们为了纪念他对法国和巴黎的这一贡献，特别还在塔下为他塑造了一座半身铜像。

这个为了世界博览会而落成的金属建筑，曾经保持世界最高建筑 45 年，直到纽约帝国大厦的出现。据说它对地面的压强只有一个人坐在椅子上那么大。塔的四个面上，铭刻了 72 个科学家的名字，都是为了保护铁塔不被摧毁而从事研究的人们。

埃菲尔铁塔是巴黎的标志之一，被法国人爱称为“铁娘子”。

图 1-35 埃菲尔铁塔

模块小结

建筑工程是指为完成依法立项的新建、改建或扩建房屋建筑物和附属构筑物设施等所进行的规划、勘察、设计、采购和施工、竣工验收等各项技术工作和完成的工程实体。本模块主要介绍建筑工程，中国建筑的发展史及发展趋势，建筑的构成要素，建筑方针，建筑的分类及等级等内容。通过本模块的学习使同学们对建筑工程有一个简单的了解。

复习思考题

一、填空题

1. 建筑的构成要素主要有＿＿＿＿＿＿、＿＿＿＿＿和＿＿＿＿＿三方面。

2. 建设部总结了以往建设的实践经验，结合我国实际情况，制定了一个科学的、全面的、能充分体现建筑本身属性的建筑方针，明确指出建筑业的主要任务是“＿＿＿＿、＿＿＿＿、＿＿＿＿、＿＿＿＿”的方针。

3. 建筑物按使用功能大致可分为＿＿＿＿建筑和＿＿＿＿＿＿建筑两大类。前者主要指供工农业生产用的建筑物，包括各种＿＿＿＿和＿＿＿＿建筑。后者则可统称为＿＿＿＿＿＿。

4. 建筑构件的燃烧性能一般分为三类，即用不燃材料做成的建筑构件称＿＿＿＿＿＿、用难燃烧材料做成的建筑构件或用可燃材料做成而用不燃烧材料做保护层的建筑构件称＿＿＿＿＿、用可燃烧材料做成的建筑构件称＿＿＿＿＿。

二、选择题

1. 现代建筑发展的主要趋势不包括＿＿＿＿＿。

A. 中轴对称、方正严整的群体组合与布局

B. 环保、节能建筑

C. 更加人性化的建筑

D. 智能化建筑

2. ________________是一座哥特式风格基督教教堂，是古老巴黎的象征。

A. 泰姬陵　　B. 金字塔　　C. 巴黎圣母院　　D. 威斯敏斯特宫

3. 未来的建筑会呈现三大特点是________。

A. 绿色建筑、智能化的建筑、建筑形象

B. 绿色建筑、智能化的建筑、建筑艺术

C. 绿色建材、智能化的建筑、建筑艺术

D. 绿色建筑、人性化的建筑、建筑艺术

4. 某写字楼高度为 120m，按地上层数或高度该建筑物属于__________。

A. 多层住宅　　B. 高层住宅　　C. 高层建筑　　D. 超高层建筑

5. 某学校教学楼按建筑物设计使用年限应为________年。

A. 5　　B. 25　　C. 50　　D. 100

三、简答题

1. 简述建筑的基本构成要素间的相互关系。
2. 民用建筑的分类方式有哪些？
3. 建筑的耐久等级是怎样进行规定的？
4. 建筑发展的趋势是怎样的？
5. 什么是建筑物的耐火极限和燃烧性能？

模块 2

建筑材料

学习目标

了解建筑材料的概念，胶凝材料的种类、特性及选用；掌握普通混凝土的相关技术指标；熟悉其他品种混凝土特点、适用环境；掌握建筑砂浆技术指标、选用；掌握建筑钢材的技术指标、选用；了解常用墙体材料的种类、特点、选用；了解常用建筑功能材料种类、特点、选用；理解发展绿色建材的意义。

学习要求

能力目标	知识要点	权重
建筑材料的概念	建筑材料的定义、建筑材料的分类、建筑材料的作用、建筑材料的发展	10%
胶凝材料的种类、特性及选用	石灰、石膏、水玻璃、水泥	15%
普通混凝土的相关技术指标	组成材料、和易性、强度等级、耐久性	15%
其他品种混凝土特点及适用环境	高强混凝土、高性能混凝土、多孔混凝土、防水混凝土、流态混凝土、环保混凝土、钢筋混凝土、预应力混凝土	10%
建筑砂浆的技术指标、选用	砌筑砂浆、抹面砂浆、装饰砂浆	10%
建筑钢材的技术指标、选用	力学性能、工艺性能、碳素钢、优质碳素钢、低合金高强度结构钢	15%
常用墙体材料的种类、特点、选用	砌墙砖、砌块、墙用板材	10%
常用建筑功能材料的种类、特点、选用	防水材料、绝热材料、吸声隔声材料、装饰材料	10%
发展绿色建材的意义	绿色建材的定义、绿色建材的分类、绿色建材的特征、发展绿色建材的意义	5%

导入案例

【事故过程】

某车间于2011年10月开工建设，当年12月29日浇筑完大量的混凝土，12月26—29日安装完屋盖预制板，接着进行屋面防水层施工，2012年1月3日拆除大量底模及其支撑，1月4日下午车间全部倒塌，发现大梁受压区被压碎。

【分析倒塌原因】

(1) 钢筋混凝土大梁设计强度等级为C20。施工时采用的是进场已3个多月并存放在潮湿地方已有部分结块的强度等级为32.5级的水泥，这种受潮水泥应通过试验按实际强度用于不重要的构件或砌筑砂浆，但施工单位却仍用于浇筑大梁，且采用人工搅拌和振捣，无严格配合比，致使大梁在浇筑28天后(倒塌后)用回弹仪测定的平均抗压强度只有5MPa左右，有些地方竟测不到回弹值。

(2) 在倒塌的大梁中，发现有断裂砖块和拳头大小的石块。

(3) 大梁纵筋和箍筋的实际配筋量少于设计需要(纵筋原设计10ϕ22，实配7ϕ22、3ϕ22；箍筋原设计ϕ8@250，实配ϕ6@300，分别仅及设计需要量的88%和47%)。

经按施工时实际荷载复核，本倒塌事故是因施工中大梁混凝土强度过低，在大梁拆除底模后，其受压区混凝土被压碎引发的，继而导致整个车间倒塌。使用过期水泥是主因，混凝土配合比不严、振捣不实、配筋不足也是重要原因。此外，与当时的工程施工监督制度不健全有很大的关系。

【点评】

随着我国经济发展和建筑工程质量安全制度的不断完善，建筑材料的质量及种类的选择，不仅影响着建设工程的成本，更直接影响着工程的质量。需要根据工程的质量、造价、性能等不同需求，去选择不同的材料。随着新材料、新工艺的不断发展和工程质量保障制度的不断完善，了解各种材料的特性、用途、技术标准及施工规范，不管以后是从事造价工作，或者设计工作，或者施工工作，或者监理工作等，都是必须要了解的。

2.1 建筑材料概述

建筑物是由各种材料建成的，用于建筑工程中的材料的性能对建筑物的各种性能具有重要影响。因此，建筑材料不仅是建筑物的物质基础，也是决定建筑工程质量和使用性能的关键因素。为保证建筑物安全、性能可靠、耐久、美观、经济实用的综合品质，必须合理选择、正确使用建筑材料。

2.1.1 建筑材料的定义与分类

1. 建筑材料的定义

建筑材料是建筑工程中所使用的各种材料及制品的总称，是构成建筑工程的物质基础。广义的建筑材料是指，除用于建筑物本身的各种材料之外，还包括给水排水、供热、供电、供燃气、通信，以及楼宇控制等配套工程所需设备与器材。另外，施工过程中的暂设工程，如围墙、脚手架、板桩、模板等所涉及的器具与材料，也应囊括其中。本书讨论的是狭义的建筑材料，即构成建筑物本身的材料，包括地基基础、墙或柱、楼底层、楼梯、屋盖、门窗等所需的材料。

2. 建筑材料的分类

建筑材料的种类繁多，性能各异，用途也不尽相同，为了便于区分和应用，工程中通常从不同的角度对建筑材料进行分类。

(1) 按材料的化学成分分类

根据材料的化学成分，可分为有机材料、无机材料以及复合材料三大类，见表 2-1。

表 2-1　建筑工程材料按化学成分分类

分　类	种　类		举　例
有机材料	植物材料		木材、竹材等
	沥青材料		石油沥青、煤沥青、沥青制品等
	合成高分子材料		塑料、涂料、胶黏剂等
无机材料	金属材料	有色金属	铝、铜、锌、铅及其合金
		黑色金属	钢、铁、锰、铬其各类合金等
	非金属材料	天然材料	砂、石及石材制品
		烧土制品	砖、瓦、陶瓷
		胶凝材料	石灰、石膏、水泥、水玻璃等
		混凝土及硅酸盐制品	混凝土、砂浆、硅酸盐制品
		无机纤维材料	玻璃纤维、矿物棉等
复合材料	无机非金属材料与有机材料复合		聚合物混凝土、玻璃纤维增强塑料、沥青混凝土等
	金属材料与无机非金属材料复合		钢筋混凝土
	金属材料与有机材料复合		轻质金属夹芯板

(2) 按使用功能分类

根据建筑材料功能及特点，可分为建筑结构材料、墙体材料和建筑功能材料。

① 建筑结构材料，主要是指构成建筑物受力构件和结构所用的材料，如梁、板、柱、基础、框架及其他受力件和结构等所用的材料都属于这一类。对这类材料主要技术性能的要求是强度和耐久性。

② 墙体材料，是指建筑物内、外及分隔墙体所用的材料，有承重和非承重两类。

③ 建筑功能材料，主要是指担负某些建筑功能的非承重用材料，如防水材料、绝热材料、吸声和隔声材料、采光材料、装饰材料等。

一般来说，建筑物的可靠度与安全度，主要决定于由建筑结构材料组成的构件和结构体系，而建筑物的使用功能与建筑品质，主要决定于建筑功能材料。此外，对某一种具体材料来说，可能兼有多种功能。

2.1.2　建筑材料在工程中的作用

任何一种建筑物或构筑物都是用建筑材料按某种方式组合而成的，没有建筑材料，就没有建筑工程，因此建筑材料是建筑业发展的物质基础。正确地选择、合理地使用建筑材料，以及新材料的开发利用对建筑业的发展来说意义非凡。

1. 材料的质量决定建筑物的质量

建筑材料是建筑业发展的物质基础，材料的质量、性能直接影响建筑物的使用、耐久和美观。建筑材料的品种、质量及规格直接影响建筑的坚固性、耐久性和适用性，材料质量的优劣、配制是否合理、选用是否恰当直接影响建筑工程质量。

2. 材料的发展影响结构性质及施工方法

任何一个建筑工程都由建筑、材料、结构、施工 4 个方面组成，其中，材料决定了结构形式，如木结构、钢结构、钢筋混凝土结构等，结构形式一经确定，施工方法也随之而定。建筑工程中许多技术问题的突破，往往依赖于建筑材料问题的解决，新材料的出现，将促使建筑设计、结构设计和施工技术革命性的变化。

3. 材料的费用影响建筑工程的造价

建筑材料使用量大，在我国，一般建筑物的总造价中，材料费占 50%～60%。因此，材料的选用、管理是否合理，直接影响到建筑工程的造价。

建筑材料的发展是随着人类社会生产力的不断发展和人民生活水平的不断提高而向前发展的。现代科学技术的发展，使生产力水平不断提高，人民生活水平不断改善，这将要求建筑材料的品种和性能更加完备，不仅要求经久耐用，而且要求建筑材料具有轻质、高强、美观、保温、吸声、防水、防震、防火、节能等功能。

2.1.3 建筑材料的发展

建筑材料的发展史是人类文明史的一部分，利用建筑材料改造自然、促进人类物质文明的进步，是人类社会发展的一个重要标志。建筑材料是随着社会生产力和科学技术水平的发展而发展的。近几十年来，随着科学技术的进步和建筑工程发展的需要，一大批新型建筑材料应运而生，出现了塑料、涂料、新型建筑陶瓷与玻璃、新型复合材料(纤维增强材料、夹层材料等)，但当代主要结构材料仍为钢筋混凝土材料。随着社会的进步、环境保护和节能降耗的需要，对建筑工程材料提出了更高、更多的要求。因而，今后一段时间内，建筑材料将向以下几个方向发展。

① 轻质高强。现今钢筋混凝土结构材料自重大(约 2500kg/m^3)，限制了建筑物向高层、大跨度方向进一步发展。通过减轻材料自重，以尽量减轻结构物自重，可提高经济效益。目前，世界各国都在大力发展高强混凝土、加气混凝土、轻骨料混凝土、空心砖、石膏板等材料，以适应建筑工程发展的需要。

② 节约能源。建筑材料的生产能耗和建筑物使用能耗，在国家总能耗中一般占 20%～35%，研制和生产低能耗的新型节能建筑工程材料是构建节约型社会的需要。

③ 利用废渣。充分利用工业废渣、生活废渣、建筑垃圾生产建筑材料，将各种废渣尽可能资源化，以保护环境、节约自然资源，使人类社会可持续发展。

④ 多功能化。利用复合技术生产多功能材料、特殊性能材料及高性能材料，这对提高建筑物的使用功能、经济性及加快施工速度等有着十分重要的作用。

⑤ 智能化。所谓智能化材料，是指材料本身具有自我诊断和预告破坏、自我修复的功能，以及可重复利用性。建筑材料向智能化方向发展，是人类社会向智能化社会发展过程中降低成本的需要。

⑥ 绿色化。产品的设计是以改善生产环境，提高生活质量为宗旨，产品具有多功能，

不仅无损而且有益于人的健康；产品可循环或回收再利用，或形成无污染环境的废弃物。因此，生产材料所用的原料尽可能少用天然资源，大量使用废渣、垃圾、废液等废弃物；采用低能耗制造工艺和对环境无污染的生产技术；产品配制和生产过程中，不使用对人体和环境有害的污染物质。

⑦ 再生化。工程中使用材料是开发生产的可再生循环和回收利用，建筑物拆除后不会造成二次污染。

2.2 胶凝材料

通过物理化学作用，能将浆体变成坚固的块体，并能将散粒材料或块状材料(如砖、石块等)黏结成整体的材料，通称为胶凝材料。胶凝材料可分成无机胶凝材料和有机胶凝材料两类。无机胶凝材料包括石灰、石膏、水泥等。无机胶凝材料按其硬化条件分为气硬性胶凝材料和水硬性胶凝材料两种。只有在空气中硬化并保持或继续强化的材料才称为气硬性胶凝材料，气硬性胶凝材料有石灰、石膏、水玻璃等。水硬性胶凝材料不仅能在空气中，而且能更好地在水中硬化，保持并继续发展其强度，如各种水泥。沥青和各种树脂属于有机胶凝材料。

2.2.1 石灰

石灰是人类在建筑工程中应用最早的胶凝材料之一。原料来源广、生产工艺简单、成本低廉，并具有某些优异性能，至今仍为建筑工程广泛使用。

石灰石的主要成分是碳酸钙，其次是少量的碳酸镁。石灰的生产，实际上就是将石灰石在高温下煅烧，使其分解成为生石灰，主要成分 CaO，其次是 MgO，是一种白色或灰色的块状物质，通常称作块灰。

工程中使用石灰时，通常是将生石灰加水，使其消解成消石灰(氢氧化钙)，这个过程称为石灰的“消解”，又称“熟化”。生石灰在化灰池中熟化后，通过筛网流入储灰池。石灰浆在储灰池中沉淀得到石灰膏。

知识链接

石灰的消化过程会放出大量的热，熟化时体积增大 1~2.5 倍。过火石灰消化速度慢，易引起墙面隆起、开裂，所以使用前需洗灰陈伏。石灰膏多存放在工地现场的储灰坑中，产品含水量约为 50%，表观密度为 1300~1400kg/m^3。由于过火石灰熟化缓慢，为防止过火石灰在建筑物中吸收空气中水分继续熟化，造成建筑物局部膨胀开裂，为了消除过火石灰在使用中造成的危害，石灰膏(乳)应在储灰坑中存放半个月以上，然后方可使用，这一过程叫作“陈伏”。图 2-1 为石灰陈伏期间的化灰池。陈伏期间，石灰浆表面应敷盖一层水，以隔绝空气，防止石灰浆表面碳化。

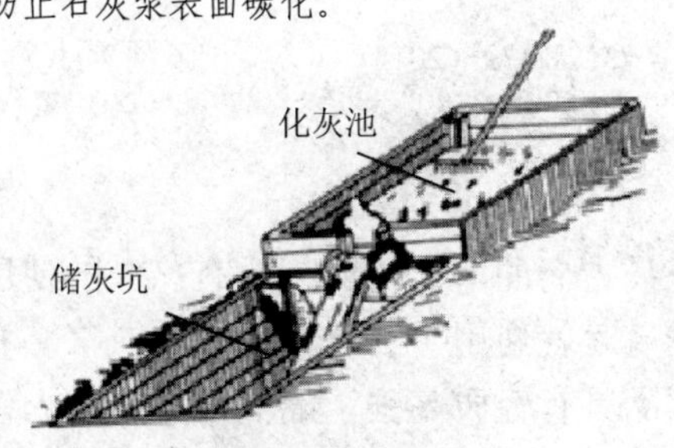

图 2-1 化灰池

生石灰熟化成石灰浆时，氢氧化钙粒子呈胶体分散状态，颗粒极细，直径 1μm 左右，颗粒表面吸附一层较厚的水膜，所以石灰膏具有良好的保水性和可塑性，用来配制建筑砂浆可显著提高砂浆的和易性，便于施工。

石灰可用于制作石灰砂浆、石灰混合砂浆。石灰膏中掺入适量的砂和水，即可配制成石灰砂浆，可以作为抹灰砂浆应用于内墙、顶棚的抹灰层，也可以用于要求不高的砌筑工程。

石灰可用于制作灰土、三合土。将消石灰粉与黏土按一定比例拌和，可制成石灰土(也叫石灰改良土，如三七灰土、二八灰土，分别表示熟石灰粉和黏土的体积比为 3∶7 和 2∶8)，或与黏土、砂石、炉渣等填料拌制成三合土。

石灰可用于硅酸盐制品。以石灰(消石灰粉或生石灰粉)与硅质材料(砂、粉煤灰、火山灰、矿渣等)为主要原料，经过配料、拌和、成型和养护后可制得砖、砌块等各种制品。

阅读案例

简述图 2-2 中石灰体开裂的原因，图 2-2(a)，凸出、爆裂；图 2-2(b)，网状干缩性裂纹。

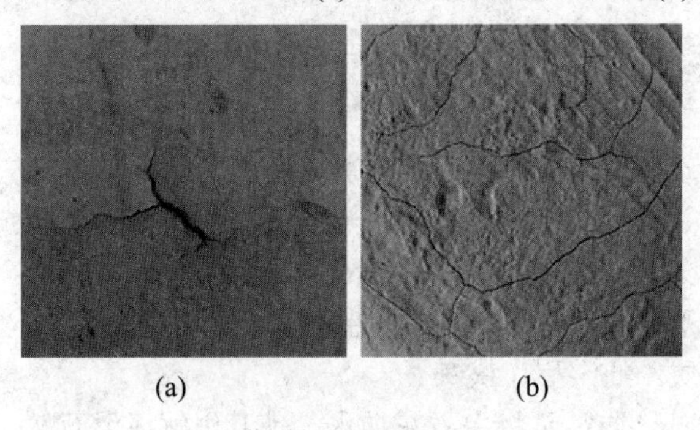

(a) (b)

图 2-2 石灰体开裂

【案例解析】

图(a)，因石灰浆的陈伏时间不足，使其中部分过火石灰在石灰砂浆制作时尚未水化，将导致在硬化的石灰砂浆中继续水化成 $Ca(OH)_2$，产生体积膨胀，从而形成凸出放射状膨胀裂纹。

图(b)，由于石灰浆中存在大量的游离水，硬化时大量水分蒸发，导致内部毛细管失水紧缩，引起显著的体积收缩变形，使硬化石灰体产生裂纹，故石灰浆不宜单独使用，通常在工程施工时常掺入一定量的骨料(砂子)或纤维材料(麻刀、纸筋等)。

标准链接

有关的标准有《建筑生石灰》(JC/T 479—2013)、《建筑消石灰》(JC/T 481—2013)等。

2.2.2 石膏

石膏和石灰一样，都是最古老的建筑材料，具有悠久的使用与发展历史，据有关资料介绍，我国的古长城，在砌筑时就使用了石膏作为砌筑灰浆。石膏是以硫酸钙为主要成分的气硬性胶凝材料，石膏制品具有轻质高强、隔热吸声、防火保温、环保美观、加工容易等优良性能，特别适用于室内装饰及框架轻板结构，特别是各种轻质石膏板材，在建筑工程应用中发展迅速。

石膏具有以下特性：

① 石膏凝结硬化快。建筑石膏加水拌和后，几分钟便开始初凝，30min 内终凝，2h 后抗压强度可达 3～6MPa，7 天即可接近最高强度(8～12MPa)。凝结时间过短不利于施工，一般使用时常掺入硼砂、骨胶、纸浆废液等缓凝剂，延长凝结时间。

② 凝结硬化时体积微膨胀。建筑石膏硬化过程中体积略有膨胀，硬化时不出现裂缝，所以可以不掺加填料而单独使用，石膏制品尺寸准确、表面光滑、形体饱满，特别适合制作建筑装饰品。

③ 孔隙率大，保温性好。由于石膏制品生产时往往加入过量的水，过量的自由水蒸发后，在石膏制品内部形成大量的毛细孔，孔隙率达 50%～60%，因此石膏制品表观密度小(800～1000kg/m^3)，导热系数低，具有良好的保温绝热性能，常用作保温材料；大量的毛细孔对吸声有一定作用，可用于天花吊顶板。但孔隙率大使石膏制品的强度低、吸水率大。

④ 防火性好，耐火性差。石膏制品导热系数小，传热慢，遇火时二水石膏分解产生水蒸气能有效阻止火势蔓延，起防火作用。但二水石膏脱水后粉化，强度降低，石膏制品不宜长期在 65℃以上的高温环境中使用。

⑤ 耐水性、抗冻性差。建筑石膏内部的大量毛细孔隙，吸湿性强，吸水性大，而其软化系数只有 0.2～0.3，不耐水、不抗冻，潮湿环境中易变形、发霉。可在石膏中掺入适当防水剂来提高石膏制品的耐水性。此外，石膏还具有调湿性，由于建筑石膏内部的大量毛细孔隙对空气中水蒸气有较强的“呼吸”作用，可调节室内温度、湿度，使居住环境更舒适。

有关的标准有《建筑石膏》(GB/T 9776—2008)。

2.2.3 水玻璃

水玻璃又称泡花碱，是一种碱金属气硬性胶凝材料。在建筑工程中常用来配制水玻璃胶泥、水玻璃砂浆、水玻璃混凝土，在防酸、防腐、耐热工程中应用广泛，也可以使用水玻璃为原料配制无机涂料。

水玻璃是由碱金属氧化物和二氧化硅结合而成的可溶性碱金属硅酸盐材料，为无色或略带青灰色、透明或半透明的稠状液体，能溶于水，遇酸分解，硬化后为无定型的玻璃状物质，无臭无味，不燃不爆。

水玻璃硬化后具有较高的黏结强度、抗拉、抗压强度。水玻璃硬化中析出的硅酸凝胶具有很强的黏附性，因而水玻璃有良好的黏结能力。硅酸凝胶能堵塞材料毛细孔并在表面形成连续封闭膜，起到阻止水分渗透的作用，因而具有很好的抗渗性和抗风化能力。水玻璃还具有良好的耐热性能，在高温下不分解，强度不降低，采用耐热耐火骨料配制水玻璃砂浆和混凝土时，耐热度可达 1000℃。

水玻璃可用于涂料与浸渍材料，制作水玻璃砂浆、混凝土，可用于配制速凝防水剂、加固土壤。

标准链接

有关的标准有《工业硅酸钠》(GB/T 4209—2008)。

2.2.4 水泥

水泥是一种水硬性胶凝材料，呈粉末状，加水拌和成浆体后能胶结砂、石等散粒材料，能在空气和水中硬化并保持、发展其强度。水泥的种类很多，按照《水泥的命名原则和术语》(GB/T 4131—2014)规定，按水泥的性能及用途可分为三大类，见表 2-2。此外按水泥的主要成分可分为硅酸盐类水泥、铝酸盐类水泥、硫铝酸盐类水泥和磷酸盐类水泥等。

表 2-2 水泥按性能和用途的分类

水泥品种	性能与用途	主要品种
通用水泥	指一般土木工程通常采用的水泥，此类水泥的长量大，适用范围广	硅酸盐水泥、普通硅酸盐水泥、矿渣硅酸盐水泥、火山灰质硅酸盐水泥、粉煤灰硅酸盐水泥和复合硅酸盐水泥等六大硅酸盐系水泥
专用水泥	具有专门用途的水泥	道路水泥、砌筑水泥和油井水泥等
特性水泥	某种性能比较突出的水泥	白色硅酸盐水泥、抗硫酸盐硅酸盐水泥、低热硅酸盐水泥和膨胀水泥

今后水泥的发展趋势为：在水泥品种方面，将加速发展快硬、高强、低热等特种和多用途的水泥；大力发展水泥外加剂；大力发展高强度等级水泥。

1. 通用硅酸盐水泥

按《通用硅酸盐水泥》(GB 175—2007)规定，是以硅酸盐熟料和适量的石膏及规定的混合材料制成的水硬胶凝材料，用于一般土木建筑工程中。通用硅酸盐水泥按混合材料的品种和掺加量分为硅酸盐水泥、普通硅酸盐水泥、矿渣硅酸盐水泥、火山灰质硅酸盐水泥、粉煤灰硅酸盐水泥和复合硅酸盐水泥。通用硅酸盐水泥品种、代号及组分见表 2-3。

表 2-3 通用硅酸盐水泥品种、代号及组分

品　种	代号	组分(质量分数，%)				
		熟料＋石膏	粒化高炉矿渣	火山灰质混合材料	粉煤灰	石灰石
硅酸盐水泥	P·I	100	—	—	—	—
	P·II	≥95	≤5	—	—	—
		≥95	—	—	—	≤5
普通硅酸盐水泥	P·O	≥80 且<95	>5 且≤20			—
矿渣硅酸水泥	P·S·A	≥50 且<80	>20 且≤50	—	—	—
	P·S·B	≥30 且<50	>50 且≤70	—	—	—
火山灰质硅酸盐水泥	P·P	≥60 且<80	—	>20 且≤40	—	—
粉煤灰硅酸盐水泥	P·F	≥60 且<80	—	—	>20 且≤40	—
复合硅酸盐水泥	P·C	≥50 且<80	>20 且≤50			

硅酸盐水泥、普通硅酸盐水泥、矿渣硅酸盐水泥、粉煤灰硅酸盐水泥、火山灰质硅酸盐水泥、复合硅酸盐水泥是我国广泛使用的 6 种水泥(常用水泥或通用水泥)。在混凝土结构工程中，这 6 种水泥的选用可参照表 2-4 选择。

表 2-4 硅酸盐系常用水泥的选用

<table>
<tr><th colspan="3">工程特点及所处环境条件</th><th>优先选用</th><th>可以选用</th><th>不宜选用</th></tr>
<tr><td rowspan="4">普通混凝土</td><td>1</td><td>一般气候环境</td><td>普通水泥</td><td>矿渣水泥、火山灰水泥、粉煤灰水泥、复合水泥</td><td>—</td></tr>
<tr><td>2</td><td>干燥环境</td><td>普通水泥</td><td>矿渣水泥</td><td>火山灰水泥、粉煤灰水泥</td></tr>
<tr><td>3</td><td>高温或长期处于水中</td><td rowspan="2">矿渣水泥、火山灰水泥、粉煤灰水泥、复合水泥</td><td>—</td><td>—</td></tr>
<tr><td>4</td><td>厚大体积</td><td>—</td><td>硅酸盐水泥、普通水泥</td></tr>
<tr><td rowspan="7">有特殊要求的混凝土</td><td>1</td><td>要求快硬、高强(＞C40)、预应力</td><td>硅酸盐水泥</td><td rowspan="2">普通水泥</td><td rowspan="3">矿渣水泥、火山灰水泥、粉煤灰水泥、复合水泥</td></tr>
<tr><td>2</td><td>严寒地区冻融条件</td><td>硅酸盐水泥</td></tr>
<tr><td>3</td><td>严寒地区水位升降范围</td><td>普通水泥，强度等级＞42.5</td><td>—</td></tr>
<tr><td>4</td><td>蒸汽养护</td><td>矿渣水泥、火山灰水泥、粉煤灰水泥、复合水泥</td><td>—</td><td>硅酸盐水泥、普通水泥</td></tr>
<tr><td>5</td><td>有耐热要求</td><td>矿渣水泥</td><td>—</td><td>—</td></tr>
<tr><td>6</td><td>有抗渗要求</td><td>火山灰水泥、普通水泥</td><td>—</td><td>矿渣水泥</td></tr>
<tr><td>7</td><td>受腐蚀作用</td><td>矿渣水泥、火山灰水泥、粉煤灰水泥、复合水泥</td><td>—</td><td>硅酸盐水泥、普通水泥</td></tr>
</table>

2. 其他品种水泥

(1) 白色硅酸盐水泥

白色硅酸盐水泥熟料是以适当成分的生料烧至部分熔融，所得以硅酸钙为主要成分、氧化铁含量少的熟料。由氧化铁含量少的硅酸盐水泥熟料，适量石膏及标准规定的混合材料，磨细制成的水硬性胶凝材料称为白色硅酸盐水泥，简称白水泥。

白水泥主要用于建筑物的装饰，如地面、楼梯、外墙饰面，彩色水刷石和水磨石制造，大理石及瓷砖镶贴，混凝土雕塑工艺制品等。还用于与彩色颜料配成彩色水泥，配制彩色砂浆或混凝土，用于装饰工程。

(2) 道路硅酸盐水泥

依据《道路硅酸盐水泥》(GB 13693－2017)的规定，由道路硅酸盐水泥熟料，适量石膏，活性混合材料，磨细制成的水硬性胶凝材料，称为道路硅酸盐水泥(简称道路水泥)。

对道路水泥的性能要求是耐磨性好、收缩小、抗冻性好、抗冲击性好，有高的抗折强度和良好的耐久性。

(3) 中、低硅酸盐水泥

中热硅酸盐水泥：以适当成分的硅酸盐水泥熟料，加入适量石膏，磨细制成的具有中

等水化热的水硬性胶凝材料。低热硅酸盐水泥：以适当成分的硅酸盐水泥熟料，加入适量石膏，磨细制成的具有低水化热的水硬性胶凝材料。

中热水泥主要适用于大坝溢流面的面层和水位变动区等要求较高耐磨性和抗冻性的工程，低热水泥主要适用于大坝或大体积建筑物内部及水下工程。

(4) 抗硫酸盐硅酸盐水泥

《抗硫酸盐硅酸盐水泥》(GB 748—2005)按抵抗硫酸盐腐蚀的程度分成中抗硫酸盐硅酸盐水泥和高抗硫酸盐硅酸盐水泥两大类。

以适当成分的硅酸盐水泥熟料，加入适量石膏，磨细制成的具有抵抗中等浓度硫酸根离子侵蚀的水硬性胶凝材料，称为中抗硫酸盐硅酸盐水泥，简称中抗硫水泥，代号 P·MSR。

具有抵抗较高浓度硫酸根离子侵蚀的水硬性胶凝材料，称为高抗硫酸盐硅酸盐水泥，简称高抗硫水泥。

抗硫酸盐水泥具有较强的抗腐蚀能力外和较高的抗冻性，主要适用于受硫酸盐腐蚀、冻融循环及干湿交替作用的海港、水利、地下、隧涵、道路和桥梁基础等工程。

(5) 砌筑水泥

《砌筑水泥》(GB/T 3183—2017)规定：硅酸盐水泥熟料和石膏，加入规定的混合材料和适量石膏，磨细制成的保水性较好的水硬性胶凝材料，称为砌筑水泥。

砌筑水泥用混合材料可采用矿渣、粉煤灰、煤矸石、沸腾炉渣和沸石等，掺加量应大于 50%，允许掺入适量石灰石或窑灰。凝结时间要求初凝不早于 60min，终凝不迟于 12h。

砌筑水泥适用于砌筑砂浆、内墙抹面砂浆及基础垫层；允许用于生产砌块及瓦等制品。砌筑水泥一般不得用于配制混凝土，通过试验，允许用于低强度等级混凝土，但不得用于钢筋混凝土等承重结构。

(6) 油井水泥

油井水泥专用于油井、气井的固井工程，又称堵塞水泥。它的主要作用是将套管与周围的岩层胶结封固，封隔地层内油、气、水泥，防止互相窜扰，以便在井内形成一条从油层流向地面，隔绝良好的油流通道。

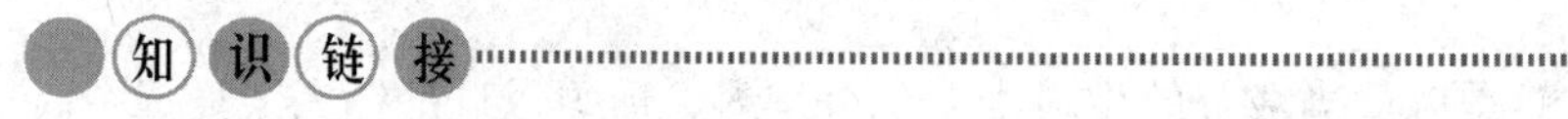

常用胶凝材料的性能对比见表 2-5。

表 2-5 常用胶凝材料性能对比

名称	适用规范	优点	缺点	主要用途
石灰	《建筑生石灰》(JC/T 479—2013)、《建筑消石灰》(JC/T 481—2013)	保水性、可塑性好	凝结硬化速度慢、强度低、耐水性差、干燥收缩大	石灰砂浆、石灰混合砂浆、拌制灰土、三合土、制作硅酸盐制品
石膏	《建筑石膏》(GB/T 9776—2008)	凝结硬化时体积微膨胀、保温性好、防火性好、有调湿性	强度低、吸水率大、耐火性差、耐水性差、抗冻性差	制作建筑装饰品、作保温材料、拌制砂浆

续表

名称		适用规范	优点	缺点	主要用途
水玻璃		《钾水玻璃防腐蚀工程技术规程》(CECS 116：2000)	黏结力和强度较高、耐酸性好、耐热性好	耐碱性和耐水性差	提高抗风化能力、加固土壤、配制耐酸胶凝、配制耐热砂浆、防腐工程应用、黏结剂
水泥	硅酸盐水泥	《通用硅酸盐水泥》(GB/T 175—2007)	凝结硬化快早期、后期强度高、水化热大、放热快、抗冻性好、耐磨性好、抗碳化性好、干缩小	耐腐蚀性差、耐热性差	要求快硬、高强(>C40)、预应力、严寒地区冻融条件
	普通盐水泥		基本同硅酸盐水泥。早期强度、水化热、抗冻性、耐磨性和抗碳化性略有降低，耐腐蚀性、耐热性略有提高		一般气候条件、干燥环境、严寒地区水位升降范围、有抗渗要求的混凝土工程
	矿渣水泥		耐热性好、水化热低、耐腐蚀性好	抗渗性差、干缩性大、耐磨性差、抗碳化性差、抗冻性差	高温或长期处于水中、厚大体积、蒸汽养护、有耐热要求、受腐蚀作用的混凝土工程
	火山灰水泥		保水性好、抗渗性好、耐腐蚀性好	干缩性大、耐磨性差、抗碳化性差、抗冻性差	高温或长期处于水中、厚大体积、蒸汽养护、有抗渗要求、受腐蚀作用的混凝土工程
	粉煤灰水泥		干缩性小、抗裂性好、抗渗性好、耐腐蚀性好	耐磨性差、抗碳化性差、抗冻性差、泌水性大	高温或长期处于水中、厚大体积、蒸汽养护、受腐蚀作用的混凝土工程
	复合水泥		水化热低、耐腐蚀性好	耐磨性差、抗碳化性差、抗冻性差	高温或长期处于水中、厚大体积、蒸汽养护、受腐蚀作用的混凝土工程
	白色硅酸盐水泥	《白色硅酸盐水泥》(GB / T 2015—2017)	装饰性好	—	配制彩色水泥、彩色砂浆或混凝土，用于装饰工程
	道路硅酸盐水泥	《道路硅酸盐水泥》(GB 13693—2017)	耐磨性好、收缩小、抗冻性好、抗冲击性好，有高的抗折强度和良好的耐久性	—	道路路面、机场跑道路面、城市广场等工程
水泥	低、中水化热硅酸盐水泥、低热矿渣水泥	《中热硅酸盐水泥 低热硅酸盐水泥》(GB/T 200—2017)	水化热低	—	适用于大坝或大体积建筑物内部及水下工程

续表

名称	适用规范	优点	缺点	主要用途
抗硫酸盐硅酸盐水泥	《抗硫酸盐硅酸盐水泥》(GB 748—2005)	较强的抗腐蚀能力、较高的抗冻性	—	受硫酸盐侵蚀的海港、水利、地下、隧道、引水、道路和桥梁基础等工程
砌筑水泥	《砌筑水泥》(GB/T 3183—2017)	工作性能好	强度较低	砌筑砂浆、内墙抹面砂浆及基础垫层混凝土
油井水泥	《油井水泥》(GB/T 10238—2015)	隔绝良好的油流通道	—	油井工程

2.3 结构材料

2.3.1 混凝土

混凝土简称为“砼”，是指由胶凝材料将集料胶结成整体的工程复合材料的统称。它是由胶结材料，骨料和水按一定比例配制，经搅拌振捣成型，在一定条件下养护而成的人造石材。混凝土具有原料丰富、价格低廉、生产工艺简单的特点，因而使其用量越来越大；同时混凝土还具有抗压强度高，耐久性好，强度等级范围宽，使其使用范围十分广泛，不仅在各种土木工程中使用，就是造船业、机械工业、海洋的开发、地热工程等，混凝土也是重要的材料。

混凝土有着良好的可浇筑性、性能的多样性、良好的耐久性和经济性，水泥混凝土与钢筋可牢固黏结，制得力学、耐久性能俱佳的钢筋混凝土与预应力钢筋混凝土等。

1. 混凝土的分类

(1) 按所使用的胶凝材料分

按所使用的胶凝材料分为：水泥混凝土、石膏混凝土、水玻璃混凝土、聚合物混凝土和沥青混凝土等。

(2) 按体积密度大小分

① 普通混凝土主要是指体积密度在 2000~2800kg/m^3，骨料为砂、石，是工程中广泛运用的一种，主要适合于房屋建筑、路桥工程、水利工程等。

② 重混凝土主要是指体积密度大于 2800 kg/m^3，骨料的体积密度较大，如重晶石、铁矿石、钢屑配制而成的混凝土，主要用于防射线或耐磨结构物中。

③ 轻混凝土是指体积密度小于 1950 kg/m^3，如轻骨料混凝土、大孔混凝土、多孔混凝土等，主要适用于绝热、绝热兼承重或承重材料。

(3) 按用途分

按用途可分为结构混凝土、防水混凝土、耐热混凝土、膨胀混凝土、防辐射混凝土、道路混凝土等。

(4) 按生产工艺和施土方法分

按照生产方式，混凝土可分为预拌混凝土和现场搅拌混凝土；按照施工方法可分为碾压混凝土、喷射混凝土、挤压混凝土、离心混凝土、泵送混凝土等。

(5) 按强度等级分

① 低强度混凝土，抗压强度小于 30MPa。

② 中强度混凝土，抗压强度为 30~60MPa。

③ 高强度混凝土，抗压强度大于或等于 60MPa。

④ 超高强混凝土，其抗压强度在 100MPa 以上。

混凝土的品种虽然繁多，但在实践工程中还是以普通的水泥混凝土应用最为广泛，如果没有特殊说明，狭义上通常称其为混凝土。

2. 普通混凝土

(1) 普通混凝土的组成材料

普通混凝土(以下简称混凝土)是指由水泥、水、细骨料(砂)、粗骨料(石)等作为基本材料(有时为了改善混凝土的某些性能加入适量的外加剂和外掺料)按适当比例配制，经搅拌均匀而成的浆体，成为混凝土拌合物，再经凝结硬化成为坚硬的人造石材成为硬化混凝土。硬化后的混凝土结构如图 2-3 所示。

混凝土的技术性质在很大程度上是由原材料性质及其相对含量决定的，同时与施工工艺(搅拌、振捣、养护等)有关。因此，只有合理选择材料，并满足一定的技术要求，才能保证混凝土的质量。正在浇筑的混凝土如图 2-4 所示。

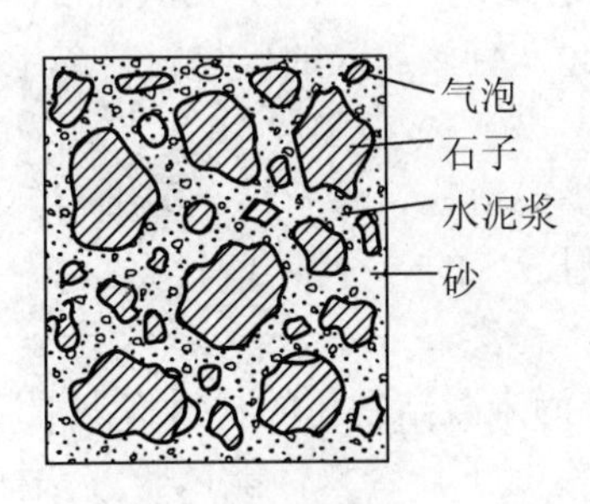

图 2-3 水泥混凝土硬化后结构

图 2-4 混凝土浇筑

① 水泥。水泥是混凝土组成材料中最重要的材料，也是影响混凝土强度、耐久性、经济性的最重要的因素，应予以高度重视。配制混凝土所用的水泥应符合国家现行标准有关规定。除此之外，在配制时应合理地选择水泥品种和强度等级。

a. 水泥品种的选择。水泥品种应根据工程特点、所处的环境及设计、施工的要求进行选择。配制混凝土一般选择通用水泥，必要时也可选择专用水泥或特性水泥。水泥品种的选用原则见表 2-4。

b. 水泥强度等级的选择。水泥强度等级应与混凝土设计强度等级相一致。原则上，高强度等级的水泥配制高强度等级的混凝土，低强度等级的水泥配制低强度等级的混凝土。通常中低强度等级的混凝土(C60 以下)，水泥强度等级为混凝土强度等级的 1.5~2.0 倍；高强度等级(大于等于 C60)的混凝土，水泥强度等级为混凝土强度等级的 0.9~1.5 倍。但是随着混凝土强度等级的不断提高、新工艺的不断出现及高效外加剂的应用，高强度、高性能混凝土的配比要求将不受此比例限制。

② 粗、细骨料。混凝土用砂、石按《普通混凝土用砂、石质量及检验方法标准》(JGJ

52—2006)的要求选用。

③ 混凝土用水。混凝土用水按水源不同分为饮用水、地表水、地下水、海水及经适当处理过的工业废水。混凝土拌和及养护用水的具体规定，应符合《混凝土用水标准》(JGJ 63—2006)的要求。

④ 外加剂。混凝土外加剂是一种在混凝土搅拌之前或拌制过程中加入的，用以改善新拌混凝土和(或)硬化混凝土性能的材料。其掺量一般不超过水泥用量的5%。

外加剂的应用促进了混凝土技术的飞速进步，技术经济效益十分显著，使得高强度高性能混凝土的生产和应用成为现实，并解决了许多工程技术难题。目前，外加剂已成为混凝土中除水泥、水、砂子、石子以外的第5种组成材料。

根据《混凝土外加剂定义、分类、命名与术语》(GB 8075—2005)，混凝土外加剂按其主要功能分为四类。第一类：能显著改善混凝土拌合物流变性能的外加剂，主要有各种减水剂、引气剂和泵送剂等。第二类：能调节混凝土凝结时间、硬化性能的外加剂，主要有缓凝剂、早强剂和速凝剂等。第三类：能改善混凝土耐久性的外加剂，主要有引气剂、防水剂和阻锈剂等。第四类：能改善混凝土其他性能的外加剂，主要有膨胀剂、防冻剂、防潮剂、减缩剂、着色剂等。

混凝土外加剂的品种很多。常用的外加剂有减水剂、早强剂、引气剂、缓凝剂和泵送剂等。

⑤ 掺合料。混凝土掺合料是指在混凝土搅拌前或搅拌过程中，为改善混凝土性能、调节混凝土强度、节约水泥，与混凝土其他组分一起，直接加入的矿物材料或工业废料，掺量一般大于水泥质量的5%。

常用的矿物掺合料有粉煤灰、硅灰、粒化高炉矿渣粉、沸石粉、磨细自然煤矸石粉及其他工业废渣。粉煤灰是目前用量最大、使用范围最广的一种掺合料。

(2) 混凝土拌合物的性质

混凝土是由各组成材料按一定比例拌合成的，尚未凝结硬化的材料称为混凝土拌合物，混凝土拌合物的性能试验，依据国家标准《普通混凝土拌合物性能试验方法标准》(GB/T 50080—2016)。

影响混凝土拌合物和易性的因素。影响混凝土和易性的因素很多，主要有原材料的性质，原材料之间的相对含量(水泥浆量、水胶比、砂率)，环境因素及施工条件等。

(3) 混凝土的强度

混凝土的强度包括抗压强度、抗拉强度、抗弯强度、抗剪强度及钢筋与混凝土的黏结强度，其中混凝土的抗压强度最大，抗拉强度最小，为抗压强度的1/10～1/20。抗压强度与其他强度之间有一定的相关性，可根据抗压强度的大小来估计其他强度值，因此下面着重研究混凝土的抗压强度。

根据国家标准《普通混凝土力学性能试验方法标准》(GB/T 50081－2002)的规定，将混凝土拌合物制作边长为150mm的立方体试件，养护到28d龄期，经标准方法测试，测得的抗压强度值为混凝土抗压强度，以 f_{cu} 表示。

按照国家标准《混凝土结构设计规范》(GB 50010－2010)，混凝土强度等级应按立方体抗压强度标准值确定。普通混凝土划分为14个强度等级：C15、C20、C25、C30、C35、C40、C45、C50、C55、C60、C65、C70、C75和C80。强度等级采用符号“C”与立方体抗压强度标准值表示。混凝土强度等级是混凝土结构设计、施工质量控制和工程验收的重要依据。不同的建筑工程及建筑部位需采用不同强度等级的混凝土，一般有一定的选用范围。

根据《混凝土结构设计规范》(GB 50010—2010)的要求，素混凝土结构的混凝土强度等级不应低于C15；钢筋混凝土结构的混凝土强度等级不应低于C20；采用强度等级400MPa及以上的钢筋时，混凝土的强度等级不应低于C25。预应力混凝土结构的混凝土强度等级不宜低于C40，且不应低于C30。承受重复荷载的钢筋混凝土构件，混凝土强度等级不应低于C30。

(4) 混凝土的耐久性

把混凝土在使用条件下抵抗周围环境各种因素长期作用的能力称为耐久性。耐久性是一项综合性质，混凝土所处环境条件不同，其耐久性的含义也不同，有时指某单一性质，有时指多个性质。混凝土的耐久性通常包含抗渗性、抗冻性、抗侵蚀性、抗碳化及抗碱-骨料反应等性能。

标准链接

有关的标准有《普通混凝土用砂、石质量及检验方法标准》(JGJ 52—2006)、《混凝土拌合用水标准》(JGJ 63—2006)、《混凝土外加剂定义、分类、命名与术语》(GB/T 8075—2005)、《普通混凝土拌合物性能试验方法标准》(GB/T 50080—2016)、《普通混凝土力学性能试验方法标准》(GB/T 50081－2002)、《混凝土结构设计规范》(GB 50010－2010)、《普通混凝土配合比设计规程》(JGJ 55—2011)、《普通混凝土长期性能和耐久性能试验方法标准》(GB/T 50082—2009)等。

3. 其他品种混凝土

现代土木工程对混凝土性能的要求越来越趋向于专项性，要求混凝土不仅应具有基本的性能，同时还可以具有直接针对工程性质的特种性能，由此便在普通水泥混凝土的基础上，发展出了各种具有不同性能特点的混凝土。

(1) 高强混凝土

高强混凝土(HSC)是指强度等级为C60及其以上的混凝土，C100强度等级以上也称超高强混凝土。

高强混凝土具有强度高、空隙率低、抗渗性好、耐久性好等优点，在建筑工程特别是高层建筑中被广泛采用。高强混凝土能适应现代工程的需要，可获得明显的工程效益和经济效益。采用高强混凝土，不仅可以减少结构断面尺寸、减轻结构自重、降低材料费用，还能满足特种工程的要求，在高层超高层建筑、建筑结构、大跨度大型桥梁结构、道路，以及受有侵蚀介质作用的车库、储罐物中及某些特种结构中得到广泛的应用。

标准链接

有关的标准有《高强混凝土应用技术规程》(JGJ/T 281—2012)。

(2) 高性能混凝土

高性能混凝土(HPC)是一种新型高技术混凝土，是在大幅度提高普通混凝土性能的基础上采用现代混凝土技术制作的混凝土。它以耐久性作为设计的主要指标。

高性能混凝土是具备所要求的性能和匀质性的混凝土，其所要求的性能包括：易于浇筑和压实而不离析；提高长期力学性能；高早期强度；高韧性；体积稳定；在严酷环境下使用寿命长久。与普通混凝土相比，高性能混凝土具有独特的性能，即高工作性、高耐久性和高体积稳定性。

有关的标准有《高性能混凝土应用技术规程》(CECS 207-2006)。

(3) 轻混凝土

轻混凝土是其体积密度小于 1950 kg/m^3 混凝土的统称。它是用轻的粗、细骨料和水泥，必要时加入化学外加剂的矿物掺合料配制成的混凝土。

轻混凝土包括全轻混凝土(由轻砂作细骨料配置成的轻骨料混凝土)、砂轻混凝土(由轻砂或部分作细骨料配置成的轻骨料混凝土)、大孔混凝土(由轻粗骨料、水泥和水配制而成的即无砂混凝土或少砂混凝土)和次轻混凝土(在轻粗骨料中掺入部分普通粗骨料，表观密度大于 1950kg/m^3，小于或等于 2300kg/m^3 的混凝土)。与普通混凝土相比，其特点是质轻、热工性能良好、力学性能良好、耐火、抗渗、抗冻、易于加工等。轻骨料混凝土主要适用于高层和多层建筑、软土地基、大跨度结构、抗震结构、耐火等级要求高的建筑、要求节能的建筑和旧建筑的加层等。

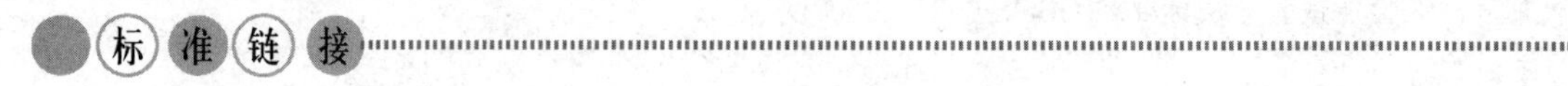

有关的标准有《轻骨料混凝土技术规程》(JGJ 51－2002)。

(4) 防水混凝土

防水混凝土是通过各种方法提高混凝土抗渗性能，其抗渗等级等于或大于 P6 级的混凝土，又称抗渗混凝土。

防水混凝土根据采取的防渗措施不同，分为三类：普通防水混凝土、外加剂防水混凝土和膨胀水泥防水混凝土。

有关的标准有《地下防水工程质量验收规范》(GB 50208－2011)。

(5) 流态混凝土

混凝土的坍落度大于 200mm 的混凝土，拌合物甚至能像水一样地流动，这种混凝土称为流态混凝土。主要适用于高层建筑、大型工业与公共建筑的基础、楼板、墙板以及地下工程等，尤其使用于工程中配筋密列混凝土浇筑振捣困难的部位，以及导管法浇筑混凝土。

(6) 环保型混凝土

所谓环保型混凝土是指能减少给自然环境造成负荷，同时又能与自然生态系统协调共生，为人类构筑更加舒适环境的混凝土。由于传统混凝土存在诸多对环境不利的缺点、不符合可持续发展的要求，因此，环保型混凝土应运而生，其品种也在不断出新。环保型混凝土有两大类：一类是减轻环境负荷型混凝土；另一类是生态型混凝土。

① 减轻环境负荷型混凝土，是指在混凝土生产、使用直到解体全过程中，能够减轻给地球环境造成的负担。

② 生态型混凝土，是指能适应动、植物生长，对调节生态平衡、美化环境景观、实现人类与自然的协调具有积极作用的混凝土。

其主要品种有透水、排水性混凝土，生物适应型混凝土，绿化植被混凝土和景观混凝土等。

(7) 钢筋混凝土与预应力混凝土

钢筋混凝土是只配置钢筋的混凝土。为克服混凝土抗拉强度低的弱点，在其中合理地配置钢筋可充分发挥混凝土抗压强度高和钢筋抗拉强度高的各自特点，共同承担并满足工程结构的需要。钢筋混凝土是使用最多的一种结构材料。

预应力混凝土通过张拉钢筋，产生预应力。采用预应力钢筋混凝土可以提高制品或构件的抗拉能力，防止或推迟混凝土裂缝的出现，因而能使制品或构件的抗裂度、刚度、耐久性都大大提高，减轻自重，节约材料。预应力的产生方法，按张拉钢筋的方法分为机械法、电热法和化学法；按张拉预应力的时间可分为先张法和后张法。

2.3.2 建筑砂浆

建筑砂浆是由胶凝材料、细骨料和水按一定比例配制而成的建筑材料。它与混凝土的主要区别是组成材料中没有粗骨料，因此建筑砂浆也称为细骨料混凝土。

建筑砂浆主要用于以下几个方面：在结构工程中，用于把单块砖、石、砌块等胶结成砌体，砖墙的勾缝、大中型墙板及各种构件的接缝；在装饰工程中，用于墙面、地面及梁、柱等结构表面的抹灰，镶贴天然石材、人造石材、瓷砖、陶瓷锦砖、马赛克等。

根据所用胶凝材料的不同，建筑砂浆分为水泥砂浆、石灰砂浆和混合砂浆等；根据用途又分为砌筑砂浆、抹面砂浆、防水砂浆、装饰砂浆及特种砂浆等。

1. 砌筑砂浆

将砖、石及砌块黏结成为砌体的砂浆称为砌筑砂浆。它起着黏结砖、石及砌块构成砌体，传递荷载，并使应力的分布较为均匀，协调变形的作用。因此，砌筑砂浆是砌体的重要组成部分。

2. 抹面砂浆

抹面砂浆也称抹灰砂浆，以薄层涂抹在建筑物内外表面。它既可以保护墙体不受风雨、潮气等侵蚀，提高墙体的耐久性；同时也可以使建筑表面平整、光滑、清洁美观。与砌筑砂浆不同，对抹面砂浆的要求不是抗压强度，而是和易性以及与基底材料的黏结力。

抹面砂浆按其功能不同可分为普通抹面砂浆、装饰砂浆等。

3. 防水砂浆

用作防水层的砂浆称为防水砂浆。砂浆防水层又称刚性防水层，适用于不受振动和具有一定刚度的混凝土和砖石砌体的表面，应用于地下室、水塔、水池等防水工程。

常用的防水砂浆主要有多层抹面的防水砂浆、掺加各种防水剂的防水砂浆、膨胀水泥或无收缩水泥配制的防水砂浆3种。

4. 新型砂浆

(1) 绝热砂浆

绝热砂浆是以水泥、石灰膏、石膏等胶凝材料与膨胀珍珠岩、膨胀蛭石、火山渣或浮石砂、膨胀矿渣、陶砂等轻质多孔骨料按一定比例配制成的砂浆。绝热砂浆具有质轻和良好的绝热性能，其导热系数为0.07～0.10W/(m·K)，可用于屋面绝热层、绝热墙壁以及供热管道绝热层等处。

常用的隔热砂浆有水泥膨胀珍珠岩砂浆、水泥膨胀蛭石砂浆、水泥石灰膨胀蛭石砂浆等。

(2) 吸声砂浆

与绝热砂浆类似，吸声砂浆由轻质多孔骨料配制而成。有良好的吸声性能，用于室内墙壁和吊顶的吸声处理，也可采用水泥、石膏、砂、锯末(体积比约为1∶1∶3∶5)配制吸声砂浆，还可在石灰、石膏砂浆中掺入玻璃纤维、矿物棉等松软纤维材料配制吸声砂浆。

(3) 耐腐蚀砂浆

耐腐蚀砂浆包括耐碱砂浆、水玻璃类耐酸砂浆、硫黄砂浆等。

(4) 防辐射砂浆

在水泥浆中加入重晶石粉、砂配制而成的具有防辐射能力的砂浆。按水泥∶重晶石粉∶重晶石砂＝1∶0.25∶(4～5)配制的砂浆具有防X射线辐射的能力。若在水泥砂中掺入硼砂、硼酸可配制具有防中子辐射能力的砂浆。这类砂浆用于射线防护工程中。

(5) 聚合物砂浆

聚合物砂浆是在水泥砂浆中加入有机聚合物乳液配制而成，具有黏结力强、干缩率小、脆性低、耐蚀性好等特性，主要用于提高装饰砂浆的黏结力、填补钢筋混凝土构件的裂缝、制作耐磨及耐侵蚀的修补和防护工程。常用的聚合物乳液有氯丁胶乳液、丁苯橡胶乳液、丙烯酸树脂乳液等。

(6) 干混砂浆

干混砂浆又称为干粉料、干混料或干粉砂浆。它是由胶凝材料、细骨料、外加剂(有时根据需要加入一定量的掺合料)等固体材料组成，经工厂准确配料和均匀混合而制成的砂浆半成品，不含拌合水。拌合水是在使用前在施工现场搅拌时加入。干混砂浆分为普通干混砂浆和特种干混砂浆。

标准链接

有关的标准有《建筑砂浆基本性能试验方法标准》(JGJ/T 70—2009)、《预拌砂浆应用技术规程》(JGJ/T 223—2010)、《建筑用砌筑和抹灰干混砂浆》(JGT 291—2011)、《砌筑砂浆配合比设计规程》(JGJ/T 98—2010)、《抹灰砂浆技术规程》(JGJ/T 220—2010)。

2.3.3 建筑钢材

17世纪70年代，人类开始大量应用生铁作建筑材料，到19世纪初发展到用熟铁建造桥梁、房屋等。这些材料因强度低、综合性能差，在使用上受到限制，但已是人们采用钢铁结构的开始。19 世纪中期以后，钢材的规格品种日益增多，强度不断提高，相应地连接等工艺技术也得到发展，为建筑结构向大跨重载方向发展奠定了基础，带来了土木工程的一次飞跃。

19 世纪 50 年代出现了新型的复合建筑材料——钢筋混凝土。至 20 世纪 30 年代，高强钢材的出现又推动了预应力混凝土的发展，开创了钢筋混凝土和预应力混凝土占统治地位的新的历史时期，使土木工程发生了新的飞跃。

建筑钢材是指用于工程建设的各种钢材，现代建筑工程中大量使用的钢材主要有两大类：一类是钢筋混凝土用钢材，与混凝土共同构成受力构件；另一类则为钢结构用钢材，充分利用其轻质高强的优点，用于建造大跨度、大空间或超高层建筑。此外，还包括用作门窗和建筑五金等的钢材。

建筑钢材强度高、品质均匀，具有一定的弹性和塑性变形能力，能承受冲击振动荷载。钢材还具有很好的加工性能，可以铸造、锻压、焊接、铆接和切割，装配施工方便。建筑钢材广泛用于大跨度结构(图 2-5)、多层及高层建筑、受动力荷载结构和重型工业厂房结构(图 2-6)、钢筋混凝土结构(图 2-7)之中，是最重要的建筑结构材料之一。但钢材也存在能耗大、成本高、容易生锈、维护费用大、耐火性差等缺点。

图 2-5　钢结构厂房

图 2-6　大跨度钢结构

图 2-7　钢筋混凝土结构

1. 钢材的主要性能

钢材的性能主要包括力学性能、工艺性能和化学性能等。只有了解、掌握钢材的各种性能，才能做到正确、经济、合理地选择和使用钢材。

(1) 钢材的力学性能

① 拉伸性能。拉伸是建筑钢材的主要受力形式，所以拉伸性能是表示钢材性能和选用钢材的重要指标。将低碳钢(软钢)制成一定规格的试件，放在材料试验机上进行拉伸试验，可以绘出如图 2-8 所示的应力-应变关系曲线。从图 2-8 中可以看出，低碳钢受拉至拉断，经历了 4 个阶段：弹性阶段(*O*—*A*)、屈服阶段(*A*—*B*)、强化阶段(*B*—*C*)和缩颈阶段(*C*—*D*)。

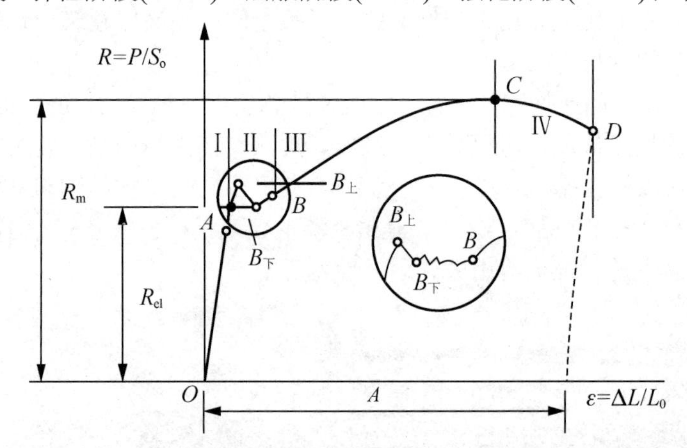

图 2-8　低碳钢受拉的应力-应变图

建筑钢材应具有很好的塑性。钢材的塑性通常用断后伸长率(图 2-9)和断面收缩率表示。断后伸长率是衡量钢材塑性的一个重要指标，断后伸长率越大说明钢材的塑性越好。

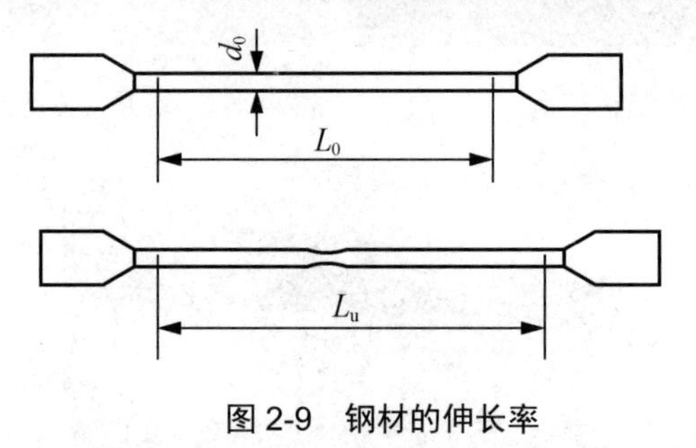

图 2-9　钢材的伸长率

钢材在拉伸试验中得到的屈服强度 R_{el}、抗拉强度 R_m、伸长率 A 是确定钢材牌号或等级的主要技术指标。

② 冲击韧度。与抵抗冲击作用有关的钢材的性能是韧性。韧性是钢材断裂时吸收机械能能力的量度。韧性是以试件冲断时缺口处单位面积上所消耗的功(J/cm^2)来表示的，其符号为 α_k 。试验时将试件放置在固定支座上，然后以摆锤冲击试件刻槽的背面，使试件承受冲击弯曲而断裂，如图 2-10 所示。显然，α_k 值越大，钢材的冲击韧度越好。影响钢材冲击韧度的因素很多，如化学成分、冶炼质量、冷作及时效、环境温度等。

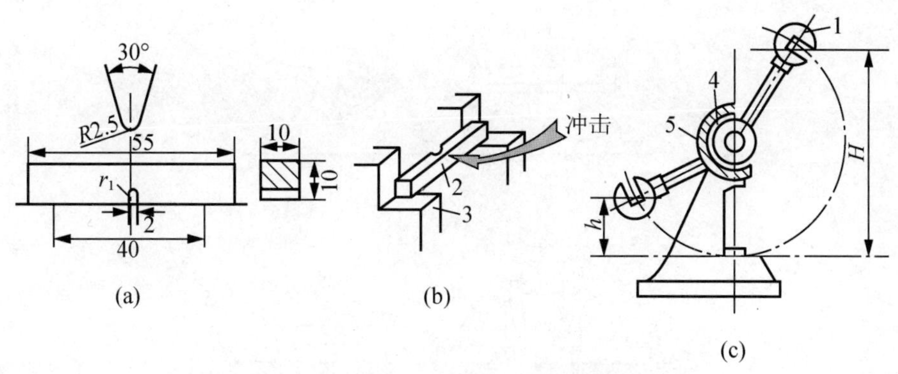

图 2-10　冲击韧性试验图

(a) 试件尺寸(mm)；(b) 试验装置；(c) 试验机

1—摆锤　2—试件　3—试验台　4—指针　5—刻度盘

注：H——摆锤扬起的高度　h——摆锤向后摆动高度

阅读案例

英国皇家邮轮泰坦尼克号是当时世界上最大的豪华客轮，被称为是“永不沉没的船”或是“梦幻之船”。1912 年 4 月 10 日，泰坦尼克号从英国南安普敦出发，开始了这艘“梦幻客轮”的处女航。4 月 14 日晚 11 点 40 分，泰坦尼克号在北大西洋撞上冰山，两小时四十分钟后，于 4 月 15 日凌晨 2 点 20 分沉没，由于缺少足够的救生艇，1500 人葬身海底，造成了当时在和平时期最严重的一次航海事故，也是迄今为止最著名的一次海难。

【案例解析】

原因之一，钢材在低温下会变脆，在极低温度下经不起冲击和振动。钢材的韧性也是随温度的降低而降低的。在某一个温度范围内，钢材会由塑性破坏很快变为脆性破坏。在这一温度范围内，钢材对裂纹的存在很敏感，在受力不大的情况下，便会导致裂纹迅速扩展而造成断裂事故。原因之二，钢材中所含的化学成分也是导致事故的因素。因内在冰山撞击了船体，导致船底的铆钉承受不了撞击而毁坏，当初制造时也有考虑铆钉的材质使用较脆弱，而在铆钉制造过程中加入了矿渣，但矿渣分布过密，因而使铆钉变得脆弱无法承受撞击。泰坦尼克号拆开 3 截后沉没。因为当时的炼钢技术并不十分成熟，炼出的钢铁按现代的标准根本不能造船。泰坦尼克号上所使用的钢板含有许多化学杂质硫化锌，加上长期浸泡在冰冷的海水中，使得钢板更加脆弱。

③ 耐疲劳性。受交变荷载反复作用，钢材在应力低于其屈服强度的情况下突然发生脆性断裂破坏的现象，称为疲劳破坏。钢材在无穷次交变荷载作用下而不至引起断裂的最大循环应力值，称为疲劳强度极限，实际测量时常以 2×10^6 次应力循环为基准。钢材的疲劳强度与组织结构、表面状态、合金成分、夹杂物和应力集中等因素有关。一般来说，钢材的抗拉强度高，其疲劳极限也较高。

④ 硬度。钢材的硬度是指其表面抵抗硬物压入产生局部变形的能力。测定钢材硬度的方法有布氏法、洛氏法和维氏法等。建筑钢材常用布氏硬度表示，其代号为 HB。

(2) 钢材的工艺性能

① 冷弯性能。冷弯性能是指钢材在常温下承受弯曲变形的能力。冷弯是通过检验试件经规定的弯曲程度后，弯曲处外面及侧面有无裂纹、起层、鳞落和断裂等情况进行评定的，其测试方法如图 2-11 所示。

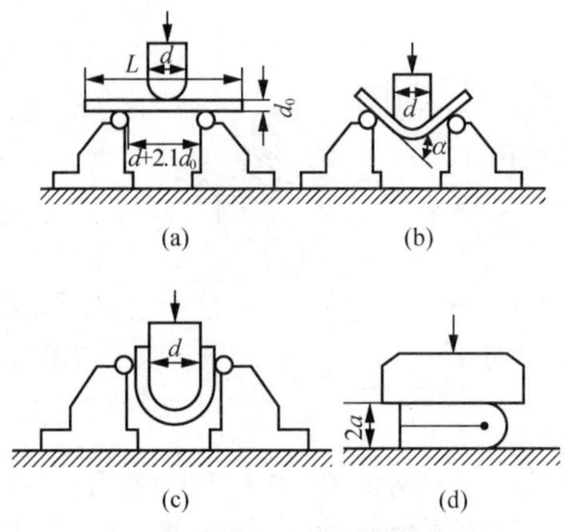

图 2-11 钢材冷弯

(a) 试件安装；(b) 弯曲 90°；(c) 变曲 180°；(d) 弯曲至两面重合

② 可焊性。可焊性是指钢材是否适应通常的焊接方法与工艺的性能。在焊接过程中，由于高温作用和焊接后的急剧冷却作用，会使焊缝及附近的过热区发生晶体组织及结构的变化，产生局部变形、内应力和局部硬脆，降低了焊接质量。钢的可焊性主要与钢的化学成分及其含量有关。当含碳量超过 0.3%时，钢的可焊性变差，特别是硫含量过高，会使焊接处产生热裂纹并硬脆(热脆性)，其他杂质含量多也会降低钢材的可焊性。

2. 建筑用钢的种类

建筑工程中使用的钢材可划分为钢结构用钢材(型钢)和钢筋混凝土用钢材两大类，型钢主要指轧制成的各种型钢、钢轨、钢板、钢管等，如图 2-12 所示。钢筋混凝土结构的钢筋，主要由碳素结构钢和低合金高强度结构钢加工而成。钢筋混凝土用钢材主要指钢筋或钢丝，钢筋直径一般都相差 2mm 及 2mm 以上。一般把直径 3～5mm 的称为钢丝，直径 6～12mm 的称为细钢筋，直径大于 12mm 的称为粗钢筋。钢筋的主要品种有热轧钢筋(按轧制的外形分为热轧光圆钢筋和带肋钢筋，如图 2-13、图 2-14 所示)，热轧带肋钢筋，热处理钢筋，冷拉钢筋，冷轧带肋钢筋，冷轧扭钢筋，冷拔低碳钢丝及钢绞线等。

图 2-12 型钢

图 2-13 光圆钢筋

图 2-14 带肋钢筋

3. 钢材的选用原则

钢材的选用一般遵循下列原则。

(1) 荷载性质

对于经常承受动力和振动荷载的结构，容易产生应力集中，从而引起疲劳破坏，需要选用材质高的钢材。

(2) 使用温度

对于经常处于低温状态的结构，钢材容易发生冷脆断裂，特别是焊接结构，冷脆倾向更加显著，因而要求钢材具有良好的塑形和低温冲击韧性。

(3) 连接方式

焊接结构当温度变化和受力性质改变时，易导致焊缝附近的母材金属出现冷、热裂纹，促进结构早期破坏，所以，焊接结构对钢材的化学成分和机械性能要求更应严格。

(4) 钢材厚度

钢材力学性能一般随厚度增大而降低，钢材经多次轧制后，钢内部结晶组织更为紧密，强度更高，质量更好。故一般结构的钢材厚度不宜超过 40mm。

(5) 结构重要性

选择钢材要考虑结构使用的重要性，如大跨度和重要的建筑物，需相应选择质量更好的钢材。

阅读案例

北京奥运会主体育场——国家体育场(“鸟巢”)，是目前国内外体育场馆中用钢量最多、规模最大、施工难度最大的工程之一，如图 2-15 所示。尤其是巢结构受力最大的柱脚部位，母材的质量、焊接质量的高低直接影响到整个工程的安全性。为了能够有效支撑整体结构，设计中采用了高强度的 Q460 钢材。但此种钢材此前一直依靠国外进口，国内在建筑领域从未使用过，可是如果依赖进口，不仅价格贵，而且进货周期长，无法保证工程的正常进行。于是，工程技术人员和河南舞阳特种钢厂的科研人员共同努力，最终用国产的 Q460 撑起了“鸟巢”的铁骨钢筋。

整个体育场建筑呈椭圆的马鞍形，体育场内部为上、中、下 3 层碗状看台，观众座席下有 5 至 7 层混凝土框架结构。如何将“鸟巢”按主次结构编制起来，在设计理论已是个突破。此外设计时，这个时代的各种计算软件都不能满足鸟巢这个工程的需要。因此，承建方甚至自己针对问题研制开发出一些软件，才满足了“鸟巢”的计算工作。作为北京奥运会的主体育场，“鸟巢”可容纳近10万人，如此大的容量自然也对其纵切面门架的跨度要求非常高，按照设计，“鸟巢”的钢结构屋盖呈双曲面马鞍形，是目前世界最大跨度钢结构工程。用一般的钢材很难完成，经过多方筛选后，Q460E型钢材最终荣幸地承担起了搭建“鸟巢”的职责。Q460E钢材是国内钢厂为了“鸟巢”专门研制的，在国家标准中，Q460系列的钢最大厚度只是100毫米，但根据实际情况所需，“鸟巢”使用的钢板厚度史无前例地达到110毫米。据施工方技术人员介绍，鸟巢肩部弯度建起来以后，是受力最复杂的部位，如果不用Q460E这种高强度、高性能的钢，而采用别的钢，可能会更浪费，甚至可能会引起其他方面的问题。作为世界最大的钢结构工程，“鸟巢”外部钢结构的钢材用量为4.2万吨，整个工程包括混凝土中的钢材、螺纹钢等，总用钢量达到了11万吨，全部为国产钢。

图2-15　国家体育场(“鸟巢”)

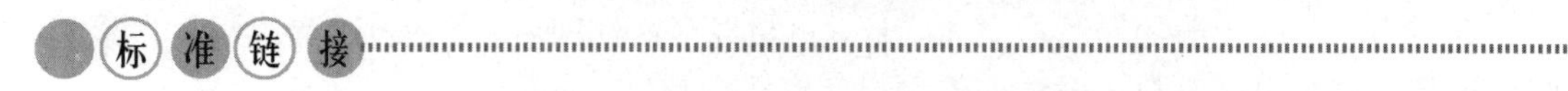
标准链接

有关的标准有《金属材料 拉伸试验 第1部分：室温试验方法》(GB/T 228.1—2010)、《金属材料 弯曲试验方法》(GB/T 232—2010)、《钢筋混凝土用钢 第1部分：热轧光圆钢筋》(GB 1499.1—2017)、《钢筋混凝土用钢 第2部分：热轧带肋钢筋》(GB 1499.2—2018)、《钢筋焊接及验收规程》(JGJ 18—2012)、《钢筋焊接接头试验方法标准》(JGJ/T 27—2014)等。

2.4　墙体材料

2.4.1　砌墙砖

砖是最传统的砌体材料，已由黏土为主要原料逐步向利用煤矸石和粉煤灰等工业废料发展，同时由实心向多孔、空心发展，由烧结向非烧结发展。

砖的发明是建筑史上的重要成就之一。在秦代已有承重用砖，秦始皇陵东侧的俑坑中就有砖墙，其砖质坚硬。汉代建筑已广泛使用砖，西汉中后期至东汉砖石拱券结构日益发达，主要用于墓室、下水道等，除并列纵联的砖砌筒壳外，还有穹窿顶和双曲扁壳。秦咸阳秦宫殿遗址发现有大量瓦当、花砖、石雕和青铜构件。但在秦的建筑遗址内使用石构件均不多，加工精度也不高，说明青铜工具加工石材不易。晚到西汉前中期，砖石拱壳才出现，初步具备造砖石房屋的技术条件，但这时木构建筑技术已发展到了很高的水平。

砌体结构所用材料主要是砖、石或砌块以及砌筑砂浆。砌成墙体，起承重、围护和分隔作用，合理选择墙体材料，对建筑功能、安全以及造价等均具有重要意义。

砌墙砖在人们的生活中无处不在。无论是雄伟的万里长城，金碧辉煌的紫禁城，还是现代化的高楼大厦，砖始终是它们主要的建筑材料之一。

在中国，砖大约起源于春秋战国时期。现代的考古发现，在春秋战国时期的建筑遗址中可以找到各种各样的砖块，比如方砖、条形砖以及栏杆砖等。当时砖主要用于建造房子，不过在那种年代砖还是一种奢侈品，只有达官贵族才住得起砖建造的房子。另外，春秋战国时期砖还被艺术家们当作是雕刻的材料，考古学家已经从春秋战国时期的遗址中出土了大量刻有文字、飞禽走兽等图形的砖。

砖在中国古代的建筑发展过程中缔造了无数令世人惊叹的代表作品，比如万里长城、北京故宫、秦始皇陵、佛教砖塔，著名的六和塔的塔内部为砖石结构(图 2-16)，驰名中外的宋朝古塔——虎丘塔(图 2-17)，西安古城墙(图 2-18)。

图 2-16　六和塔

图 2-17　虎丘塔

图 2-18　西安古城墙

阅读案例

明朝出现的一种“金砖”是明成祖朱棣在建筑故宫时想要一种比石头和金属更坚实的材料，

他想到了“砖”。于是，他命令用山东德州出产的黏土制砖并使用高温窑柴火连续烧130天，并且在出窑后再用桐油浸透49天。桐油容易浸透，一磨就会出光。砖铺在地面不断被磨透，在五百年后的今天依然完好如初。故宫所用方砖质地坚硬，敲打时有金之声，故称“金砖”。

【点评】

“金砖”的出现表明了我国制砖业水平达到了一个全新的高度。新建筑材料的不断出现，给建筑工程带来了新的活力。不断研发新的满足不同建筑功能的建筑材料是我们的历史使命。

有关的标准有《砌墙砖试验方法》(GB/T 2542—2012)、《蒸压粉煤灰砖》(JC/T 239—2014)、《烧结普通砖》(GB 5101—2017)等。

2.4.2 墙用砌块

砌块是用于砌筑的，形体大于砌墙砖的人造块材。砌块一般为直角六面体，按产品主规格的尺寸，可分为大型砌块(高度大于 980mm)、中型砌块(高度为380～980mm)和小型砌块(高度大于115mm、小于380mm)。

砌块是一种新型墙体材料，可以充分利用地方资源和工业废渣，并可节省黏土资源和改善环境，具有生产工艺简单，原料来源广，适应性强，制作及使用方便，可改善墙体功能等特点，因此发展较快。砌块主要有蒸压加气混凝土砌块、蒸养粉煤灰混凝土砌块、普通混凝土小型空心砌块、混凝土中型空心砌块等。

有关的标准有《蒸压加气混凝土砌块》(GB 11968—2006)、《轻集料混凝土小型空心砌块》(GB/T 15229—2011)、《烧结空心砖和空心砌块》(GB/T 13545—2014)等。

2.4.3 墙用板材

墙用板材改变了墙体砌筑的传统工艺，通过黏结、组合等方法进行墙体施工，加快了建筑施工的速度。墙用板材除轻质外，还具有保温、隔热、隔声、防水及自承重的性能，有的轻型墙板还具有高强、绝热性能，目前在工程中应用十分广泛。

墙用板材的种类很多，主要包括加气混凝土板、石膏板、玻璃纤维增强水泥板、轻质隔热夹芯板等类型。

有关的标准有《蒸压加气混凝土板》(GB 15762—2008)、《纸面石膏板》(GB/T 9775—2008)等。

2.5 建筑功能材料

建筑功能材料主要是指担负某些功能的非承重材料，如防水材料、隔声吸声材料、绝热材料、装饰材料等。建筑功能材料为人类居住生活提供了更优质的服务。

近年来，建筑功能材料发展迅速，且在三方面有较大的发展：一是注重环境协调性，注重健康、环保；二是复合多功能；三是智能化。

2.5.1 防水材料

在各类建筑工程中，防水材料是一项很重要的功能材料。20 世纪 80 年代高分子防水材料出现后，各种新品种、新材料不断涌出。其中，沥青类防水材料一直占据着我国建筑防水材料的主导地位，无论在品种、质量和产量上都发展迅速。

1. 石油沥青

沥青是一种有机胶凝材料，它是复杂的大分子碳氢化合物及非金属(氧、硫、氮等)衍生物的混合物。在常温下为黑色或黑褐色液体、固体或半固体，具有明显的树脂特性，能溶于二硫化碳、四氯化碳、苯及其他有机溶剂。沥青与许多材料表面有良好的黏结力，它不仅能黏附于矿物材料表面上，而且能黏附在木材、钢铁等材料表面；沥青是一种憎水性材料，几乎不溶于水，而且构造密实，是建筑工程中应用最广泛的一种防水材料；沥青能抵抗一般酸、碱、盐等侵蚀性液体和气体的侵蚀，故广泛应用于防水、防潮、防腐材料。

2. 防水卷材

(1) 改性沥青防水卷材

沥青具有良好的塑性，能加工成良好的柔性防水材料。但沥青耐热性与耐寒性较差，即高温下强度低，低温下缺乏韧性，表现为高温易流淌，低温易脆裂。为此，常添加高分子的聚合物对沥青进行改性。高分子的聚合物分子和沥青分子相互扩散、发生缠结，形成凝聚的网络混合结构，因而具有较高的强度和较好的弹性。按掺用高分子材料的不同，改性沥青可分为橡胶改性沥青、树脂改性沥青、橡胶树脂共混改性沥青三类。

(2) 合成高分子防水材料

合成高分子防水材料具有抗拉强度高、延伸率大、弹性强、高低温特性好、防水性能优异的特性。合成高分子基防水材料中常用的高分子有三元乙丙橡胶、氯丁橡胶、有机硅橡胶、聚氨酯、丙烯酸酯、聚氯乙烯树脂等。

合成高分子防水卷材是以合成橡胶、合成树脂或它们两者的共混体为基材，加入适量的化学助剂、填充料等，经过塑炼、混炼、压延或挤出成型、硫化、定型、检验、分卷、包装等工序加工制成的无胎防水材料。具有抗拉强度高、断裂延伸率大、抗撕裂强度好、耐热耐低温性能优良、耐腐蚀、耐老化、单层施工及冷作业等优点。

3. 防水涂料与密封材料

(1) 防水涂料

溶剂型改性沥青防水涂料是以沥青、溶剂、改性材料、辅助材料所组成，主要用于防水、防潮和防腐，其耐水性、耐化学侵蚀性均好，涂膜光亮平整，丰满度高。其主要品种有：再生橡胶沥青防水涂料、氯丁橡胶沥青防水涂料、丁基橡胶沥青防水涂料等，均为较好的防水涂料。近年来，大力推广和应用的是水乳型沥青防水涂料。

(2) 密封材料

改性沥青基嵌缝油膏是以石油沥青为基料，加入废橡胶粉等改性材料、稀释剂及填充料等混合制成的冷用膏状材料。其具有优良的防水防潮性能，黏结性好，延伸率高，能适应结构的适当伸缩变形，能自行结皮封膜。可用于嵌填建筑物的水平、垂直缝及各种构件的防水，使用很普遍。

4. 防水材料的选用

选用防水材料是防水设计的重要一环，具有决定性的意义。现在材料品种繁多，形态不一，性能各异，价格高低悬殊，施工方式也各不相同。这就要求选定的防水材料必须适应工程要求：工程地质水文、结构类型、施工季节、当地气候、建筑使用功能及特殊部位等，对防水材料都有具体要求。

有关的标准有《沥青取样法》(GB/T 11147—2010)、《建筑石油沥青》(GB/T 494—2010)、《沥青针入度测定法》(GB/T 4509—2010)、《沥青延度测定法》(GB/T 4508—2010)、《沥青软化点测定法 环球法》(GB/T 4507—2014)、《弹性体改性沥青防水卷材》(GB 18242—2008)、《建筑防水卷材试验方法第 8 部分：沥青防水卷材拉伸性能》(GB/T 328.8—2007)、《建筑防水卷材试验方法第 10 部分：沥青和高分子防水卷材不透水性》(GB/T 328.10—2007)、《建筑防水卷材试验方法第 14 部分：沥青防水卷材低温柔性》(GB/T 328.14—2007)等。

2.5.2 绝热材料

在建筑中，习惯上把用于控制室内热量外流的材料叫做保温材料；把防止室外热量进入室内的材料叫做隔热材料。保温、隔热材料统称为绝热材料。

1. 绝热材料的作用

建筑绝热保温材料是建筑节能的物质基础。性能优良的建筑绝热保温材料和良好的保温技术，在建筑和工业保温中往往可起到事半功倍的效果。统计表明，建筑中每使用 1 吨矿物棉绝热制品，每年可节约 1 吨燃油。保温绝热材料由于其轻质及结构上的多孔特征，故具有良好的吸声性能。对于一般建筑物来说，吸声材料无需单独使用，其吸声功能是与保温绝热及装饰等其他新型建材相结合来实现的。因此在改善建筑物的吸声功能方面，新型建筑隔热保温材料起着其他材料所无法替代的作用。

2. 绝热材料的基本要求

导热性指材料传递热量的能力。材料的导热能力用导热系数 λ 表示。导热系数的物理意义为：在稳定传热条件下，当材料层单位厚度内的温差为 1℃时，在 1h 内通过 $1m^2$ 表面积的热量。材料导热系数越大，导热性能越好。工程上将导热系数 $\lambda<0.23W/(m\cdot K)$的材料称为绝热材料。

3. 常用的绝热材料

绝热材料按照它们的化学组成可以分为无机绝热材料和有机绝热材料。常用无机绝热材料有纤维状无机绝热材料、多孔轻质类无机绝热材料、泡沫状无机绝热材料。常用有机绝热材料有泡沫塑料、硬质泡沫橡胶。

有关的标准有《覆盖奥氏体不锈钢用绝热材料规范》(GB/T 17393—2008)等。

2.5.3 吸声与隔声材料

1. 吸声材料

吸声材料是一种能在较大程度上吸收由空气传递的声波能量的建筑材料，这类材料的结构中充满了许多微小的孔隙和连通的气泡，当声波入射到吸声材料内互相贯通的孔隙时，声波将引起微孔及空隙间的空气运动，使紧靠孔壁或纤维表面处的空气受到阻碍不易振动，促使声波削弱。所以，在音乐厅、影剧院、大会堂等内部的墙面、地面、天棚等部位，适当采用吸声材料，能改善声波在室内传播的质量，保持良好的音响效果。

2. 隔声材料

建筑上把主要起隔绝声音作用的材料称为隔声材料。隔声材料主要用于外墙、门窗、隔墙以及楼板地面等处。固体声的隔绝主要是吸收，这和吸声材料是一致的；而空气声的隔绝主要是反射，因此必须选择密实、沉重的如黏土砖、钢板等作为隔声材料。

有关的标准有《民用建筑隔声设计规范》(GB 50118—2010)等。

2.5.4 建筑塑料

塑料是以树脂(通常为合成树脂)为主要基料，与其他原料在一定条件下经混炼、塑化成型，在常温常压下能保持产品形状不变的材料。塑料在一定的温度和压力下具有较大的塑性，容易做成所需要的各种形状尺寸的制品，而成型以后，在常温下又能保持既得的形状和必需的强度。建筑塑料相对于传统的建筑材料而言，有着许多的优点，在建筑上可作为装饰材料、绝热材料、吸声材料、防火材料、墙体材料、管道及卫生洁具等。

建筑用塑料制品有塑料装饰板材、塑料门窗材、塑料地板、塑料管材、玻璃钢、泡沫塑料等。塑料门窗见图 2-19，塑料管材及配件见图 2-20。

图 2-19 塑料门窗

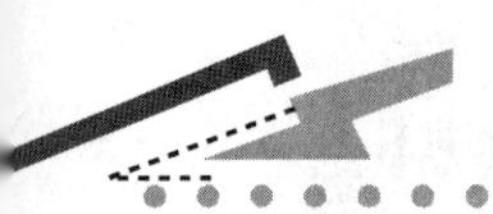

  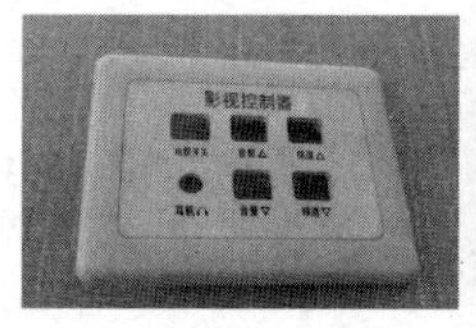 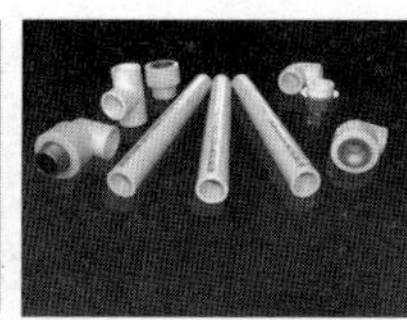 

图 2-20　塑料管材及配件

2.5.5　装饰材料

1. 装饰材料的基本要求及选用

建筑不仅仅是人类赖以生存的物质空间，更是人们进行文化交流和情感生活的重要精神空间。建筑艺术性的发挥，要想留给人们最终的概念和印象，主要是通过建筑材料去实现的，尤其是通过建筑装饰材料来实现的。因此，了解常用的建筑装饰材料的特点和性能，并在具体建筑环境中合理地应用，就显得十分重要了。

建筑装饰材料除应具有适宜的颜色、光泽、线条与花纹图案及质感，即除满足装饰性要求以外，还应具有保护作用，满足相应的使用要求，即具有一定的强度、硬度、防火性、阻燃性、耐火性、耐候性、耐水性、抗冻性、耐污染性与耐腐蚀性，有时还需具有一定的吸声性、隔声性和隔热保温性等。其中，首先应当考虑的是由质感、线条和色彩等因素构成的装饰效果。此外，还必须考虑装饰材料在形状、尺寸、纹理等方面的要求。装饰材料的选用原则是功能性、装饰性、经济性、安全性。

2. 陶瓷类装饰材料

陶瓷通常是指以黏土为原料，经过原料处理、成型、焙烧而成的无机非金属材料。根据所用原料和坯体致密程度的不同，陶瓷可分为陶器、炻器和瓷器三大类。

常见的陶瓷类装饰材料有内墙面砖、墙地砖、陶瓷锦砖、建筑琉璃制品。

3. 天然与人造石材

石材是装饰工程中常用的高级装饰材料之一，分天然石材和人造石材。天然石材主要有大理石、花岗石两大类。大理石主要用于室内装修；花岗石主要用于室外装修，也可用于室内。

人造石材具有天然石材的质感，色泽鲜艳、花色繁多、装饰性好；质量轻、强度高：耐腐蚀、耐污染；可锯切、钻孔，施工方便。它适用于墙面、门套或柱面装饰，也可作台面及各种卫生洁具，还可加工成浮雕、工艺品等。

4. 金属类装饰材料

在现代建筑装饰工程中，金属装饰制品用得越来越多，如柱子外包不锈钢板或铜板、墙面和顶棚镶贴铝合金板、楼梯扶手采用不锈钢管或铜管、用铝合金做门窗等。由于金属装饰制品坚固耐用，装饰表面具有独特的质感，同时还可制成各种颜色，表面光泽度高、装饰性好，且安装方便，因此在一些装饰要求较高的公共建筑中，都不同程度地应用金属装饰制品进行装修。

5. 建筑玻璃

玻璃是现代建筑十分重要的室内外装饰材料之一。玻璃是用石英砂、纯碱、长石、石灰石等为主要原料，1550～1600℃高温下熔融、成型，并经快速冷却而成的固体材料。为了改善玻璃的某些性能和满足特种技术要求，常常在玻璃生产过程中加入某些金属氧化物，或经特殊工艺处理，则可得具有特殊性能的玻璃。

6. 建筑装饰涂料

建筑装饰涂料是指涂敷于建筑构件的表面，并能与建筑构件表面材料很好地黏结，形成完整装饰和保护膜的材料。建筑装饰涂料不仅具有色彩鲜艳、造型丰富、质感与装饰效果好等特点，而且还具有施工方便、易于维修、造价较低、自身质量小、施工效率高，可在各种复杂的墙面上施工等优点。

2.5.6 木材及其制品

木材与钢材、水泥并称三大材，在建筑水利桥梁等工程中得到了广泛应用。木材的主要品种有圆材，锯材(板材、木方)，人造板及改性木材。

木材的优点是：质轻而强度高，抗拉抗弯强度>100MPa(顺纹)，弹性和韧性好，能承受较大的冲击荷载和振动荷载，导热系数好(孔隙率 50%左右，良好的保温隔热性能)，装饰性好，耐久性好，易加工。木材的缺点是：各向异性，胀缩变形大，易腐，易燃，天然疵病多。

1. 分类

针叶树(软木材)：树木通直高大，易加工，表观密度小，胀缩变形小，有较高的强度，耐腐蚀性强，作为承重结构的木材(模板脚手架)，如松、杉、柏等。

阔叶树(硬木)：较重，加工较难，胀缩和翘曲变形较大，易开裂，可作为室内装修家具及胶合板，如水曲柳、榆木、柞木等。

2. 木材的利用

利用木材的原则是：经济合理使用，长材不短用，优材不劣用；提高木材的耐久性，防腐和防火；综合使用，利用边角碎料生产人造板材。

3. 木材的防护

木材作为土木工程材料，最大缺点是容易腐朽、虫蛀和燃烧，因此大大地缩短了木材的使用寿命，并限制了它的应用范围。采取措施来提高木材的耐久性，对木材的合理使用具有十分重要的意义。

(1) 木材的腐朽是真菌在木材中寄生引起的。真菌在木材中生存和繁殖，必须同时具备 4 个条件：温度适宜、木材含水率适当、有足够的空气、适当的养料。

根据木材产生腐朽的原因，木材防腐有两种方法：一种是创造条件，使木材不适于真菌的寄生和繁殖；另一种是把木材变成有毒的物质，使其不能作真菌的养料。

第一种的主要方法是将木材进行干燥，使其含水率在 20%以下。要保证木结构经常处于干燥状态。第二种方法是将化学防腐剂注入木材中，使真菌无法寄生。

(2) 木材的防虫。木材除受真菌侵蚀而腐朽外，还会遭受昆虫的蛀蚀。木材虫蛀的防护方法，主要是采用化学药剂处理。木材防腐剂也能防止昆虫的危害。

标准链接

有关的标准有《防腐木材》(GB/T 22102—2008)、《木材耐久性能　第 2 部分：天然耐久性野外试验方法》(GB/T 13942.2—2009)、《木材耐久性能第1部分：天然耐腐性实验室试验方法》(GB/T 13942.1—2009)、《木材保管规程》(GB/T 18959—2003)、《木材横纹抗拉强度试验方法》(GB/T 14017—2009)等。

2.6 绿色建材

2.6.1 绿色建材的定义与基本特征

绿色材料的概念是在1988年第一届国际材料科学研究会上首次提出的。1992年，国际学术界明确提出绿色材料的定义：绿色材料是指在原料采取、产品制造、使用或者再循环以及废料处理等环节中对地球环境负荷为最小和有利于人类健康的材料，也称之为"环境调和材料"。建材工业是国民经济非常重要的基础性产业，是天然资源和能源资源消耗最高、破坏土地资源最多、对大气污染最为严重的行业之一。绿色建材又称生态建材、环保建材和健康建材等。绿色建材是指采用清洁生产技术、少用天然资源和能源、大量使用工业或城市固态废弃物生产的无毒害、无污染、无放射性，有利于环境保护和人体健康的建筑材料。

2.6.2 绿色建材的分类

在制造和使用总过程中，对地球环境负荷相对最小的材料称为"环境材料"或"绿色材料"；而有益于环境健康的材料称为"保健环境材料"或"环保型材料"。然而，环保型建材在国际上却仍处于研究阶段。传统天然材料及大多数人造新材料均属于"绿色建材"的范畴。"健康材料"的概念系指具有特定的环保功能和有益于健康功能的材料，可具有净化空气、抗菌、防霉功能或电化学效应、红外辐射效应、超声和电场效应等。"绿色建材"主要针对地球环境负荷，而"保健材料"是指直接与健康有关的居室内小环境，也有人把二者总称为"生态环境材料"。"生态环境"是指气、水、地球环境及光和热等自然条件之外，微生物、动植物等与人类有关的一切环境。因此，把"生态环境材料"分为如下几种。

(1) 气环境材料：净化空气材料。

(2) 水环境材料：净化水材料。

(3) 地环境材料：改良土地、利用废渣。

(4) 循环材料：零排放废气、废水和废渣。

(5) 保健环境材料：空气净化建材、饮水净化材料、保健抗菌材料、健康功能材料。

2.6.3 绿色建材的基本特征

绿色建材与传统建材相比可归纳以下5个基本特征。

(1) 其生产所用原料尽可能少用天然资源，大量使用尾矿、废渣、垃圾、废液等废弃物。

(2) 采用低能耗制造工艺和无污染环境的生产技术。

(3) 在产品配制或生产过程中，不得使用甲醛、卤化物溶剂或芳香族碳氢化合物；产品中不得含有汞及其化合物；不得用铅、镉、铬等重金属及其化合物的颜料和添加剂。

(4) 产品的设计是以改善生产环境、提高生活质量为宗旨，即产品不仅不损害人体健康，而应有益于人体健康，产品具有多功能化，如抗菌、灭菌、防霉、除臭、隔热、阻燃、防火、调温、调湿、消磁、防射线、抗静电等。

(5) 产品可循环或回收再利用，无污染环境的废弃物。

绿色建材满足可持续发展的需要，做到了发展与环境的统一，现代与长远的结合。既满足现代人的需要，安居乐业、健康长寿，又不损害后代人对环境、资源的更大需求。

2.6.4 发展绿色建材的意义

20 世纪 70 年代以来，臭氧层破坏、温室效应、酸雨等系列全球性环境问题的日益加剧，人们已逐步认识到保护我们赖以生存的地球环境已不再只是政府、民间团体、科研机构的事情，而是每个人都应以自己的行动来直接参与环境保护工作。建筑材料，在生产、使用过程中，一方面消耗大量的能源，产生大量的粉尘和有害气体，污染大气和环境；另一方面，使用中会挥发出有害气体，对长期居住的人来说，会对健康产生影响。鼓励和倡导生产、使用绿色建材，对保护环境，改善人们的居住质量是至关重要的。

有关的标准有《绿色建筑评价标准》(GB/T 50378—2014)。

绿色建筑——双零楼

常规能源的使用，不仅使地球现有的化石能源逐步枯竭，还对环境产生了严重的污染。建筑能耗占了将近整个能耗的 1/3，而光能、风能、地热能这些大自然的恩赐不仅取之不竭、用之不尽，而且清洁环保。如何把节能减排、环保技术、可再生能源利用体现在建筑上，科学家们做了很多尝试。

随着《中华人民共和国可再生能源法》《中华人民共和国节约能源法》《中华人民共和国资源利用法》《可再生能源发展“十一五”规划》等法律、规划的相继出台，在郑州市政府的大力支持下，河南科达节能环保有限公司紧紧围绕着“生态型城市、资源节约型城市”的发展目标，在郑州国家经济开发区投资兴建了中原第一座节能环保产业孵化园项目。

项目一期位于郑州市国家经济技术开发区经开第一大街与经北五路交叉口，一期工程绿色建筑“双零楼”，建筑面积 5910m^2，如图 2-34 所示。该项目运用全新理念化太阳能、风能、生物质能、地热能等多项可再生能源先进技术与建筑为一体，利用太阳能采暖、制冷、供应热水，利用墙面和屋顶楼面太阳能幕墙发电、风口风力发电，利用生活废水生产沼气，利用地下 16℃恒温水，利用建筑设计的自然通风、采光、保暖隔热节能，利用光导纤维照明节能，利用自动化控制节能等，可以说实现了常规能源“零”消耗，污水物“零”排放的“小循环”，使得该项目成为“双零楼”。项目二期“节能环保产业孵化中心”吸引节能环保企业入驻，使得节能环保产业孵化园区集展示、试验、研发为一体，通过“双零楼”展示的轰动效应带来的潜在客户群能很快地和孵化中心入驻的企业对接，这种前面展示、后面成交的专业模式，实现了交易的“短、平、快”，从而实现绿色供应链的“中循环”。

“双零楼”是中原首家建设部绿色建筑示范楼,是郑州市自主创新节能减排示范工程，是一座集节能、环保、生态和多种可再生能源技术利用为一体的绿色建筑示范楼，如图 2-21 所示。

“双零楼”按照可再生能源、节能、环保、生态、自然理念规划建设。污水沼气厌氧发酵，太阳能车篷、太阳能路灯、太阳能草坪灯、地源热泵空调等多项节能减排环保新技术新产品的综合利用，完美地把可再生能源利用等节能减排技术与现代化建筑风格融合到一起，利用太阳能、风能、地热、生物质能 4 种可再生能源，通过 6 种手段，运用 13 种先进技术与建筑结合，实现了常规能源“零消耗”和生活污水的“零排放”。如果用十个字来概括“双零楼”的综合特点，那就是：高，大，宽，通，透，亮，多，绿，湿，美。

13 种节能减排技术展示如下。

(1) 太阳能热水技术：南屋面、空中花园栏杆表面的太阳能热水集热器及南侧东面阳台的平板集热器，通过吸收太阳能，可满足部分地板供暖和洗浴用水。

(2) 空气集热器技术：覆盖南屋面的 $360m^2$ 的空气集热器，可满足南阁楼 300 m^2 采暖需要。获取可利用太阳能效率达到 50%以上，热量逸出小于 10%。

(3) 太阳能光伏系统：覆盖南屋面、朝阳窗户上方的 $300m^2$ 的太阳能遮阳板，发电功率为 15kW，可满足双零楼照明、公司徽标及 LED 显示屏等需要。

(4) 地源热泵系统：地源热泵系统通过地表以下 100m 土壤换热提取冷量或热量，供至机组末端，冬季采用地盘管采暖，夏季使用风机盘管制冷。

(5) 热压通风技术：利用太阳能风帽上的吸热涂层和屋面的热压通风风道形成的热压通风系统，可有效降低室内温度和新风系统能耗，从而大大缩短了空调使用时间。

(6) 风压通风技术：通过屋顶五道电动风阀的开启、闭合，将捕风窗捕到的新风压入中庭，从而带动下部各房间的空气流通，形成完整的风压通风系统。

(7) 风光互补发电系统：屋顶安装有两组风力发电机及非晶硅光电板，其风光互补所产生的电量可满足部分日常工作办公需要。

(8) 雨污水回用系统：雨污水回用系统，包括收集系统、处理系统、回用系统和自动监控系统，可使用集中处理后的中水回用冲厕、浇灌绿化、装饰中庭水幕墙、鱼缸用水等。

(9) 维护结构保温技术：外墙保温采用聚氨酯现场喷涂、发泡工艺技术，使建筑具有最佳保温隔热效果。

(10) 门窗及遮阳技术：门窗采用断桥铝合金、中空玻璃及水平开启方式，有效地提高了建筑气密性、保温性、隔热性、隔声性和抗风耐寒性。外遮阳采用光电板遮阳雨篷，起到遮阳发电的功能；电动内遮阳，可以有效地阻挡紫外线且隔热、透光。

(11) 节能器具应用技术：卫生间等都使用了节能器具，实现了常规生活的节能。

(12) 环境绿化配置技术：空中花园及楼内的绿化，不仅使楼宇更加美观，而且能够改善空气的湿度，使楼内空气保持清新，另外空中花园还能够起到隔热作用。

(13) 分项计量及能耗监控技术：通过架设网络、服务器等设备，以及利用节能监控平台实现对整栋楼宇的常规能源消耗的监控。

项目二期“节能环保产业孵化中心”计划投资 6000 万元，建筑面积 $20000m^2$，为入驻企业打造“节能减排科技开发及技术交易平台，节能减排数据资源共享平台，节能减排监测、检测、评估、投融资等服务平台，能源碳交易平台，节能减排大型科学仪器共享平台，节能减排人力资源信息平台”六大服务平台，吸引 100 家节能环保企业入驻，年产生 20 亿元人民币的科工贸收入，使园区成为名副其实的“节能环保产业孵化园”。

【点评】科技支撑引领未来的发展，双零楼作为中原首家“化可再生能源与建筑为一体”的绿色建筑示范楼，体现了多学科交叉、协同攻关的特点，全面展示了各种生态建筑的关键技术。

它所传递的节能、环保、生态的建筑理念，为建筑节能向更高层次的绿色、环保、生态节能方向发展提供了成功的典范和强有力的技术支撑，并将引领河南省节能环保产业的发展方向。

图 2-21 绿色建筑“双零楼”

模块小结

建筑材料是建筑物的物质基础，建筑材料的质量直接决定了建筑物的质量。本模块主要介绍常用的建筑胶凝材料、建筑结构材料、墙体材料、建筑功能材料、绿色建材等内容。

建筑胶凝材料是指经过一系列物理化学变化后，能够产生凝结硬化，将块状散状材料后颗粒状材料交结成一个整体的材料。工程中常用的胶凝材料有石灰、石膏、水玻璃、各种水泥。

建筑结构材料是指用于建筑结构中的材料，常用的有混凝土、建筑钢材、建筑砂浆等。

墙体材料是指用于房屋建筑物中的主要围护材料和结构材料，常用的墙体材料主要有砖、砌块、墙体板材等材料。

建筑功能材料主要是指担负某些功能的非承重材料。建筑功能材料为人类居住生活提供了更优质的服务，如防水材料、隔声吸声材料、绝热材料、装饰材料等。

绿色建材是指采用清洁生产技术、少用天然资源和能源、大量使用工业或城市固态废弃物生产的无毒害、无污染、无放射性，有利于环境保护和人体健康的建筑材料。绿色建材在世界推行“绿色化”进程中占据首要位置。

复习思考题

一、填空题

1. 经过一系列物理化学变化后，能够产生凝结硬化，将块状材料后颗粒状材料交结成一个整体的材料是____________。

2. 石灰石的主要成分是________。石灰的生产，实际上就是将石灰石在高温下煅烧，使其分解成为生石灰，主要成分是__________，工程中使用石灰时，通常是将生石灰加水，使其消解成消石灰，其主要成分是__________，这个过程称为石灰的“消解”，又称“________”。

3. 气硬性胶凝材料有_______、_______、___________等，水硬性胶凝材料主要有各类______。

4. 按照《水泥的命名原则和术语》(GB/T 4131—2014)规定，按水泥的性能及用途可分为_________、___________、__________三大类。

5. 混凝土是由各组成材料按一定比例拌和成的，混凝土拌合物必须具有良好的_________，以保证获得良好的浇灌质量。硬化混凝土的主要性质为_________、_________和_________。

6. 钢材的性能主要包括________和_______。

7. 低碳钢在拉伸试验中从受拉至拉断，经历了4个阶段：__________、_________、_________、_______。

8. 在建筑中，习惯上把用于控制室内热量外流的材料叫做_____________；把防止室外热量进入室内的材料叫做___________。此两种材料统称为____________。

二、选择题

1. 根据建筑材料功能及特点，可分为________________。

A. 建筑结构材料、墙体材料和建筑功能材料

B. 建筑结构材料和建筑功能材料

C. 屋面材料、墙体材料和防水材料

D. 有机材料和无机材料

2. 经过一系列物理化学变化后，能够产生凝结硬化，将块状材料后颗粒状材料交结成一个整体的材料称为________________。

A.防水材料　　B.结构材料　　C. 胶凝材料　　D. 骨料材料

3. 硅酸盐水泥的初凝为______________。

A. ≥45 min　　B. ≤390 min　　C. ≤10h　　D. ≥60 min

4. ________水泥原称大坝水泥，是专门用于要求水化热较低的大坝和大体积工程的水泥品种。

A. 低水化热硅酸盐　　B. 铝酸盐

C. 道路　　D. 油井

5. 以下外加剂中能改善混凝土耐久性的外加剂是____________。

A. 减水剂　　B. 早强剂　　C. 缓凝剂　　D. 防冻剂

6. ____________在混凝土搅拌前或搅拌过程中，为改善混凝土性能、调节混凝土强度、节约水泥，与混凝土其他组分一起，直接加入的矿物材料或工业废料，掺量一般大于水泥质量的5%。

A. 混凝土外加剂　B. 胶凝材料　　C. 骨料　　D.混凝土掺合料

7. 和易性也称为工作性，是指新拌混凝土易于施工操作并能获得质量均匀、成型密实的性能。通常有________________3个方面的含义。

A. 流动性、黏聚性和吸水性　　B. 流动性、黏聚性和保水性

C. 坍落度、维勃稠度和保水性　　　D. 流动性、耐久性和保水性

8. 测定混凝土立方体抗压强度的标准试块为_______立方体试件。

A. 150mm　　　B. 100mm　　　C. 70.7mm　　　D. 200mm

9. 钢材在拉伸试验中得到的确定钢材主要技术指标有______________。

A. 屈服强度、截面缩减率、伸长率　B. 弹性极限、抗拉强度、伸长率

C. 屈服强度、抗拉强度、伸长率　　D. 屈服强度、抗拉强度、截面缩减率

10. 混凝土在使用条件下抵抗周围环境各种因素长期作用的能力称为________。

A. 和易性　　　B. 耐久性　　　C. 保水性　　　D. 黏聚性

三、简答题

1. 建筑材料在房屋建筑中起什么作用？
2. 简述建筑材料的发展方向。
3. 建筑石灰有什么用途？
4. 工程除了常用的硅酸盐水泥以外，还有哪些水泥，可适用于什么工程中？
5. 对装饰材料有什么基本要求？
6. 绿色建材的特点是什么？

模块3

建筑制图

学习目标

了解制图国家标准作用、工程中常用的投影图。掌握制图标准基本规定、投影的组成及投影法的分类、三面正投影图的投影规律、施工图的识图方法、施工图的识图步骤。

学习要求

能力目标	知识要点	权重
制图国家标准作用	制图规范，保证制图质量，提高制图效率，图面清晰、简明，以及满足设计、施工、管理和技术交流	10%
制图标准基本规定	图幅、图线、比例、尺寸标注、定位轴线、图例	15%
投影的组成及投影法的分类	形体、投影面、投射线、中心投影法、平行投影法	10%
三面正投影图的投影规律	长对正、高平齐、宽相等	20%
工程中常用的投影图	正投影图、标高投影图、轴测投影图、透视投影图	15%
施工图的识图方法	从前往后顺序看、从粗到细区别看、从大到小连着看、专业图纸对着看	10%
施工图的识图步骤	封面、目录、设计总说明、总平面图、建筑施工图、建筑详图	20%

导入案例

某地区建一栋 5 层住宅楼，楼面在设计中采用建筑构造通用图集中的一项工程做法，其做法面层厚度为 110mm。由于设计周期短，出图匆忙等种种原因，设计者误把建筑标高与结构标高相同考虑，施工单位按图作业，并把门窗承包给某门窗厂加工制作。住宅楼 5 层主体结构完工以后，到了装修阶段，才发现这一标高问题，由于设计中没考虑楼面 110mm 厚面层做法，致使门窗洞口及窗台高度都相对降低了 110mm，也就是说门洞口高度变小，按照图纸制作的标准门不能就位，安不进去；窗台下的半暗装暖气槽不能满足暖气片高度的要求，使暖气片同样也不能安装就位。结果，为了最大限度地降低损失，经甲乙及设计三方商定，采取了如下措施：把门窗高度方向改小 110mm，窗台加高 110mm，即使这样，仍然造成数十万元的损失，工期延误 20 余天，而且修改后的门窗高宽比例失调，立面效果极差。

【点评】工程设计是工程建设的首要环节，设计质量的优劣直接影响建筑工程的投资进度和工程质量，甚至影响到工程的正常使用或投入使用后的经济效益。因此，把握工程设计的质量是搞好工程建设的关键，而控制工程设计质量的关键是施工图设计阶段，在施工图设计阶段的某一微小的失误都可能给工程带来不小的影响。了解建筑工程的设计过程，遵照制图标准，严谨的制图态度不管以后从事造价工作，或者设计工作，或者施工工作，都是必须遵守的。

任何建筑的建造都要根据完善的图纸进行施工。在建筑工程中，无论是建造巍峨壮丽的高楼大厦或者建造简单房屋都要根据设计完善的图纸进行施工。制图学习的是工程图相关方面的知识，工程图是工程界的共同语言，也是一种国际性的语言。“建筑制图”要求掌握以建筑制图与识图为基础的理论知识和实践能力。

3.1 建筑制图规范

为了使制图规范，保证制图质量，提高制图效率，做到图面清晰、简明，以及满足设计、施工、管理和技术交流等要求，制图时必须严格遵守制图国家标准。本节参照最新的国家标准中的有关规定。

标准链接

有关的建筑制图标准：《房屋建筑制图统一标准》(GB/T 50001—2017)、《总图制图标准》(GB/T 50103—2010)、《建筑制图标准》(GB/T 50104—2010)、《建筑给水排水制图标准》(GB/T 50106—2010)、《暖通空调制图标准》(GB/T 50114—2010)、《建筑结构制图标准》(GB/T 50105—2010)等。

3.1.1 图幅

图幅是图纸幅面的简称。为便于制图、使用和管理，规定图样均应绘制在一定图幅和格式的图纸上。

1. 图幅尺寸

图幅尺寸见表 3-1。基本尺寸规定有 5 种，其代号分别为 A0、A1、A2、A3 和 A4 。

表 3-1　幅面及图框尺寸(mm)

幅面代号 尺寸代号	A0	A1	A2	A3	A4
$b \times L$	841×1189	594×841	420×594	297×420	210×297
c	10			5	
a	25				

2. 图框

图框是指绘图范围的界线。建筑制图一般采用留装订边的图框格式，图纸以短边作为垂直边称为横式，以短边作为水平边称为立式。一般 A0～A3 图纸亦横式使用；必要时也可立式使用，A4 必须是立式使用。一个工程设计中，每个专业所使用的图纸一般不宜多于两种幅面，无论哪种格式的图纸，其图框线均应采用粗实线绘制。

3. 标题栏和会签栏

每张图样上都必须画出标题栏。标题栏表达了图名、图号、比例、设计人、审核人、单位等多方面的信息，是工程图纸上不可缺少的一项内容。标题栏一般位于图纸的右边和下方。需要各相关工种负责人会签的图纸，还设有会签栏。

3.1.2　图线

1. 图线的类型和用途

在工程图样中，应根据图样的内容选用不同形式和不同粗细的图线。图线的种类及用途见表 3-2。

表 3-2　图线

名称		线　型	线宽	一般用途
实线	粗		b	主要为可见轮廓线
	中粗		$0.7b$	可见轮廓线
	中		$0.5b$	可见轮廓线、尺寸线、变更云线
	细		$0.25b$	图例填充线、家具线
虚线	粗		b	见各有关专业制图标准
	中粗		$0.7b$	不可见轮廓线
	中		$0.5b$	不可见轮廓线、图例线
	细		$0.25b$	图例填充线、家具线
单点长画线	粗		b	见各有关专业制图标准
	中		$0.5b$	见各有关专业制图标准
	细		$0.25b$	中心线、对称线、轴线等
双点长画线	粗		b	见各有关专业制图标准
	中		$0.5b$	见各有关专业制图标准
	细		$0.25b$	假想轮廓线、成型前原始轮廓线
折断线	细		$0.25b$	断开界线
波浪线	细		$0.25b$	断开界线

图线的宽度 b，宜从 1.4mm、1.0mm、0.7mm、0.5mm、0.35mm、0.25mm、0.18mm、0.13mm 线宽系列中选取。图线宽度不应小于 0.1mm。每个图样，应根据复杂程度与比例大小，先选定基本线宽 b，再选用表 3-3 中相应的线宽组。

表 3-3　线宽组(mm)

线宽比	线宽组			
b	1.4	1.0	0.7	0.5
$0.7b$	1.0	0.7	0.5	0.35
$0.5b$	0.7	0.5	0.35	0.25
$0.25b$	0.35	0.25	0.18	0.13

注：

(1) 需要缩微的图纸，不宜采用 0.18 及更细的线宽。

(2) 同一张图纸内，各不同线宽中的细线，可统一采用较细的线宽组的细线。

2. 图线的画法(图 3-1)

(1) 相互平行的图例线，其净间隙或线中间隙不宜小于 0.2mm。

(2) 虚线、单点长画线、双点长画线的线段长度宜各自相等。

(3) 虚线与虚线应相交于线段处；虚线不得与实线相连接。单点长画线同虚线。

(4) 单点或双点长画线端部不应是点。在较小的图形中，单点或双点长画线可用细实线代替。

(5) 图线不得与文字、数字 重叠、混淆，不可避免时，应首先保证文字的清晰。

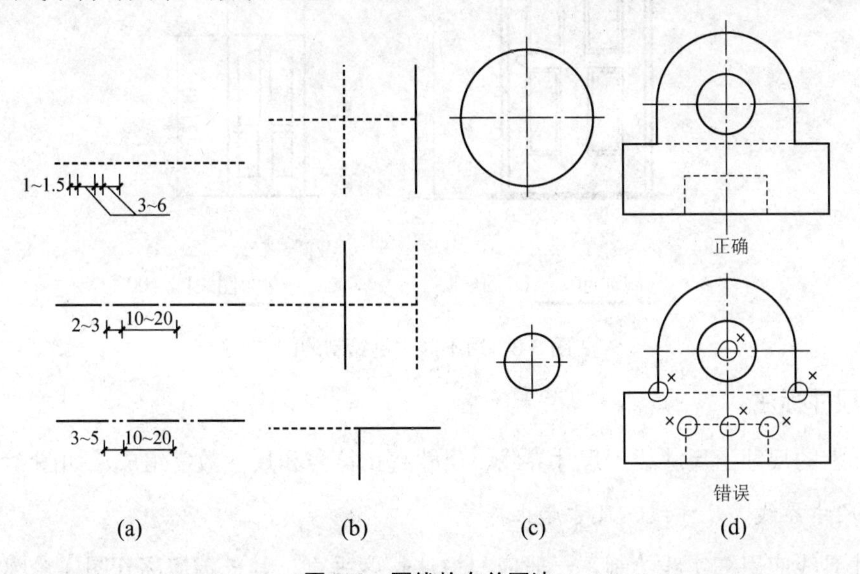

图 3-1　图线的有关画法

(a) 线的画法；(b) 交接；(c) 圆的中心线画法；(d) 举例

3.1.3　比例

图样的比例：图形与实物相对应的线性尺寸之比。比例的大与小，是指比值的大与小。比值大于 1 的比例，称为放大的比例。比值小于 1 的比例，称为缩小的比例。一般情况下，一个图样应选用一种比例。根据专业制图需要，同一图样可选用两种比例。

比例宜注写在图名的右侧，字的底线应取平；比例的字高，应比图名的字高小 1 号或 2 号，如图 3-2 所示。建筑工程图上常采用缩小的比例，见表 3-4。图 3-3 所示是同一扇门用不同比例画出的立面图。

平面图 1∶100　　⑦ 1∶25

图 3-2　比例的注写

表 3-4　绘图所用的比例

常用比例	1∶1，1∶2，1∶5，1∶10，1∶20，1∶50，1∶100，1∶150，1∶200，1∶500，1∶1000，1∶2000
可用比例	1∶3，1∶4，1∶6，1∶15，1∶25，1∶40，1∶60，1∶80，1∶250，1∶300，1∶400，1∶600，1∶5000，1∶10000，1∶20000，1∶50000，1∶100000，1∶200000

门立面图 1∶50　　门立面图 1∶100

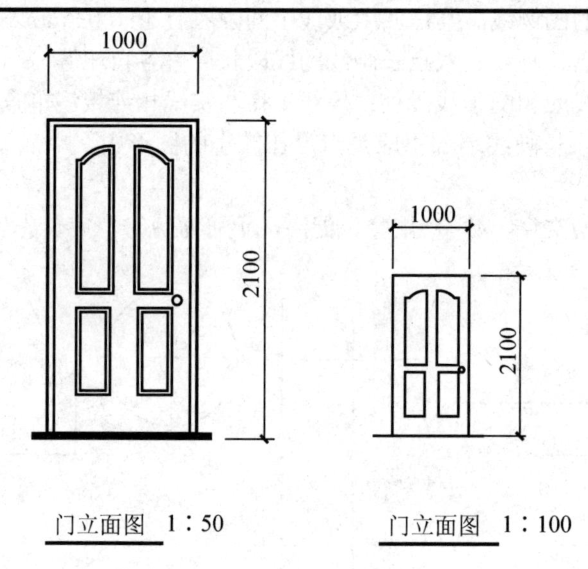

图 3-3　用不同比例绘制的门

3.1.4　尺寸标注

图样上的尺寸由尺寸线、尺寸界线、尺寸起止符号和尺寸数字组成，如图 3-4 所示。

1. 尺寸界线、尺寸线、尺寸起止符号

尺寸界线应用细实线绘制，一般应与被注长度垂直，其一端应离开图样轮廓线不小于 2mm，另一端宜超出尺寸线 2～3mm。图样轮廓线可用作尺寸界线，如图 3-5 所示。

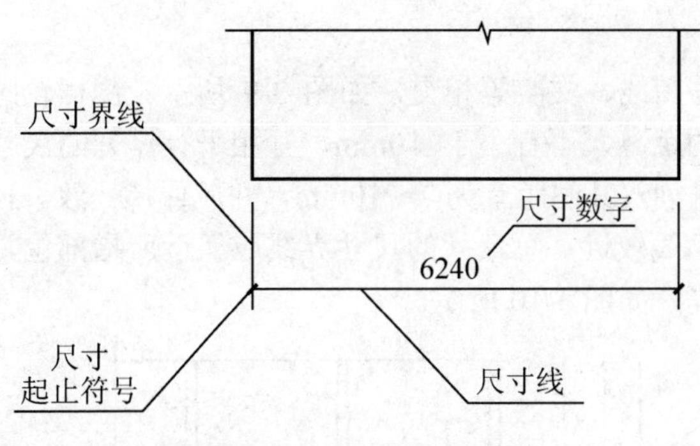

图 3-4 尺寸的组成

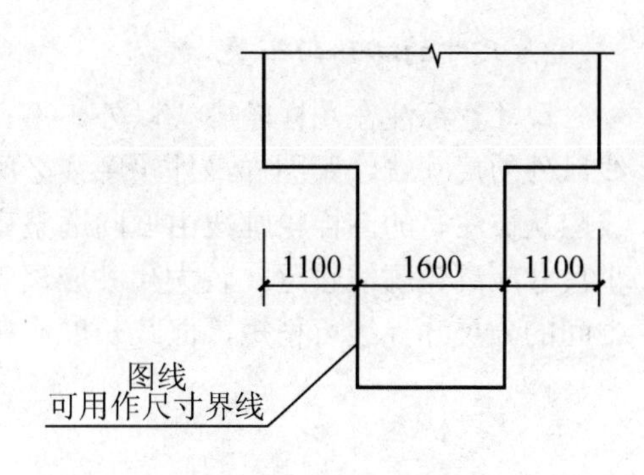

图 3-5 尺寸界线

尺寸线应用细实线绘制，应与被注长度平行。图样本身的任何图线均不得用作尺寸线。

尺寸起止符号一般用中粗短线绘制。其倾斜方向应与尺寸界线成 45°角，长度宜为 2～3mm。半径、直径、角度与弧长的起止符号，宜用箭头表示，如图 3-6 所示。

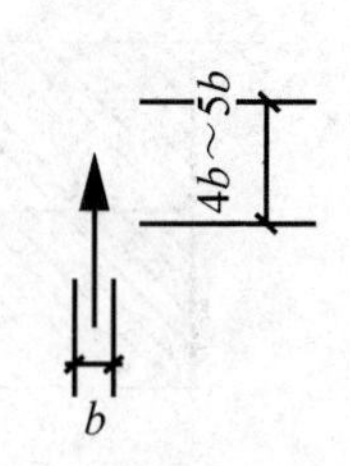

图 3-6 箭头尺寸起止符号

2. 尺寸数字

图样上的尺寸，应以尺寸数字为准，不得从图上直接量取。尺寸数字是物体的实际尺寸，它与绘图所用的比例无关。

尺寸数字的方向，应按图 3-7(a)的规定注写。若尺寸数字在 30°斜区内，宜按图 3-7(b)的形式注写。尺寸数字一般应依据其方向注写在靠近尺寸线的上方中部。注写尺寸数字时，如位置不够，最外边的尺寸数字可注写在尺寸界线的外侧，中间相邻的尺寸数字可错开注写，也可以引出注写，如图 3-8 所示。

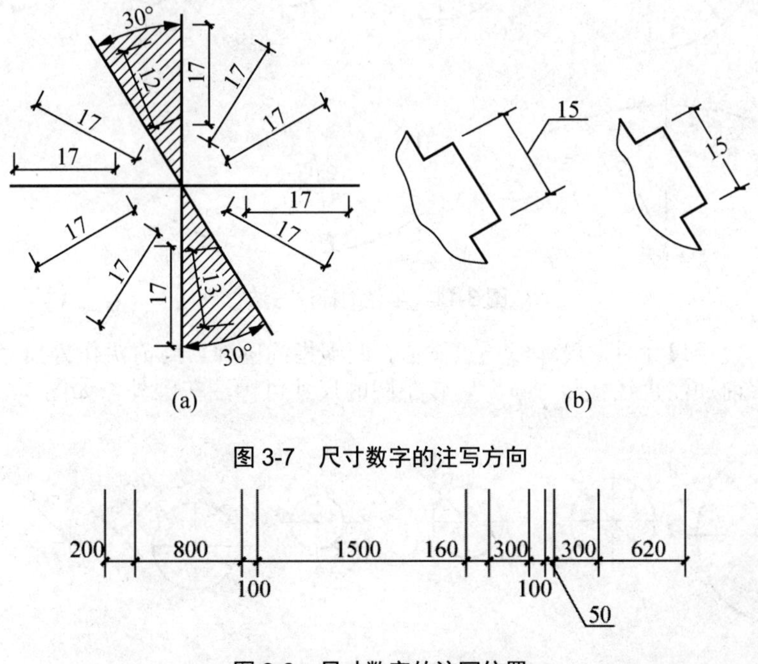

图 3-7 尺寸数字的注写方向

图 3-8 尺寸数字的注写位置

3. 尺寸的排列与布置

尺寸宜标注在图样轮廓线以外，不宜与图线、文字等相交，如图 3-9 所示。图样轮廓线以外的尺寸线，距图样最外轮廓线之间的距离，不宜小于 10mm。互相平行排列的尺寸线应从被注写的图样轮廓线由近向远整齐排列，其间距宜为 7～10mm，并应保持一致。较小尺寸应离轮廓线较近，较大尺寸应离轮廓线较远。总尺寸的尺寸界线应靠近所指部位，中间的分尺寸界线可稍短，但其长度应相等，如图 3-10 所示。

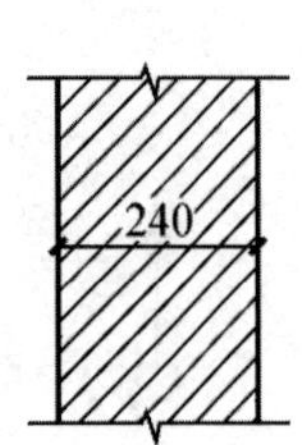

图 3-9　尺寸数字的注写

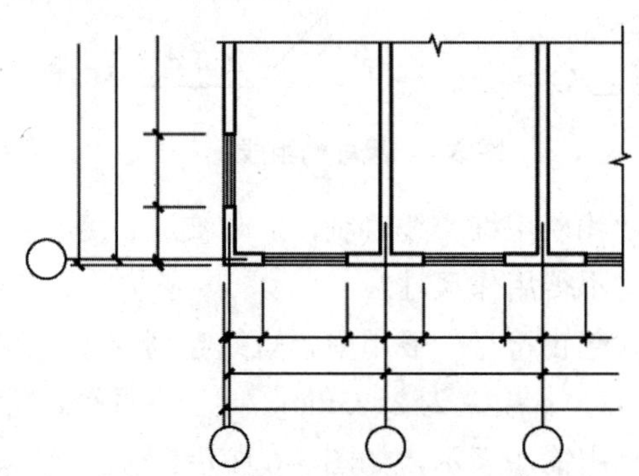

图 3-10　尺寸的排列

4. 半径、直径、球的尺寸标注

半径的尺寸线应一端从圆心开始，另一端画箭头指向圆弧。半径数字前应加注半径符号“*R*”，较小圆弧的半径数字可引出标注；较大圆弧的尺寸线，可画成折断线，如图 3-11 所示。

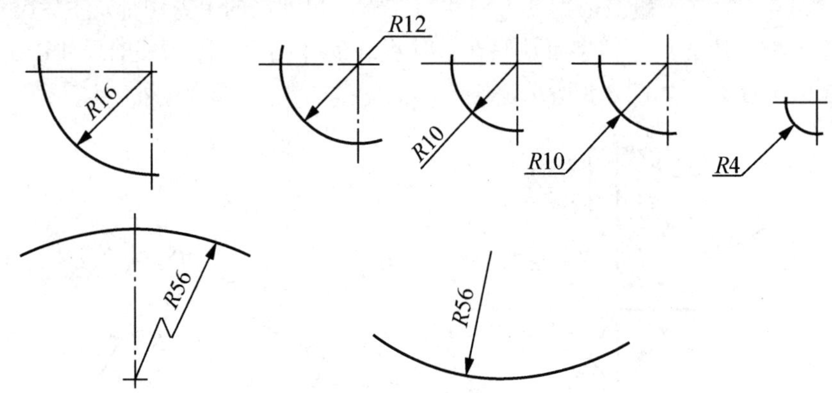

图 3-11　半径的标注方法

标注圆的直径尺寸时，尺寸线通过圆心，两端指向圆弧，用箭头作为尺寸的起止符号，并在直径数字前加注直径代号“ϕ”。较小圆的尺寸可标注在圆外，如图 3-17 所示。

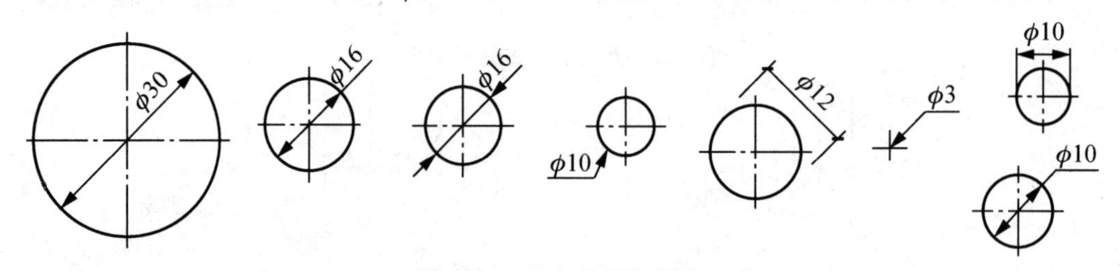

图 3-12　直径的标注方法

标注球的半径尺寸时，应在尺寸数字前加注半径代号“*SR*”。标注球的直径尺寸时，应在尺寸数字前加注直径代号“Sϕ”。注写方法与圆弧半径和圆直径的尺寸标注方法相同。

5. 角度、弧长、弦长的尺寸标注

角度的尺寸线用圆弧表示，其圆心为角的顶点，角的两边为尺寸界线，起止符号应以箭头表示，如没有足够的位置画箭头，可用圆点代替，角度数字应按水平方向注写，如图 3-13(a)所示。

标注圆弧的弧长时，尺寸线应采用与圆弧同心的圆弧线表示，尺寸界线则垂直于该圆弧的弦，起止符号用箭头表示，弧长数字的上方，应加“⌒”符号，如图 3-13(b)所示。

标注圆弧的弦长时，尺寸线应与弦长方向平行，尺寸界线垂直于该弦，起止符号用中粗短线表示，如图 3-13(c)所示。

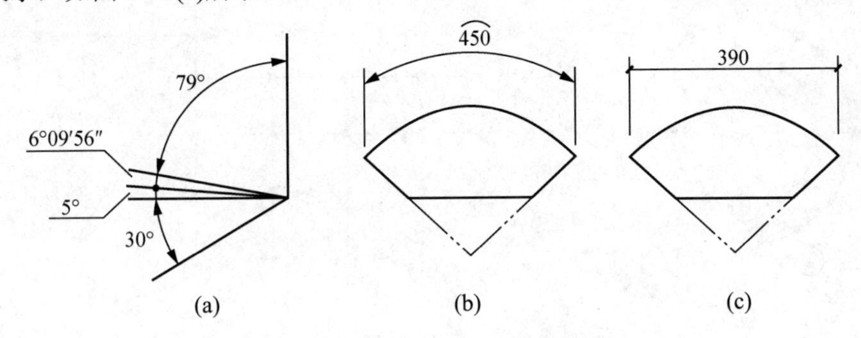

图 3-13 角度、弧长、弦长的标注

(a) 角度的标注；(b) 弧长的标注；(c) 弦长的标注

6. 其他标注方法

标注在薄板板面板厚尺寸、正方形的尺寸、坡度、连续排列的等长尺寸、桁架简图、钢筋简图、管线图等单线图、对称构件尺寸、相似构件尺寸等详见《房屋建筑制图统一标准》(GB/T 50001—2017)。

3.1.5 定位轴线

定位轴线是确定建筑物主要结构构件位置及其标志尺寸的基准线，同时是施工放线的依据。用于平面时称平面定位轴线，用于竖向时称竖向定位轴线。

定位轴线应用细点画线绘制，定位轴线应编号，编号应注写在轴线端部的圆内。圆应用 0.25b 线宽的实线绘制，直径 8～10mm。定位轴线圆的圆心，应在定位轴线的延长线上或延长线的折线上。

横向定位轴线用阿拉伯数字从左至右顺序编写；竖向定位轴线用大写的英文字母从下至上顺序编写，其中 O、I、Z 不用，复杂图形可分区编号，如图 3-14 所示。

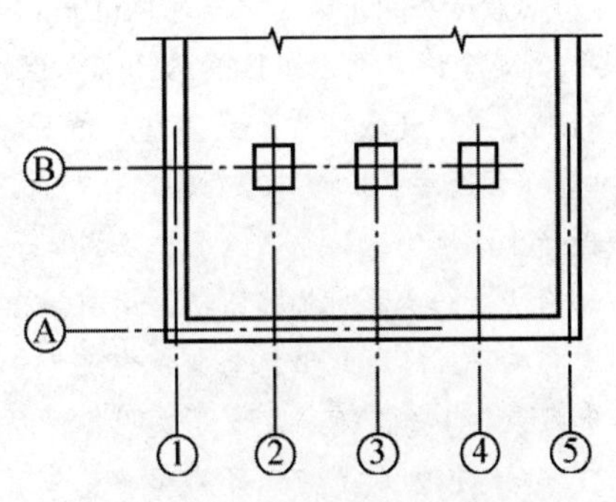

图 3-14 平面定位轴线及编号

如字母数量不够使用，可增用双字母或单字母加数字注脚，如 AA、BA…YA 或 A1、B1…Y1。

附加定位轴线的编号，应以分数形式表示，并应按下列规定编写。

(1) 两根轴线间的附加轴线，应以分母表示前一轴

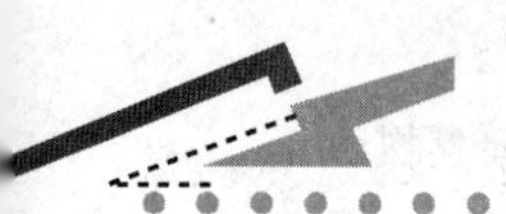

线的编号，分子表示附加轴线的编号，编号宜用阿拉伯数字顺序编写，如

1/2 表示2号轴线之后附加的第一根轴线；

1/C 表示C号轴线之后附加的第一根轴线。

(2) 1号轴线或A号轴线之前的附加轴线的分母应以01或0A表示，如

1/01 表示1号轴线之前附加的第一根轴线；

1/0A 表示A号轴线之前附加的第一根轴线。

(3) 其他图样定位轴线的编号，如图3-15所示。

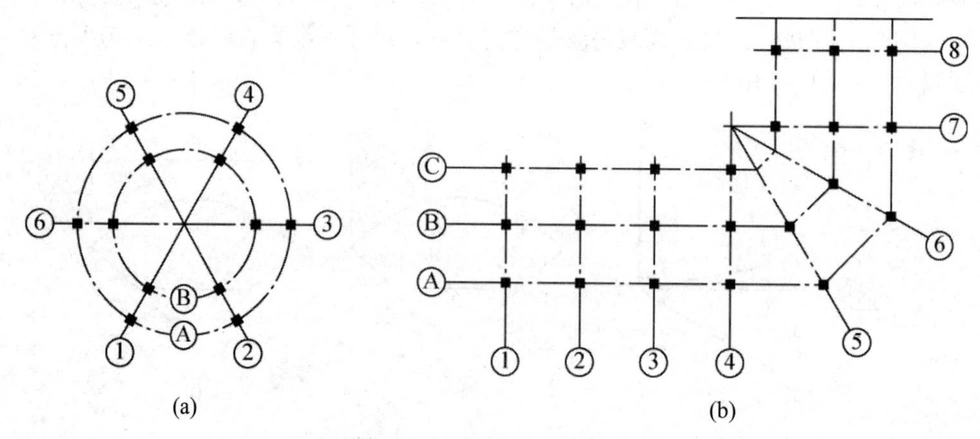

图3-15　定位轴线编号形式

(a) 圆形平面定位轴线的编号；(b) 折线形平面定位轴线的编号

3.1.6　图例

为了绘图简便，表达清楚，国家标准规定了一系列的图形符号代表建筑构配件、卫生设备、建筑材料等，这种图形符号就是图例。有关总平面图图例，绿化图例，建筑材料图例，构造及配件图例和卫生设备及水池图例详见《房屋建筑制图统一标准》(GB/T 50001—2017)。

阅读案例

《营造法式》编于熙宁年间(1068—1077年)，成书于元符三年(1100年)，刊行于宋崇宁二年(1103年)，是李诫在两浙工匠喻皓的《木经》的基础上编成的。这是北宋官方颁布的一部建筑设计、施工的规范书，是我国古代最完整的建筑技术书籍，标志着中国古代建筑已经发展到了较高阶段。

《营造法式》全书34卷、357篇、3555条，是当时建筑设计与施工经验的集合与总结，并对后世产生深远影响。原书《元祐法式》于元祐六年(1091年)编成，但因为没有规定模数制，也就是"材"的用法，而不能对构建比例、用料做出严格的规定，建筑设计、施工仍具有很大的随意性。李诫奉命重新编著，终成此书。全书分为5个部分：释名、各作制度、功限、料例和图样，前面还有"看样"和目录各1卷。看样主要是说明各种以前的固定数据和做法规定及做法来由，如屋顶曲线的做法。

第1、2卷是《总释》和《总例》，对文中所出现的各种建筑物及构件的名称、条例、术语做一个规范的诠释。指出所用词汇在各个不同时期的确切叫法，以及在本书中所用名称，统一语汇。

纵观《营造法式》，其内容有几大特点。第一，制定和采用模数制。书中详细说明了"材份制"，

“材”的高度分为15“分”，而以10“分”为其厚。斗拱的两层拱之间的高度定为6“分”，为“栔”，大木做的一切构件均以“材”、“分”、“栔”来确定。这是中国建筑历史上第一次明确模数制的文字记载。第二，设计的灵活性。各种制度虽都有严格规定，但未规定组群建筑的布局和单体建筑的平面尺寸，各种制度的条文下亦往往附有“随宜加减”的小注，因此设计人可按具体条件，在总原则下，对构件的比例尺度发挥自己的创造性。第三，总结了大量技术经验。例如，根据传统的木构架结构，规定凡立柱都有“侧角”及柱“升起”，这样使整个构架向内倾斜，增加构架的稳定性；在横梁与立柱交接处，用斗拱承托以减少梁端的剪力；叙述了砖、瓦、琉璃的配料和烧制方法以及各种彩画颜料的配色方法。第四，装饰与结构的统一。该书对石作、砖作、小木作、彩画作等都有详细的条文和图样，柱、梁、斗拱等构件在规定它们在结构上所需要的大小、构造方法的同时，也规定了它们的艺术加工方法。例如，梁、柱、斗拱、椽头等构件的轮廓和曲线，就是用“卷杀”的方法制作的。该手法充分利用结构构件加以适当的艺术加工，发挥其装饰作用，成为中国古典建筑的特征之一。

【点评】《营造法式》在北宋刊行的最现实的意义是严格的工料限定。该书是王安石执政期间制订的各种财政、经济的有关条例之一，以杜绝腐败的贪污现象。因此，书中以大量篇幅叙述工限和料例。例如，对计算劳动定额，首先按四季日的长短分中工(春、秋)、长工(夏)和短工(冬)，工值以中工为准，长短工各减和增10%，军工和雇工亦有不同定额；其次，对每一工种的构件，按照等级、大小和质量要求，如运输远近距离、水流的顺流或逆流、加工的木材的软硬等，都规定了工值的计算方法，料例部分对于各种材料的消耗都有详尽而具体的定额，这些规定为编造预算和施工组织订出严格的标准，既便于生产，也便于检查，有效地杜绝了土木工程中贪污盗窃之现象。

《营造法式》的现代意义在于它揭示了北宋统治者的宫殿、寺庙、官署、府第等木构建筑所使用的方法，使人们能在实物遗存较少的情况下，对当时的建筑有非常详细的了解，填补了中国古代建筑发展过程中的重要环节。通过书中的记述，人们还知道现存建筑所不曾保留的、今已不使用的一些建筑设备和装饰，如檐下铺竹网防鸟雀，室内地面铺编织的花纹竹席，椽头用雕刻纹样的圆盘，梁栿用雕刻花纹的木板包裹等。

《营造法式》一书，绘有精致的建筑平面图、立面图、轴测图和透视图等，可以说是中国最早的建筑制图著作，如图3-16所示。清代主持宫廷建筑设计的样式雷家族绘制的大量建筑图样，是中国古代建筑制图的珍品。1799年，法国数学家G. 蒙日出版《画法几何》一书，奠定了工程制图的理论基础。后人又著有《建筑阴影学》和《建筑透视学》等。上述三本著作确立了现今建筑制图的基本理论。

图3-16 《营造法式》图样

3.2 投影图

3.2.1 三面正投影图的形成

在图 3-17 中，空间有 3 个不同形状的形体，它们在同一投影面上的投影却是相同的。由此可以看出：虽然一个投影面能够准确地表现出形体的一个侧面的形状，但不能表现出形体的全部形状。为了确定物体的形状必须画出物体的多面正投影图，通常是三面正投影图。

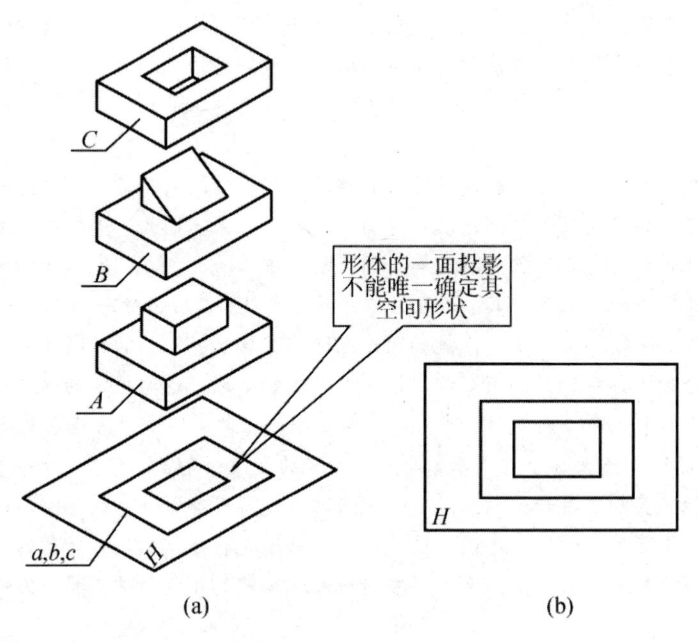

图 3-17 形体的单面投影

(a) 立体图；(b) 水平投影图

三面正投影图的形成过程如下。

1. 建立三面投影体系

在图 3-18(a)中，给出 3 个投影面 *H*、*V*、*W*。其中 *H* 面是水平放置的，叫水平投影面；*V* 面是立在正面的，叫正立投影面；*W* 面是立在侧面的，叫侧立投影面。3 个投影面相互垂直，它们的交线 *OX*，*OY*，*OZ* 叫投影轴，3 个投影轴也相互垂直。

2. 将物体分别向三个投影面进行正投影

在图 3-18(b)中，将物体置于三投影面体系当中，并且分别向 3 个投影面进行正投影。在 H 面上得到的正投影图叫水平投影图，在 *V* 面上得到的正投影图叫正面投影图，在 *W* 面上得到的正投影图叫侧面投影图。

3. 把位于 3 个投影面上的 3 个投影图展开

3 个投影图分别位于 3 个投影面上，画法非常不便。实际上，这 3 个投影图经常要画在一张纸上，为此可以让正面 *V* 不动，将水平面 *H* 绕 *OX* 轴向下旋转 90°，侧面 *W* 绕 *OZ* 轴向右旋转 90°(图 3-18(c))，这样就得到了位于同一个平面上(展开后的 *H*、*V*、*W* 面上)

的 3 个投影图，也就是物体的三面投影图如图 3-18(d)所示。

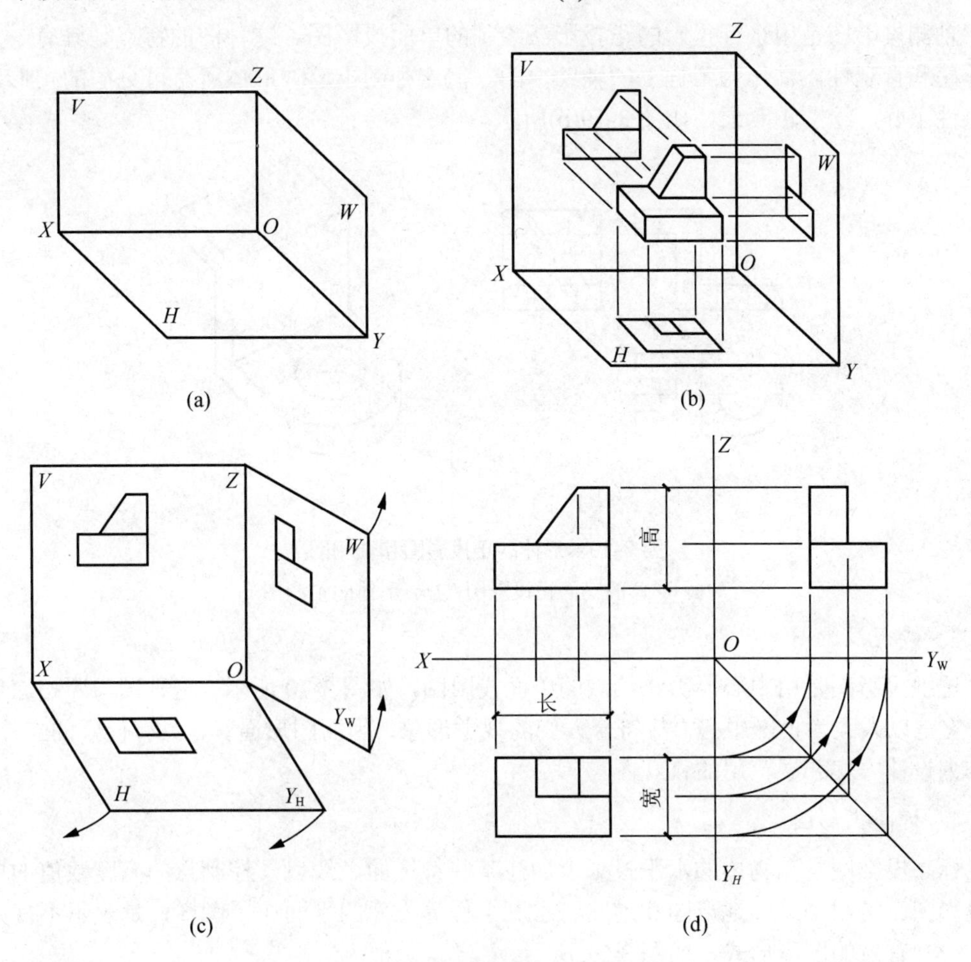

图 3-18　三面正投影图的形成

3.2.2　三面正投影图的分析

从图 3-18(d)可以看出，形体的 3 个投影图之间既有区别，又有联系，三面投影图之间具有下述规律：投影图展开之后，*V*、*H* 两个投影左右对齐，这种关系称为“长对正”；*V*，*W* 两个投影上下对齐，这种关系称为“高平齐”；*H*，*W* 两个投影都反映形体的宽度，这种关系称为“宽相等”。这 3 个重要的关系叫做正投影的投影关系。

3.2.3　土木工程中常用的投影图

在土木工程的建造中，由于所表达的对象不同、目的不同，对图样的要求所采用的图示方法也随之不同。在土木工程上常用的投影图有 4 种：正投影图、轴测投影图、透视投影图、标高投影图。

1. 正投影图

正投影图是用平行投影的正投影法绘制的多面投影图。这种图的特点是能反映形体的真实形状和大小，度量性好，作图简便，为工程制图中经常采用的一种。但是，这种图缺乏立体感，需经过一定的训练才能看懂，如图 3-19(a)所示。

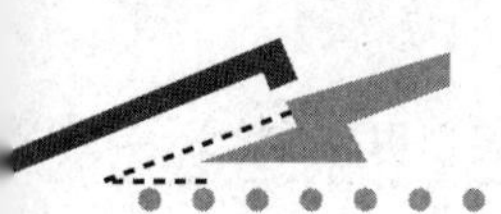

2. 轴测投影图

轴测投影图是用平行投影的正投影法绘制的单面投影图。这种图的特点是具有一定的立体感和直观性，常作为工程上的辅助性图。但这种图不反映形体所有可见面的实形，且度量性不好，绘图较麻烦，如图 3-19(b)所示。

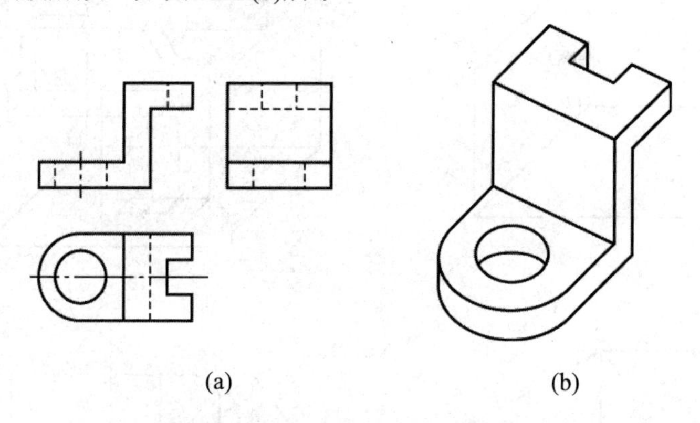

图 3-19　形体的正投影图和轴测图

(a) 形体的三面正投影图；(b) 形体的轴测图

3. 透视投影图

透视投影图是用中心投影法绘制的单面投影图，如图 3-20 所示。这种图与照相原理一致，它是以人眼为投影中心，故符合人们的视觉形象，因而图形逼真，具有良好的立体感。常作为设计方案和展览用的直观图。

4. 标高投影图

标高投影图是在物体的水平投影上加注某些特征面、线以及控制点的高度数值的单面正投影图。常用来绘制地形图和道路、水利工程等方面的平面布置图样，是表示不规则曲面的一种有效的图示形式，如图 3-21 所示。

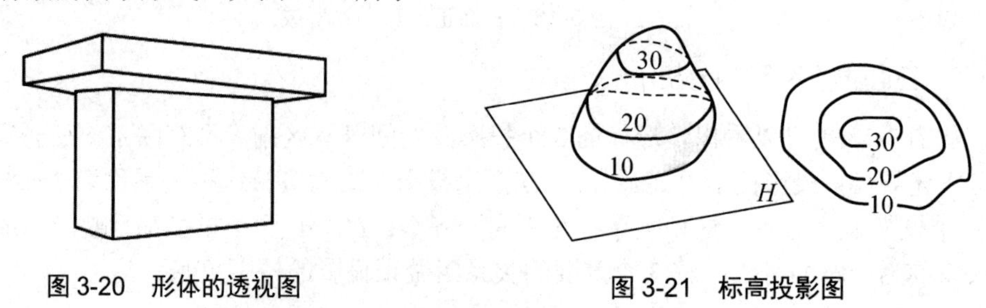

图 3-20　形体的透视图　　**图 3-21　标高投影图**

3.3　施工图的识图方法与步骤

3.3.1　房屋施工图的产生

房屋施工图的产生一般包括初步设计阶段、技术设计阶段、施工图设计阶段。

1. 初步设计

根据甲方要求，通过调研、收集资料、综合构思，进行初步设计，做出方案图并报批。

2. 技术设计

根据审批后的方案图，进一步解决构件造型、布置及各工种之间的配合等技术问题，修改方案，绘制技术设计图。

3. 施工图设计

根据施工要求，画出一套完整的反映建筑物整体及各细部构造和结构的图样，以及有关的技术资料。

3.3.2 房屋施工图的分类和编排顺序

1. 房屋施工图的分类

房屋施工图包括建筑施工图(简称“建施”)、结构施工图(简称“结施”)、设备施工图(简称“设施”)。其中建筑施工图主要表示建筑物的总体布局、外部造型、内部布置、细部构造、内外装饰，包括总平面图、平面图、立面图、剖面图、建筑详图。结构施工图：主要表示建筑物中承重结构的布置情况、构件类型、大小、材料以及做法等，包括结构设计说明、结构平面图、结构构件详图。设备施工图主要表示各工种所需的设备和管线的平面布置图、系统图、工艺设计图、安装详图及安装说明，包括给水排水工程图、电气工程图、采暖通风工程图。

2. 施工图的编排顺序

(1) 图纸目录

图纸目录说明该项工程是由哪几个工种的图纸所组成的，各工程图纸的名称、张数和图号顺序，目的是便于查找图纸。

(2) 设计总说明书

设计总说明书主要说明该项工程的概貌和总体要求。而对中、小型工程的总说明书一般放在建筑施工图内。

(3) 建筑施工图

建筑施工图主要表达建筑物的内外形状、尺寸、结构构造、材料做法和施工要求等。其基本图纸包括总平面图，建筑平、立、剖面图和建筑详图。建筑施工图是房屋施工时定位放线，砌筑墙身，制作楼梯，安装门窗，固定设施以及室内外装饰的主要依据，也是编制工程预算和施工组织计划等的主要依据。

(4) 结构施工图

结构施工图是关于承重构件的布置，使用的材料、形状、大小及内部的工程图样，包括：结构总说明、基础布置图、各层柱布置图、各层柱配筋图、各层梁配筋图、层面梁配筋图、楼梯层面梁配筋图、各层板配筋图、楼梯大样、节点大样等，是承重构件以及其他受力构件施工的依据。

(5) 设备施工图

设备施工图包括建筑给排水施工图、采暖通风施工图、电气照明施工图。设备施工图是室内布置管道或线路、安装各种设备、配件或器具的主要依据，也是编制工程预算的主要依据。

3.3.3 施工图的识读

识读施工图时，必须掌握正确的识读方法和步骤。

1. 施工图的识读方法

在识读整套图纸时，应按照“总体了解、顺序识读、前后对照、重点细读”的读图方法。

(1) 总体了解

一般是先看目录、总平面图和施工总说明，以大致了解工程的概况，然后看建筑平、立面图和剖视图，大体上想象建筑物的立体形象及内部布置。

(2) 顺序识读

在总体了解建筑物的情况以后，根据施工的先后顺序，从基础、墙体(或柱)、结构平面布置、建筑构造及装修的顺序，仔细阅读有关图纸。

(3) 前后对照

读图时，要注意平面图、剖视图对照着读，建筑施工图和结构施工图对照着读，土建施工图与设备施工图对照着读，做到对整个工程施工情况及技术要求心中有数。

(4) 重点细读

根据工种的不同，将有关专业施工图再有重点地仔细读一遍，并将遇到的问题记录下来，及时向设计部门反映。

识读一张图纸时，应按由外向里、由大到小、由粗至细、图样与说明交替、有关图纸对照看的方法，重点看轴线及各种尺寸的关系。

2. 施工图的识图步骤

① 看封面、目录。

② 看设计总说明。

③ 看总平面图。

④ 看建筑施工图。先看各层平面图；再看立面图和剖面图。基本图看懂后，要大致想象出建筑物的立体图形。

⑤ 看建筑详图。

⑥ 看结构施工图。先看结构设计说明、基础施工图，再看结构平面图，后看结构详图。

⑦ 看设备施工图。

3. 总平面图读图步骤

① 阅读标题栏和图名、比例，通过阅读标题栏可以知道工程名称、性质、类型等。

② 读设计说明。在总平面图中常附有设计说明，一般包括如下内容：有关建设依据和工程概况的说明，如工程规模、主要技术经济指标、用地范围等；确定建筑物位置的有关事项；标高及引测点说明、相对标高与绝对标高的关系；补充图例说明等。

③ 了解新建建筑的位置、层数、朝向等。

④ 了解新建建筑的周围环境状况。

⑤ 了解新建建筑物首层地坪、室外设计地坪的标高以及周围地形、等高线等。

⑥ 了解原有建筑物、构筑物和计划扩建的项目等。

⑦ 了解其他新建的项目，如道路、绿化等。

⑧ 了解当地常年主导风向。

4. 平面图的识读

(1) 建筑平面图的形成

一栋房屋究竟应该出多少平面图是要根据房屋复杂程度而定的。一般情况下，房屋有几层就应画几个平面图并在图的下方标注相应的图名，如“底层平面图”“顶层平面图”等。图名下方应加一粗实线，图名右方标注比例。

当房屋中间若干层的平面布局、构造情况完全一致时，则可用一个平面图来表达这些相同布局的各层，称之为“标准层平面图”。若中间某些层中有局部改变，也可单独出局部平面图。另外，对于平屋顶房屋，为表明屋面排水组织及附属设施的设置状况还要绘制一个较小比例的屋顶平面图。

(2) 建筑平面图的作用

建筑平面图是建筑施工图中最基本的图样之一。主要表示建筑物的平面形状、大小、房屋布局、门窗位置、楼梯、走道安排、墙体厚度及承重构件的尺寸等。它是施工放线、砌筑、安装门窗、作室内外装修以及编制预算、备料等工作的依据。房屋的建筑平面图一般比较详细，通常采用较大的比例，如 1∶100、1∶50，并标出实际的详细尺寸。

(3) 底层平面图的图示内容

① 图名、比例。

② 纵横定位轴线及其编号。

③ 各种房间的布置和分隔，墙、柱断面形状和大小。

④ 门、窗布置及其型号。

⑤ 楼梯梯段的走向。

⑥ 台阶、花坛、阳台、雨篷等的位置，盥洗间、厕所、厨房等固定设施的布置及雨水管、明沟等的布置。

⑦ 平面图的轴线尺寸，各建筑物构配件的大小尺寸和定位尺寸及楼地面的标高、某些坡度及其下坡方向。

⑧ 剖视图的剖切位置线和投射方向及其编号，表示房屋朝向的指北针(这些仅在底层平面图中表示)。

⑨ 详图索引符号。

⑩ 施工说明等。

(4) 平面图的识读步骤

① 先读图名、比例及文字说明。

② 了解房屋的平面形状、总尺寸及朝向。

③ 由定位轴线了解建筑物的开间、进深。

④ 了解各房间的形状、大小、位置、面积、用途及相互关系、交通联系。

⑤ 了解墙、柱的定位和尺寸，室内外有关的标高。

⑥ 读门窗图例和编号。

⑦ 了解细部的构造及设备、设施。

⑧ 查看剖面图的标注符号、详图的索引符号。

图 3-22 所示为某建筑物的首层平面图。

5. 建筑立面图的识读

建筑立面图是将房屋各个立面向与之平行的投影面作正投影所得的图样，简称立面图。

(1) 图示内容

① 了解图名或轴线的编号；立面造型外墙面的装饰法。

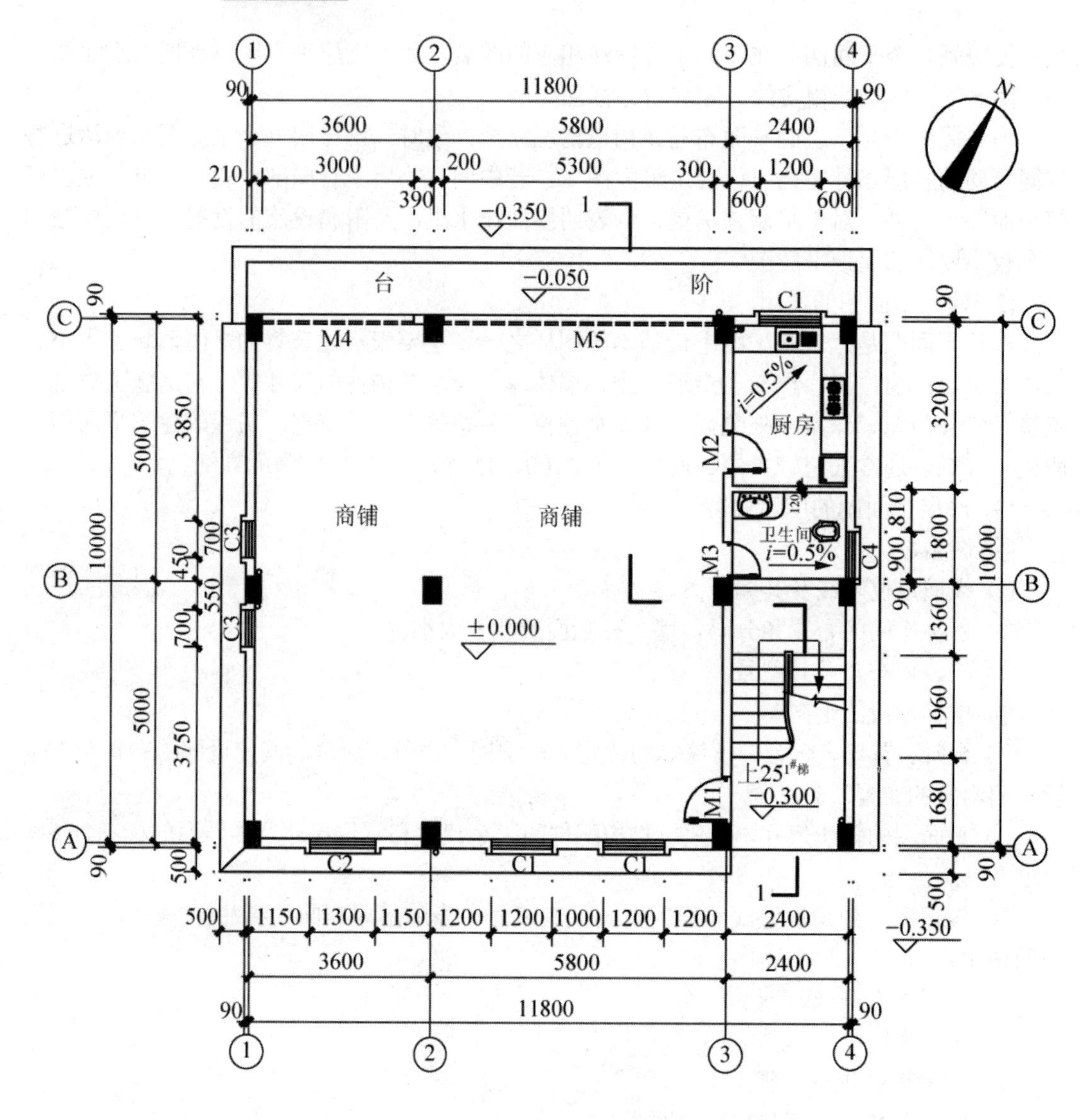

图 3-22　首层平面图

② 了解外墙门窗、屋顶、雨篷、阳台等细部构造的类型及分布。

③ 阅读标高，了解房屋各部位的高度。

(2) 立面图读图步骤

① 由图名、比例，明确立面图表达的建筑物哪个侧面，其绘图比例是多少。

② 分析建筑立面造型。

③ 了解外墙面上的门、窗的种类、形式和数量。

④ 分析立面上的细部构造，如挑檐、雨篷、窗台、台阶等。

⑤ 了解外墙面的装饰、装修的做法、材料等。

⑥ 查看详图索引符号，配合相应的详图对照阅读。

图 3-23 所示为房屋的其中一个立面图。

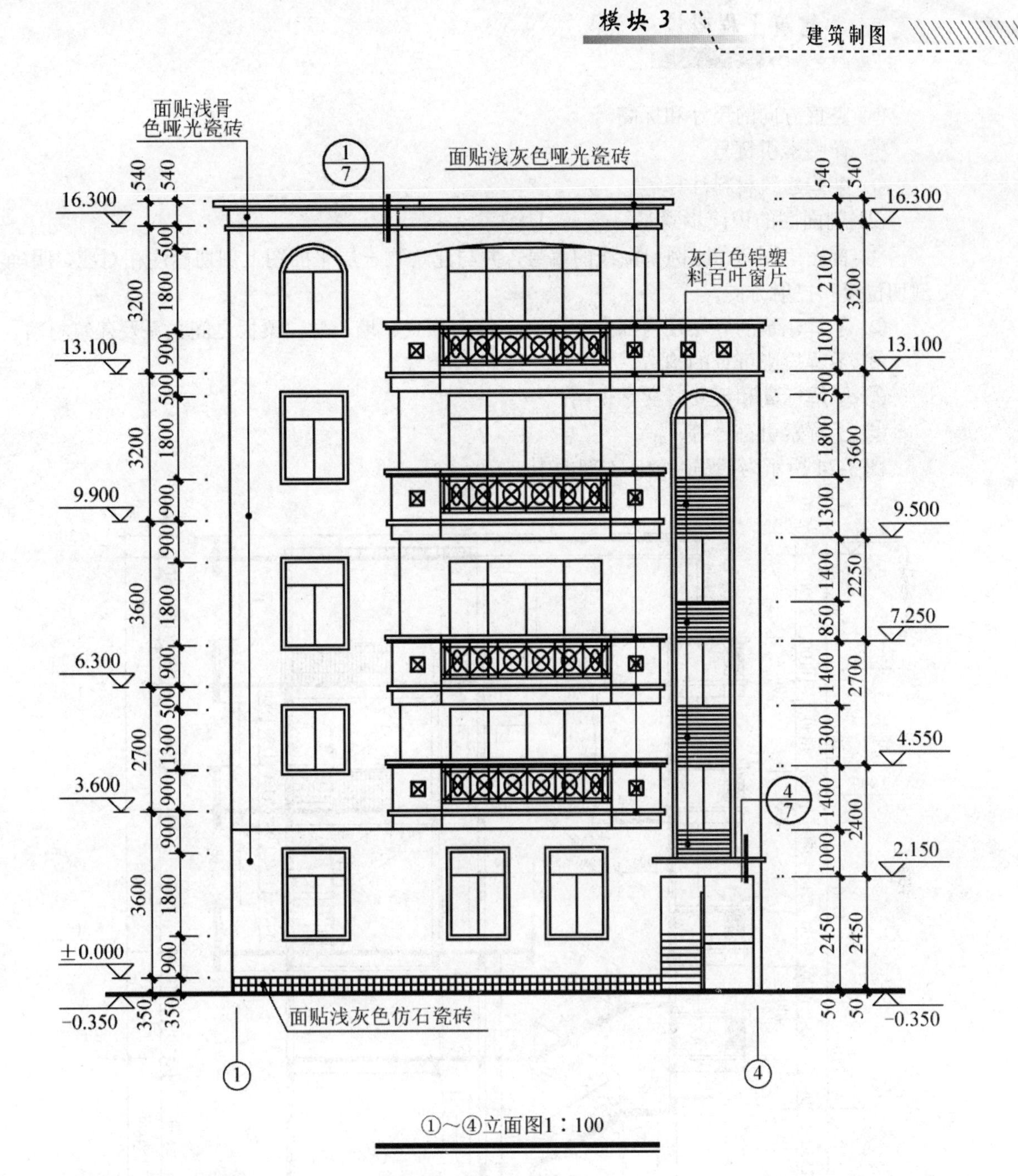

图 3-23 建筑立面图

6. 建筑剖面图的识读

(1) 剖面图的图示内容

① 图名、比例。

② 外墙(或柱)的定位轴线及其间距尺寸。

③ 剖切到的室内外地面、屋顶层、内外墙、门、窗、各种承重梁、连系梁、楼梯、孔洞、水箱等的位置、形状及其图例。一般不画出地面以下的基础。

④ 未剖切到的可见部分，如看到的墙面及其凹凸轮廓、梁、柱、阳台、雨篷、门、窗、勒脚、台阶、水斗和雨水管，以及看到的楼梯段和各种装饰等的位置和形状。

⑤ 竖直方向的尺寸和标高。

⑥ 详图索引符号。

⑦ 某些建筑材料注释等。

(2) 剖面图的识读步骤

① 首先读图名、比例和轴线的编号，并与建筑物一层平面图上剖切标注相对应，明确剖切位置和投射方向。

② 了解建筑的分层及内部空间组合，结构形式、墙、柱、梁板之间关系及建筑材料。

③ 了解投影可见的构造。

④ 了解标高和尺寸、文字说明。

⑤ 了解索引符号等。

图 3-24 所示为某房屋的 1-1 剖面图。

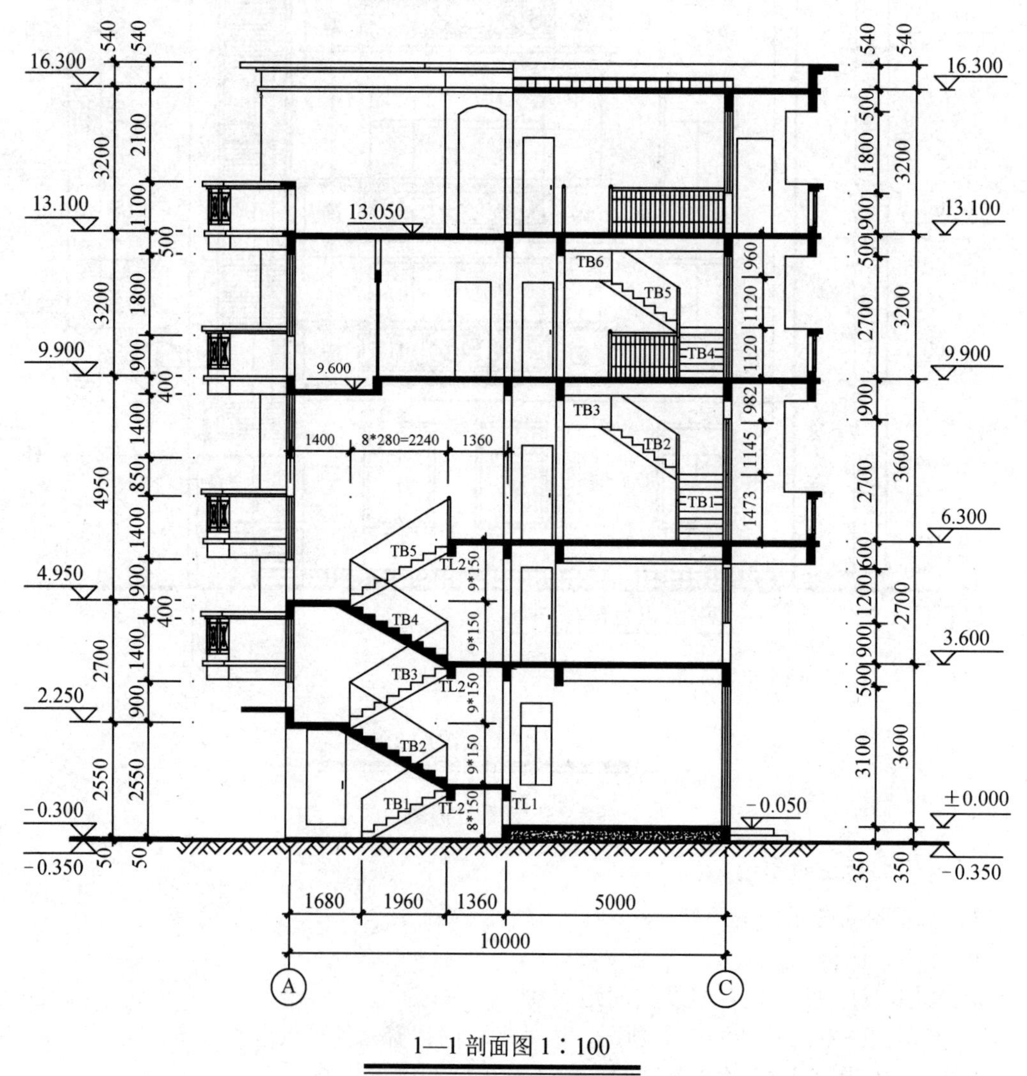

1—1 剖面图 1∶100

图 3-24 建筑剖面图

7. 建筑详图的识读

建筑平面图、立面图、剖面图三图配合虽然表达了房屋的全貌，但由于所用的比例较小，房屋上的一些细部构造不能清楚地表达出来，因此在建筑施工图中，除了上述 3 种基本图样外，还应当把房屋的一些细部构造，采用较大的比例(1∶30、1∶20、1∶10、1∶5、1∶2、1∶1)将其形状、大小、材料和做法详细地表达出来，以满足施工的要求，这种图样称为建筑详图，又称为大样图或节点图。建筑详图是建筑平面图、立面图、剖面图的补充。对于套用标准图或通用详图的建筑细部或构配件，只要注明所套用的图集的名称、编号或页数，则可以不再画出详图。

建筑详图是施工的重要依据，建筑详图的数量和图示内容要根据房屋构造的复杂程度而定。一幢房屋的施工图一般需要绘制以下几种详图：外墙剖面详图、门窗详图、楼梯详图、台阶详图、厕浴详图以及装饰详图等。

(1) 建筑详图的图示内容

① 详图名称、比例。

② 详图符号及其编号以及再需另画详图的索引符号。

③ 建筑构配件的形状以及与其他构件的详细构造、层次，有关的详细尺寸和材料图例等。

④ 详细注明各部位和各层次的用料、做法、颜色以及施工要求等。

⑤ 需要画上的定位轴线以及编号。

⑥ 需要注明的标高等。

(2) 建筑详图的识读步骤

① 首先读图名、比例和轴线的编号，并与建筑物的平面图、立面图对照，明确剖切位置。

② 了解建筑物的外墙与地面、楼面、屋面的构造连接情况以及檐口、女儿墙、窗台、勒脚、散水明沟等的尺寸、材料、做法等构造情况。

③ 了解标高和尺寸、文字说明。

④ 了解索引符号及其相对应的详图等。

图 3-25 所示为某建筑物的墙身详图。

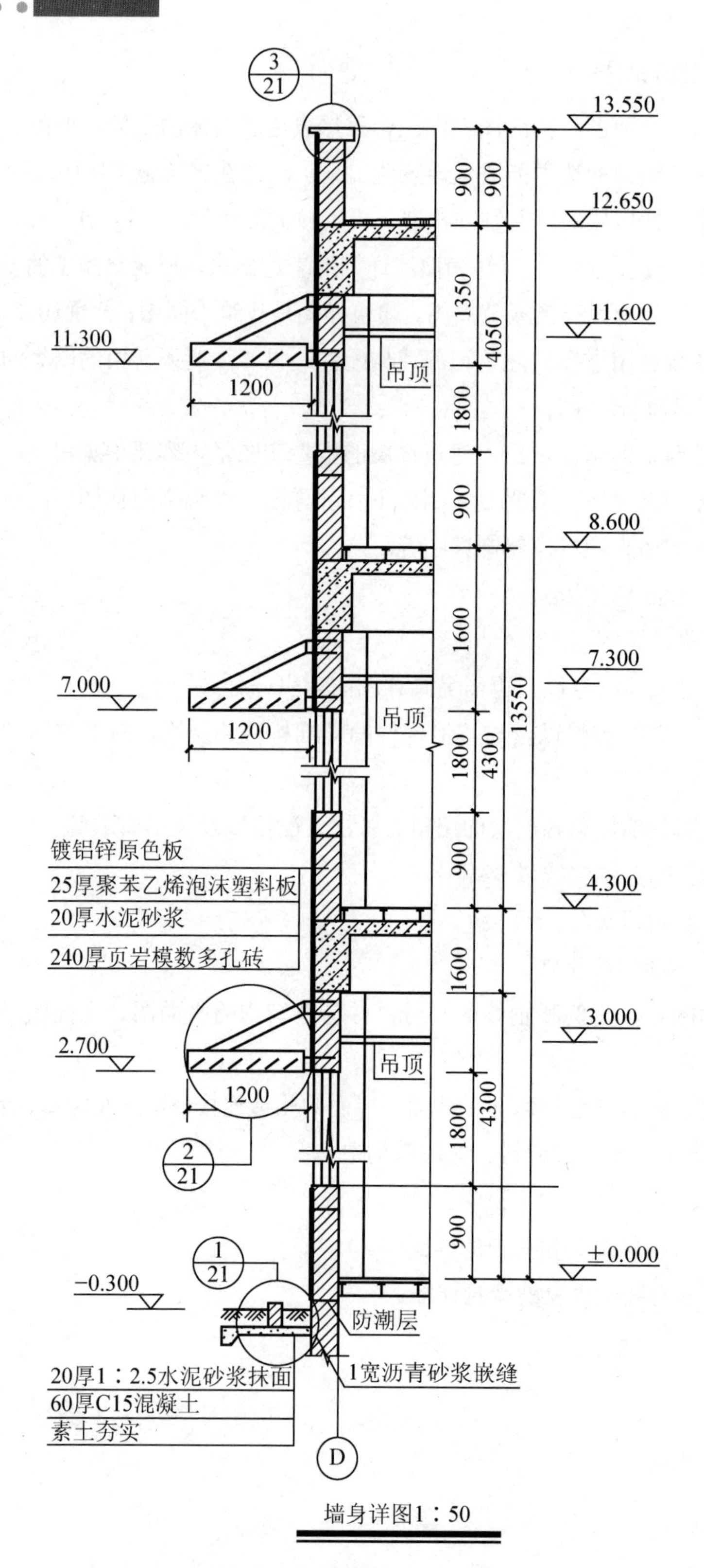

图 3-25　某建筑物的墙身详图

模块小结

制图国家标准的作用是为了使制图规范，保证制图质量，提高制图效率，做到图面清晰、简明，以及满足设计、施工、管理和技术交流等要求，因此制图时必须严格遵守制图国家标准。建筑制图标准的内容包括图幅、图线、比例、尺寸标注、定位轴线、图例等。

投影的三要素为形体、投影面、投射线。投影法分为中心投影法和平行投影法。平行投影法又分为正投影和斜投影。三面正投影图的投影规律为长对正、高平齐、宽相等。

工程中常用的投影图正投影图、标高投影图、轴测投影图、透视投影图等，其中正投影为工程中用于指导施工的图样，标高投影图、轴测投影图、透视投影图为辅助图样。

施工图的识图方法从前往后顺序看、从粗到细区别看、从大到小连着看、专业图样对着看。

施工图的识图步骤封面、目录；设计总说明、总平面图、建筑施工图、建筑详图；结构施工图；设备施工图。

复习思考题

一、填空题

1. 图样上的尺寸由________、________、________和________组成。

2. 确定建筑物主要结构构件位置及其标志尺寸的基准线，同时是施工放线依据的是________。

3. 在土木工程上常用的投影图有 4 种分别是________、________、________、________。

4. 房屋施工图的产生一般包括________阶段、________阶段、________阶段。

5. 房屋施工图包括________、________、________。

6. 在识读整套图纸时，应按照“________、________、________、________”的读图方法。

二、选择题

1. 图样上的尺寸标注中，尺寸界线应用________绘制。

   A．细实线　　B. 中实线　　C. 中粗实线　　D. 粗实线

2. 图样上的尺寸数字是物体的________尺寸，它与绘图所用的比例无关。

   A．实际　　B. 图上　　C. 比例　　D. 图上直接量取

3. 标注球的半径尺寸时，应在尺寸数字前加注半径代号________。

   A．SR　　B. $S\phi$　　C. t　　D. “⌒”

4. 定位轴线应用细点画线绘制，定位轴线应编号，编号应注写在轴线端部的圆内。圆是用细实线绘制的直径为________。

   A.10mm　　B. 14mm　　C. 18mm　　D. 8～10mm

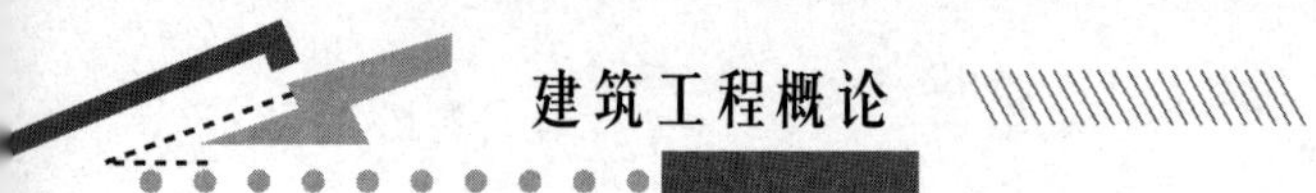

5. 在工程图样中，横向定位轴线用阿拉伯数字从左至右顺序编写；纵向定位轴线用大写的拉丁字母从下至上顺序编写，其中__________不用。

A. O、I、S　　B. O、I、Z　　C. O、J、Z　　D. O、I、C

三、简答题

1. 国家制图标准的作用是什么？
2. 国家制图标准中图纸幅面是如何规定的？
3. 建筑工程中常用的图样有哪些？各有什么特点？
4. 投影形成的三要素。
5. 施工图的识图方法。
6. 施工图的识图步骤。
7. 建筑平面图中的图示内容有哪些？

模块 4

建筑构造

学习目标

了解建筑物的体系构成、墙体节点构造、门与窗的作用、分类。掌握建筑物的构造组成，地基、基础的概念，常用基础的类型及构造，墙体的作用及分类，楼板的分类，钢筋混凝土楼板的构造做法，楼地面的构造组成及做法，屋顶的基本组成与形式，楼梯组成、分类及适用范围，变形缝的设置。

学习要求

能力目标	知识要点	权重
建筑物的体系构成	结构体系、围护体系、设备体系	10%
地基、基础的概念，常用基础的类型及构造	条形基础、独立基础、筏形基础、箱形基础、桩基础、刚性基础、柔性基础	10%
墙体的作用及分类	承重、分隔、围护、横墙、纵墙、承重墙、非承重墙、砖墙、石墙	10%
墙体节点构造	勒脚、散水、防潮层、窗台、过梁、圈梁、构造柱	15%
楼板的分类、钢筋混凝土楼板的构造做法、楼地面的构造组成及做法	钢筋混凝土楼板、木楼板、砖拱楼板、板式楼板、梁板式楼板	15%
屋顶的基本组成与形式	防水层、结构层、顶棚、平屋顶、坡屋顶	10%
楼梯组成、分类及适用范围	楼梯段、平台、栏杆扶手、主要楼梯、辅助楼梯、安全楼梯、室外消防梯、双跑楼梯、多跑楼梯	15%
门与窗的作用、分类	围护、分隔联系、采光通风、观望、美观	10%
变形缝的设置与构造	伸缩缝、沉降缝、防震缝	5%

导入案例

建筑物根据建筑材料的不同，建筑结构可分为木结构、砌体结构(砖砌体、石砌体、砌块砌体等)、混凝土结构、钢结构等。木结构建筑指以木材做房屋承重骨架的建筑。砌体建筑指以砖、石材或砌块为承重墙和楼板的建筑，这种建筑便于就地取材，能节约钢材、水泥和降低造价，但抗震性能差，自重大，不宜用于地震区和地基软弱的地方。钢筋混凝土建筑指以钢筋混凝土做承重结构的建筑，具有坚固耐久、防火和可塑性强等优点，故应用广泛，发展前途最大，属于框架承重结构体系。钢结构建筑是指以型钢作为建筑物承重骨架的建筑，它力学性能好，便于制作和安装，结构自重轻，适宜超高层和大跨度建筑。混合结构是指采用两种或两种以上材料做承重结构的建筑，如砖木结构、砖混结构、钢混结构等。图 4-1 是几种常见建筑的构成示意图。

【点评】建筑物可选择的结构类型很多，到底如何选择应参照建筑物结构类型选择的依据。第一，考虑各结构类型所适合的建筑范围。第二，从经济角度出发，选取结构可行且省钱的结构体系。第三，根据使用功能。办公需要大空间，最好就用框架或框剪结构。第四，其他因素，如工期或者地基基础的要求。无论何种结构形式的建筑物都是由基本的基础、墙或柱、屋顶、楼地层、楼电梯、门窗等构件构成的。了解各种建筑结构形式的特点、适用范围、技术标准及施工规范，不管以后是从事造价工作，或者设计工作，或者施工工作，或者监理工作等，都是必须要了解的。

建筑构造主要研究建筑物各组成部分的构造原理和构造方法。要求在掌握建筑构造原理的基础上，根据建筑物的使用要求、空间尺度和客观条件，并综合各种因素，正确选用建筑材料，然后提出符合适用、安全、经济、合理要求的最佳构造方案，以便提高建筑物抵御自然界各种影响的能力，延长建筑物的使用年限。

4.1 建筑物的体系构成

建筑物的体系构成是依据建筑物的机能来进行划分的，包括结构体系、围护体系、设备体系三大组成部分。

建筑物作为区别自然环境的人工环境，应该为人类提供安全、舒适、便捷的工作和学习环境。在人类漫长的生存发展史上，无论最初的“穴居”“巢居”，还是当今各种各样的建筑类型，都是在安全、舒适的原则下建造的。其基本的组成就是结构体系和围护体系。结构体系是完成建筑物承载机能的主体，必须安全、牢固；围护体系围护分割空间，将人同自然环境分割，提供基本舒适的庇护空间。用冰制冷、用竹筒引水等为人类提供舒适、便捷生活的各种做法在建筑史上早已出现，但现代意义上的建筑设备体系是在工业革命后产生的，主要是为了适应新的建筑类型和人类不断增长的环境舒适和生活便捷的要求。

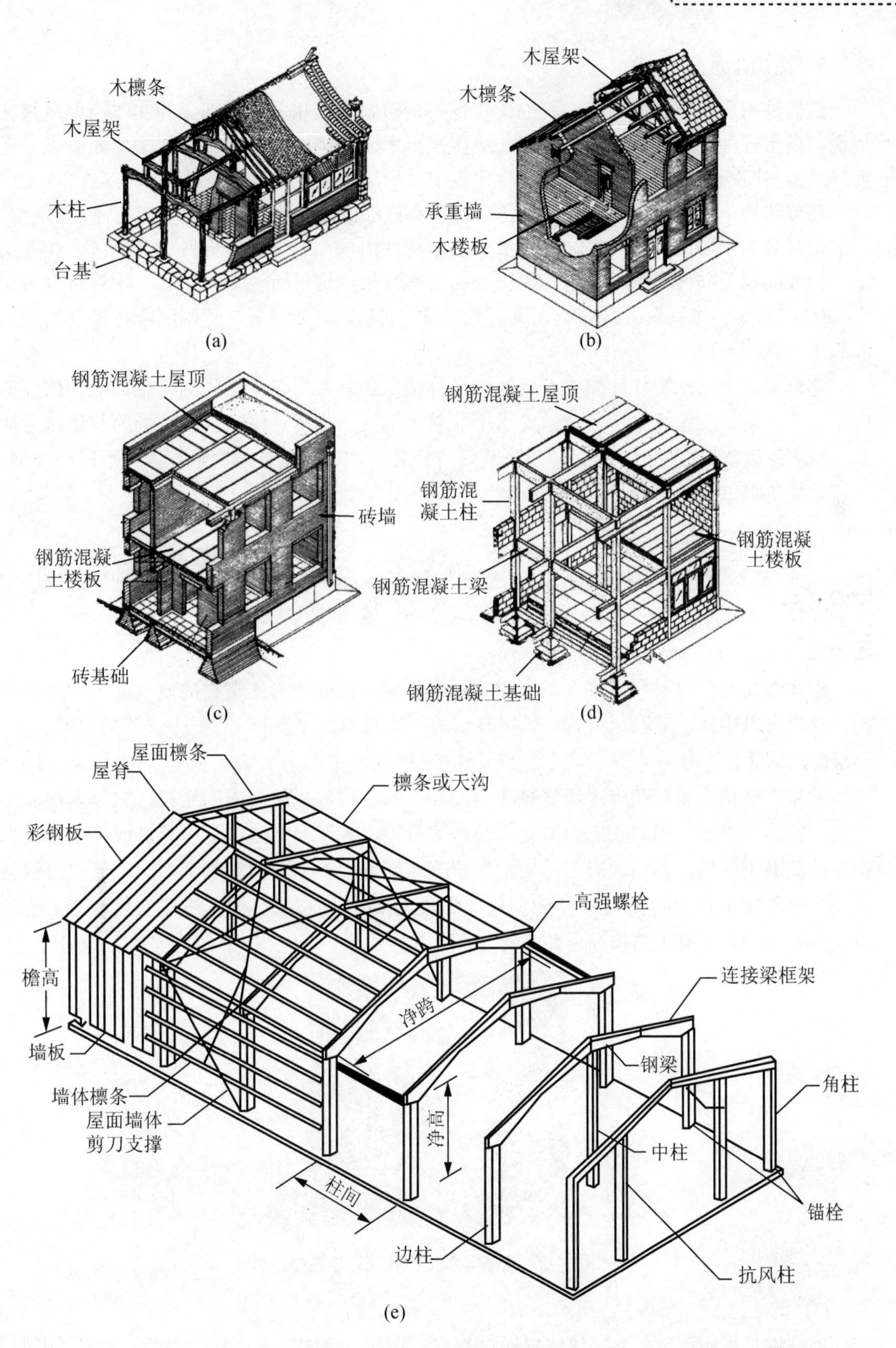

图 4-1　几种常见建筑的构成示意图

(a) 木结构建筑；(b) 砖木结构建筑；(c) 砌体结构建筑；(d) 框架结构建筑；(e) 钢结构建筑

4.1.1 结构体系

结构是指房屋建筑和土木工程的建筑物、构筑物及其相关组成部分的实体，但从狭义上说，是指各种工程实体的承重骨架。应用在土木工程中的结构称工程结构，如桥梁、堤坝等。本书所指的“结构”局限于房屋建筑中采用的结构，称为建筑结构。

建筑结构是在建筑中，由若干构件连接而构成的能承受作用的平面或空间体系。

建筑结构由基础、墙、柱、梁、板等基本构件组成，这些基本构件相互连接、相互支承，构成能承受和传递各种作用的建筑物的支承骨架。这里所说的“作用”，包括直接作用(如结构自重、家具及人群荷载、风荷载等)和间接作用(如地震、基础沉降、温度变化及混凝土的收缩等) 。

建筑结构中，水平构件如梁、板等，又称楼盖体系，用以承受竖向荷载；竖向构件如柱、墙等，用以支承水平构件及承受水平荷载；基础的作用是将建筑物承受的荷载传至地基。由于各类建筑在使用功能、建筑形状等方面各不相同，建筑结构也有各种不同的类型。建筑结构可根据所使用的材料和结构形式来进行分类。

1. 按主要建筑材料分类

根据建筑材料的不同，建筑结构可分为砌体结构(砖砌体、石砌体、砌块砌体等)、混凝土结构、钢结构、木结构、混合结构等。

(1) 砌体结构

砌体结构是由块材和砂浆砌筑而成的基础、墙、柱等作为建筑物的主要受力构件的结构。块材可以用砖、毛石、料石、各类砌块等不同材料。

(2) 混凝土结构

混凝土结构是用混凝土现场浇筑或用混凝土预制构件拼接而成的结构，它是素混凝土结构、钢筋混凝土结构和预应力混凝土结构的总称。素混凝土结构是指无筋或不配置受力钢筋的混凝土结构。钢筋混凝土结构指配置普通钢筋、钢筋网的混凝土结构。预应力混凝土结构是指配置受力的预应力钢筋(钢丝、钢绞线)通过张拉或其他方法建立预加应力的混凝土结构。钢筋混凝土结构高层住宅楼如图 4-2 所示。

图 4-2　钢筋混凝土结构高层住宅楼

(3) 钢结构

钢结构是指用型钢、钢板等钢材通过焊接、螺栓、铆钉等连接制成的梁、网架、桁架、柱、板等构件组成的一种建筑结构。钢结构厂房如图 4-3 所示。

(4) 木结构

木结构是单纯由木材或主要由木材承受荷载的结构，通过各种金属连接件或榫卯手段进行连接和固定。这种结构因为是由天然材料所组成，受着材料本身条件的限制，因而木结构多用在民用和中小型工业厂房的屋盖中。木结构包括木屋架、支撑系统、吊顶、挂瓦条及屋面板等。木结构的房屋如图 4-4 所示。

(5) 混合结构

混合结构指采用两种或两种以上材料做承重结构的建筑，如砖木结构、砖混结构、钢混结构等。

图 4-3　钢结构厂房

图 4-4　木结构房屋

2. 按建筑结构形式分类

根据结构形式的不同，建筑结构可分为混合结构、框架结构、剪力墙结构、框架-剪力墙结构、筒体结构、大跨度结构等。

(1) 混合结构

砖混结构(图 4-5)是指建筑物中竖向承重结构的墙、柱等采用砖或者砌块砌筑，横向承重的梁、楼板、屋面板等采用钢筋混凝土结构，也就是说砖混结构是以小部分钢筋混凝土及大部分砖墙承重的结构。砖混结构是混合结构的一种，是采用砖墙来承重，钢筋混凝土梁、柱、板等构件构成的混合结构体系。砖混结构适合开间进深较小，房间面积小，多层或低层的建筑。因为其稳定性差、浪费资源等原因，我国目前新建的多层、高层建筑已开始逐步淘汰砖混结构。

(2) 框架结构

框架结构(图 4-6)是指由梁、柱以刚接或者铰接相连接而成，构成承重体系的结构，即由梁、柱组成框架共同抵抗使用过程中出现的水平荷载和竖向荷载。框架结构的柱网间距可大可小，建筑平面布置灵活。框架结构构件类型少，设计、计算、施工都比较简单，是多层、高层建筑常用的结构形式。结构的房屋墙体不承重，仅起到围护和分隔作用，一般用预制的加气混凝土、膨胀珍珠岩、空心砖或多孔砖、浮石、蛭石、陶粒等轻质板材等材料砌筑或装配而成。

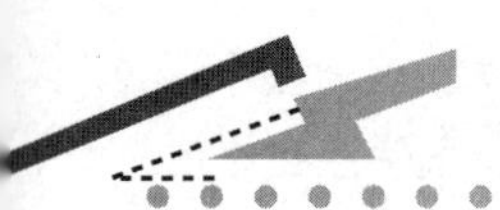

图 4-5　砖混结构房屋

图 4-6　框架结构房屋

(3) 剪力墙结构

剪力墙又称抗风墙或抗震墙、结构墙。房屋或构筑物中主要承受风荷载或地震作用引起的水平荷载的墙体。防止结构剪切破坏，一般为钢筋混凝土造。剪力墙结构是用钢筋混凝土墙板来代替框架结构中的梁柱，能承担各类荷载引起的内力，并能有效控制结构的水平力，这种用钢筋混凝土墙板来承受竖向和水平力的结构称为剪力墙结构，如图 4-7 所示。

(4) 框架-剪力墙结构

框架-剪力墙结构也称框剪结构，如图 4-8 所示。框架-剪力墙结构是在框架结构中设置适当的剪力墙结构。它具有框架结构平面的布置灵活、有较大空间的优点，又具有侧向刚度较大、抗水平力强的优点。框架-剪力墙结构中，剪力墙主要承受水平荷载，竖向荷载由框架承担。该结构一般适宜用于 10～20 层的建筑。

图 4-7　剪力墙结构房屋

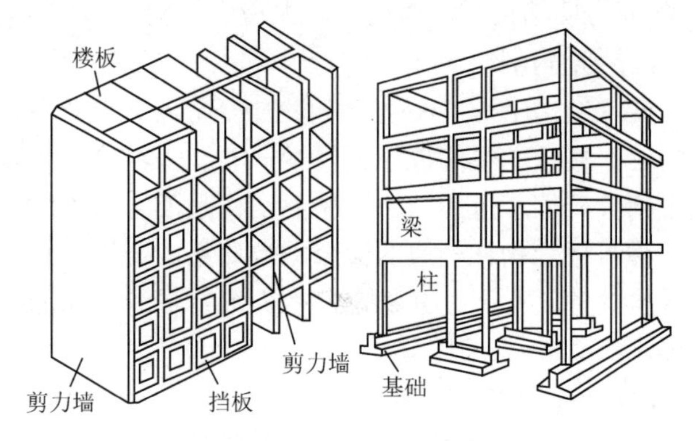

图 4-8　框架-剪力墙结构

(5) 筒体结构

筒体结构是由框架-剪力墙结构与全剪力墙结构综合演变和发展而来。筒体结构是将剪力墙或密柱框架集中到房屋的内部和外围而形成的空间封闭式的筒体。由密柱高梁空间框架或空间剪力墙所组成，在水平荷载作用下起整体空间作用的抗侧力构件称为筒体。由一个或数个筒体作为主要抗侧力构件而形成的结构称为筒体结构，它适用于平面或竖向布置繁杂、水平荷载大的高层建筑。筒体结构分筒体-框架、框筒、筒中筒、束筒 4 种结构。

筒体-框架结构中心为抗剪薄壁筒，外围为普通框架所组成的结构。筒体-框架结构示意图如图 4-9 所示。南京玄武饭店采用筒体-框架结构，如图 4-10 所示。

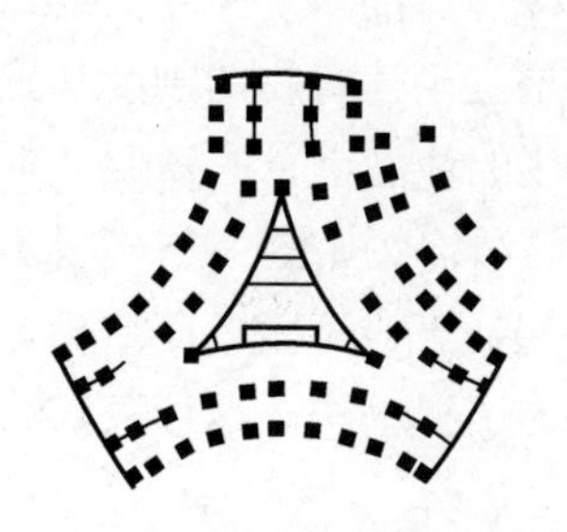

图 4-9　筒体-框架结构示意图

图 4-10　南京玄武饭店

框筒结构是指外围为密柱框筒，内部为普通框架柱组成的结构。在框架结构中，设置部分剪力墙，使框架和剪力墙两者结合起来，取长补短，共同抵抗水平荷载。其具有较高的抗侧移刚度，被广泛应用于超高层建筑。采用框筒结构，整体建筑主要由几大框筒承担重力，单元内的墙体不起承重作用，可谓真正的活性建筑，墙体可以随意改变，甚至整层都可以随意间隔，这是现在最先进的结构。框筒结构示意图如图 4-11 所示。上海金茂大厦采用框筒结构，如图 4-12 所示。

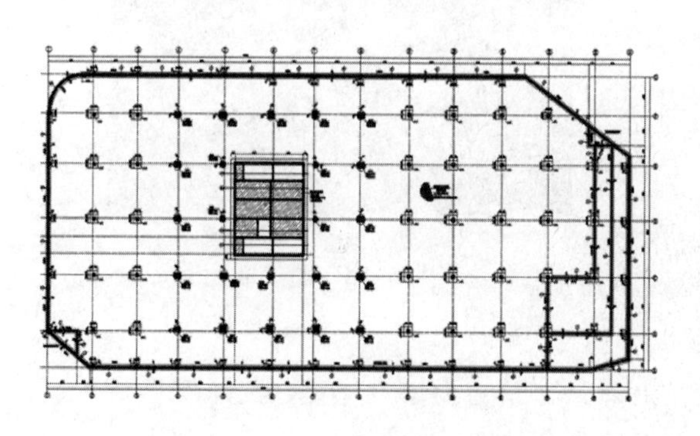

图 4-11　框筒结构示意图

图 4-12　上海金茂大厦

筒中筒结构是指中央为薄壁筒，外围为框筒组成的结构。筒中筒结构示意图如图 4-13 所示。目前，世界上层数最多的纽约世界贸易中心(110 层、高 412m) 采用了这种结构，如图 4-14 所示。有些工程中还采用了三重筒、四重筒结构。

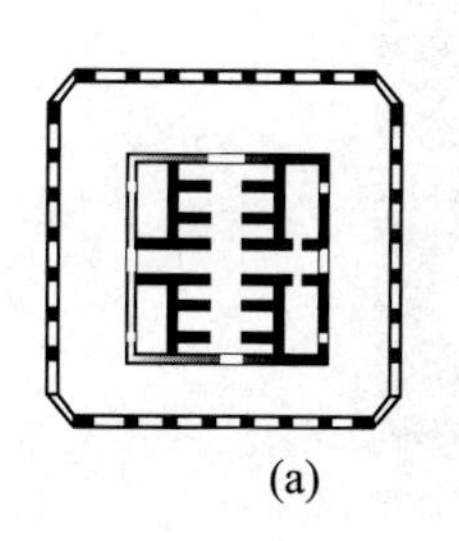

(a)

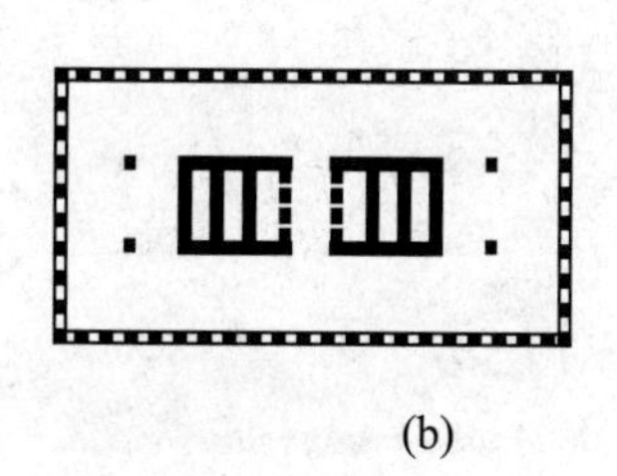

(b)

图 4-13　筒中筒结构示意图

图 4-14　纽约世界贸易中心

束筒结构是指由若干个筒体并列连接为整体的结构，即组合筒结构。建筑平面较大时，为减小外墙在侧向力作用下的变形，将建筑平面按模数网格布置，使外部框架式筒体和内部纵横剪力墙(或密排的柱) 成为组合筒体群。这就大大增强了建筑物的刚度和抗侧向力的能力。束筒结构可组成任何建筑外形，并能适应不同高度的体型组合的需要，丰富了建筑的外观。美国芝加哥 110 层的西尔斯大厦就是应用的束筒结构，如图 4-15、图 4-16 所示。大厦的造型有如 9 个高低不一的方形空心筒子集束在一起，挺拔利索、简洁稳定。不同方向的立面形态各不相同，突破了一般高层建筑呆板对称的造型手法。这种束筒结构体系是建筑设计与结构创新相结合的成果。

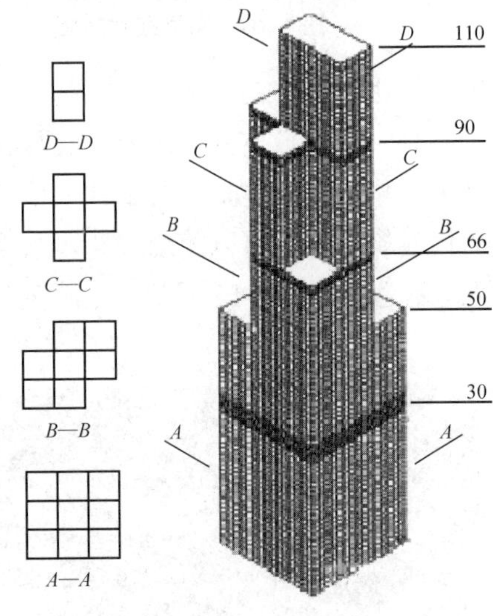

图 4-15　西尔斯大厦束筒结构

图 4-16　西尔斯大厦

(6) 大跨度结构

大跨度结构是指用网架、悬索结构或混凝土薄壳、膜结构作为屋盖，支承在四周的柱和墙体上而成的结构，主要适用于体育馆、火车站等公共建筑。有着大连市体育中心“灵魂建筑”之称的大连体育馆采用了低碳的设计理念、高科技的设备设施、细节之处透出的人文关怀，体育馆的建筑设计采用了“弦支穹顶”结构体系，这是目前世界上最大跨度的弦支穹顶结构工程之一，如图 4-17 所示。

图 4-17　大连体育馆

4.1.2 围护体系

围护体系是指建筑及房间各面的围挡物，如门、窗、墙等，能够有效地抵御不利环境的影响。

1. 分类

(1) 围护体系分透明和不透明两部分。不透明维护结构有墙、屋顶和楼板等；透明围护结构有窗户、天窗和阳台门等。

(2) 根据在建筑物中的位置，围护体系分为外围护体系和内围护体系。

外围护体系包括外墙、屋顶、外窗、外门等，用以抵御风雨、温度变化、太阳辐射等，应具有保温、隔热、隔声、防水、防潮、耐火、耐久等性能。内围护体系如隔墙、楼板和内门窗等，起分隔室内空间的作用，应具有隔声、隔视线以及某些特殊要求的性能。围护体系通常是指外墙和屋顶等外围护体系。

外围护体系按构造可分为单层的和多层复合的两类。单层构造维护体系如各种厚度的砖墙、混凝土墙、金属压型板墙、石棉水泥板墙和玻璃板墙等。多层复合构造围护体系可根据不同要求和结合材料特性分层设置。通常外层为防护层，中间为保温或隔热层(必要时还可设隔蒸汽层)，内层为内表面层。各层或以骨架作为支承结构，或以增强的内防护层作为支承结构。

2. 围护体系应具有的性能

(1) 保温

在寒冷地区，保温对房屋的使用质量和能源消耗关系密切。围护体系在冬季应具有保持室内热量，减少热损失的能力。其保温性能用热阻和热稳定性来衡量。保温措施有：增加墙厚；利用保温性能好的材料；设置封闭的空气间层等。

(2) 隔热

围护体系在夏季应具有抵抗室外热作用的能力。在太阳辐射热和室外高温作用下，围护体系内表面如能保持适应生活需要的温度，则表明隔热性能良好；反之，则表明隔热性能不良。提高围护体系隔热性能的措施有：设隔热层，加大热阻；采用通风间层构造；外表面采用对太阳辐射热反射率高的材料等。

(3) 隔声

围护体系对空气声和撞击声的隔绝能力。墙和门窗等构件以隔绝空气声为主；楼板以隔绝撞击声为主。

(4) 防水防潮

对于处在不同部位的构件，在防水防潮性能上有不同的要求。屋顶应具有可靠的防水性能，即屋面材料的吸水性要小而抗渗性要高。外墙应具有防潮性能，潮湿的墙体会恶化室内条件，降低保温性能和损坏建筑材料。

(5) 耐火

围护体系要有抵抗火灾的能力，构件的耐火极限，取决于材料种类、截面尺寸和保护层厚度等，以小时计，在建筑防火规范中有详细规定。

(6) 耐久

围护体系在长期使用和正常维修条件下，仍能保持所要求的使用质量的性能。影响围

护体系耐久性的因素有：冻融作用、盐类结晶作用、雨水冲淋和受潮、老化、大气污染、化学腐蚀、生物侵袭、磨损和撞击等。不同材料的围护体系受这些因素影响的程度是不同的。例如，黏土砖墙耐久性容易受到冻融作用、环境湿度变化、盐类结晶作用、酸碱腐蚀等的影响；混凝土或钢筋混凝土类围护体系则有较强的抵抗不利影响的能力。为了提高耐久性，对于木围护体系，主要应防止干湿交替和生物侵袭；对于钢板或铝合金板，主要应做表面保护和合理的构造处理，防止化学腐蚀；对于沥青、橡胶、塑料等有机材料制作的外围护体系，在阳光、风雨、冷热、氧气等的长期作用下会老化变质，可设置保护层。

4.1.3 设备体系

在建筑物内，为了满足生产、生活上的需要，给人们提供卫生、舒适、安全的生活和工作环境，应设置完善的给水、排水、暖通、空调、供电、电话及火灾自动报警等设备系统。这些设备系统设置在建筑物内，统称为建筑设备体系。

在建筑工程中，只有综合建筑、结构、给排水、暖通、电气和装饰等各专业进行设计和施工，才能使建筑物达到经济、美观、卫生、舒适和安全等要求，充分发挥建筑物应有的功能，提高建筑物的使用质量。

1. 室内外给水系统

室内外给水系统是经济合理地将水由室外给水管网输送到室内的各种水龙头、生产设备、消防设备，满足用户对水质、水量、水压的要求，并保证安全可靠。

2. 建筑内部排水系统

建筑内部排水系统主要是排除建筑内生活用水、卫生洁具所排除的生活污水或生产设备(器具) 所排除的生产污(废) 水，在排除生活污水或生产污(废) 水的同时，防止其中产生的有害污染物进入建筑内，还要为污(废) 水的综合处理和回用提供有利条件。

3. 建筑消防给水系统

根据灭火剂的种类和灭火方式可分为建筑消防给水系统和其他非水灭火剂的固定灭火系统两种。

建筑消防给水系统是指以水为主要灭火剂的消防系统，是用于扑灭建筑一般性火灾的，是目前最经济有效的消防系统。它具有使用方便、器材简单、价格便宜等优点，因此在国内外建筑中得到广泛的应用。建筑消防给水系统主要有室内消火栓给水系统和自动喷水灭火系统两大类，除此之外还有水喷雾灭火系统。

其他非水灭火剂的固定灭火系统主要有卤代烷灭火系统、干粉灭火系统、二氧化碳灭火系统和泡沫灭火系统等。

4. 室内照明系统

照明分为天然照明和人工照明。电器照明是将电能转换为光能，利用电光源提供人工照明。人工照明设备常见有：白炽灯、卤钨灯、荧光灯、金属卤化物灯、钠灯等。

5. 弱电系统

在现代民用建筑中，除了有变配电、电气动力和电气照明外，越来越多地安装有通信网络系统、信息网络系统、建筑设备监控系统、有线电视系统、火灾自动报警系统以及安全防范系统等。通常情况下，把上述弱电系统统称为智能建筑系统，就是利用先进的综合布线技术和设备，实现对楼宇建筑的自动控制、通信和管理。

4.2 建筑物的基本构造

建筑物有六大基本组成构件：基础、墙或柱、楼板层和地层、楼梯、屋顶、门窗。另外特有构配件：阳台、坡道、雨篷、烟囱、台阶、垃圾井、花池等，如图 4-18 所示。

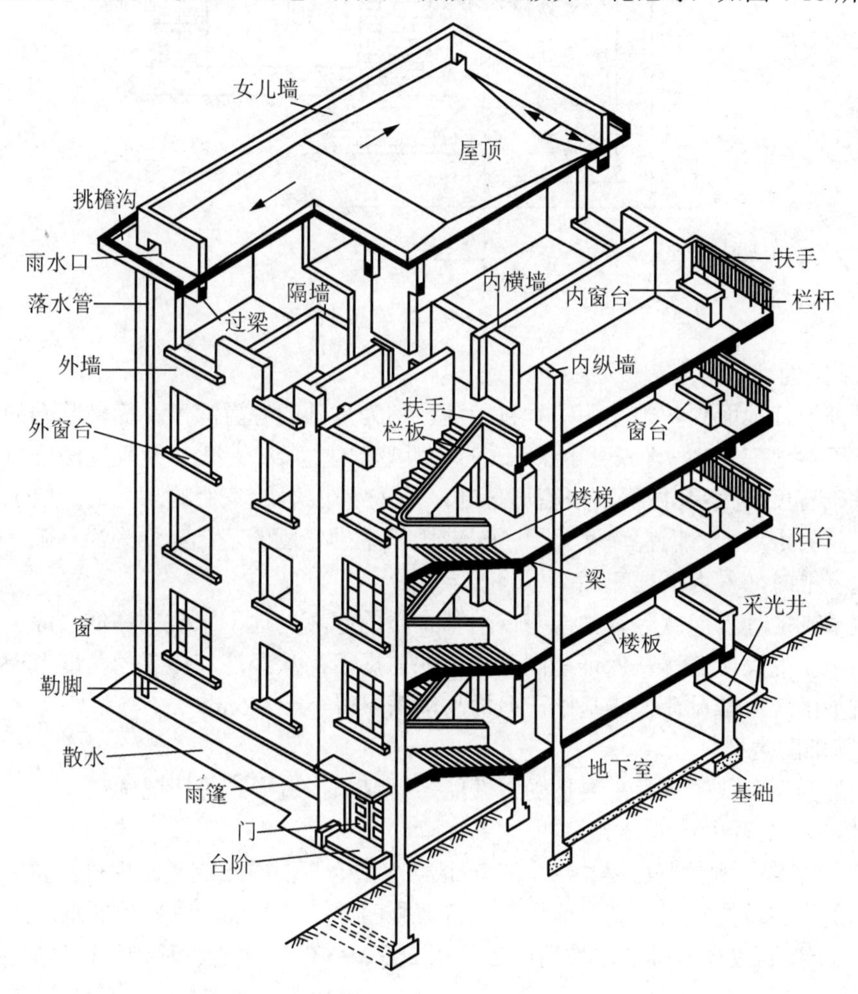

图 4-18 建筑物的构成

4.2.1 基础、地基及其相互关系

1. 基础、基础埋深和基础常见类型

(1) 基础

基础是建筑物地面以下的承重构件，如图 4-19 所示。它承受建筑物上部结构传递下来的全部荷载，并把这些荷载和自身的重力一起传递到地基上。因此，要求基础坚固稳定，能经受住冰冻、地下水及其所含化学物质的侵蚀，以保证建筑物的安全耐久。

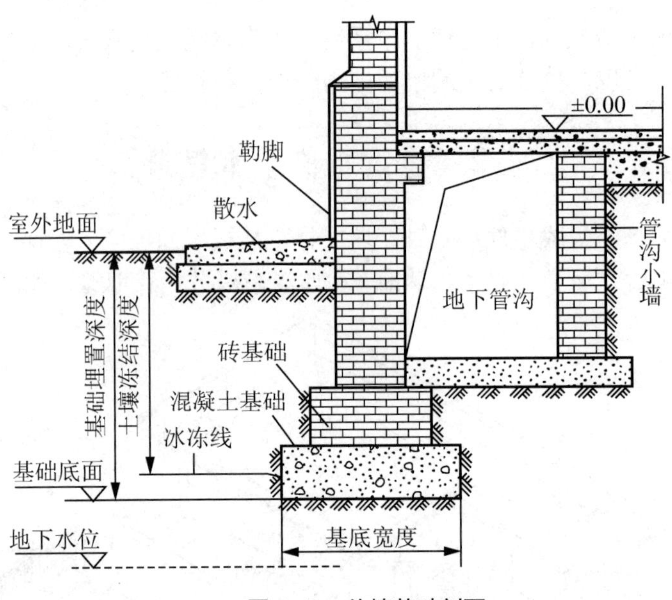

图 4-19　外墙基础剖面

(2) 基础的埋置深度

由室外设计地面到基础底面的垂直距离，称为基础的埋置深度，简称基础的埋深。通常把位于天然地基上、埋置深度小于 5m 的一般基础(柱基或墙基)以及埋置深度虽超过 5m，但小于基础宽度的大尺寸基础(如箱形基础)，统称为天然地基上的浅基础。位于地基深处承载力较高的土层上，埋置深度大于 5m 或大于基础宽度的基础，称为深基础。当基础直接做在地表上时，称为不埋基础。

决定基础的埋置深度因素主要有：地基土质的好坏、地下水位的高低、冻土线的深度以及相邻基础的深度等。在保证坚固和安全的前提下，从经济和施工的角度考虑，对一般民用建筑基础应尽量设计为浅基础，但最小埋深不得小于 0.5m。

(3) 基础的类型

基础的类型有很多种，主要按受力性能、材料和构造形式等情况确定。

① 按基础的受力性能分类。

a. 刚性基础。刚性基础是由砖、石、混凝土、毛石混凝土这类刚性材料做成的。这些材料的共同特点是抗压强度高，而抗拉和抗剪强度低，该基础受刚性角的限制，如图 4-20 所示。通常砖、石砌体基础的刚性角应控制在 26° ～33° ，混凝土基础刚性角应控制在 45° 以内。

刚性基础常用于地基承载力较好、压缩性较小的中小型民用建筑。一般砖混结构的房屋基础常采用刚性基础。

b. 柔性基础。柔性基础指用抗拉、抗压、抗弯、抗剪均较好的钢筋混凝土材料做基础(不受刚性角的限制) ，用于地基承载力较差、上部荷载较大、设有地下室且基础埋深较大的建筑，如图 4-21 所示。

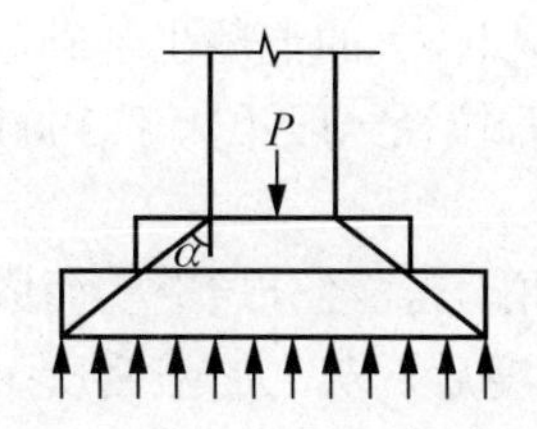

图 4-20　刚性基础受力示意图

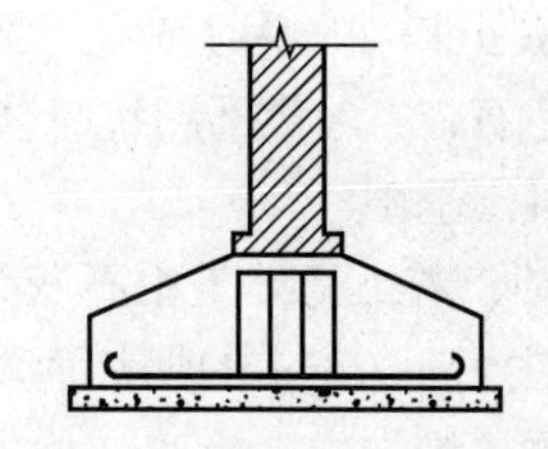

图 4-21　柔性基础(钢筋混凝土基础)

② 按基础使用的材料分类。

a. 砖基础。由于砖的强度、耐久性和抗冻性较差，故砖基础一般只用于荷载不大、土质较好、地下水位较低的地基上。

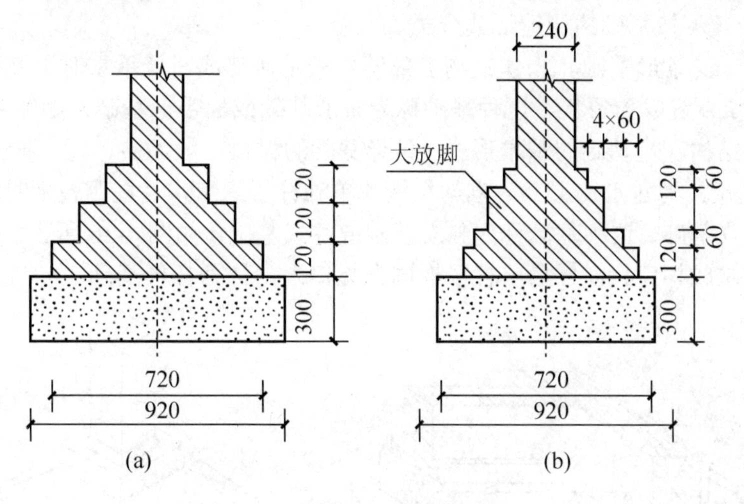

图 4-22　砖基础

(a) 等高式；(b) 不等高式

b. 毛石基础。毛石基础可分为乱毛石基础和整毛石基础。用不规则的石块和水泥砂浆砌筑而成的称乱毛石基础；用具有规则断面的条石和水泥砂浆砌筑而成的称整毛石基础。毛石基础多砌成台阶形，每阶伸出的宽度不宜大于 200mm，且应满足台阶宽高比的要求，如图 4-23 所示。

c. 混凝土基础。混凝土基础的优点是强度高、整体性好、抗冻、耐水。其断面形式有台阶形和锥形两种，如图 4-24 所示。

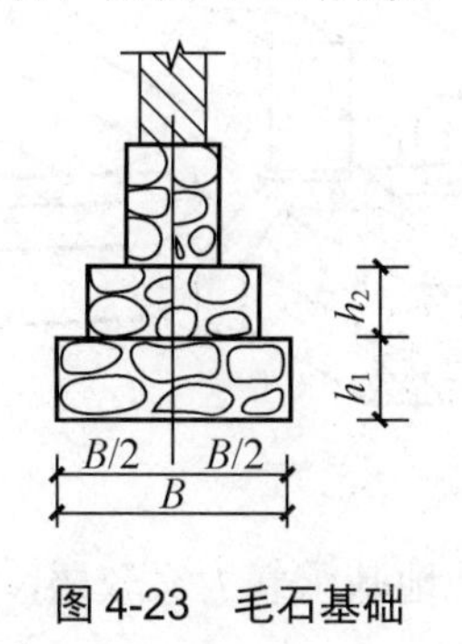

图 4-23　毛石基础

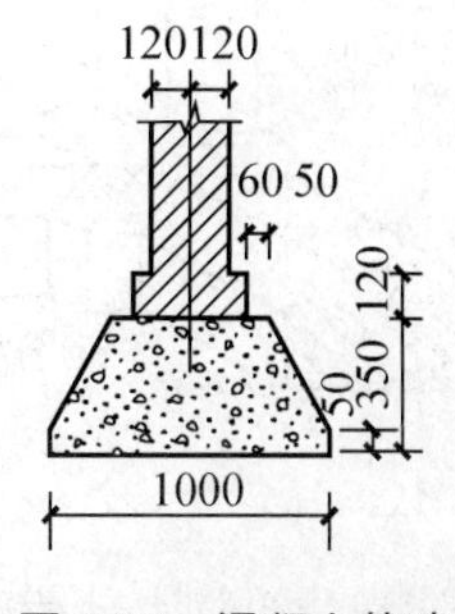

图 4-24　混凝土基础

d. 毛石混凝土基础。为了节约水泥用量，对于体积较大的混凝土基础，可在混凝土中加入一定量的毛石，加入量不超过总体积的 30%，毛石粒径一般不大于 300 mm，这样的基础称为毛石混凝土基础。

e. 灰土基础。灰土基础是由石灰、土和水按比例配合，经分层夯实而成的基础。灰土强度在一定范围内随含灰量的增加而增加。但超过限度后，灰土的强度反而会降低。这是因为消石灰在钙化过程中会析水，增加了消石灰的塑性。灰土基础的优点是施工简便，造价较低，就地取材，可以节省水泥、砖石等材料。其缺点是它的抗冻、耐水性能差，在地下水位线以下或很潮湿的地基上不宜采用。

f. 钢筋混凝土基础。在混凝土基础中配有受拉钢筋的基础，称为钢筋混凝土基础，如图 4-21 所示。

③ 按基础的构造形式分类。

a. 条形基础。当建筑物上部结构采用砖墙或石墙承重时，基础沿墙体底部连续设置成长条状，这种基础称为条形基础或称带形基础，如图 4-25 所示。条形基础是砌体结构建筑基础的基本形式。条形基础的材料一般为砖、石、灰土、三合土等。

b. 独立基础。当建筑物上部为框架结构或单独柱子承重，且柱距较大时，基础常用方形或矩形的独立基础，这种基础称为独立基础或柱式基础，如图 4-26 所示。如果柱子为预制时，则基础做成杯口状，然后将柱子嵌固在杯口内，称为杯形基础。

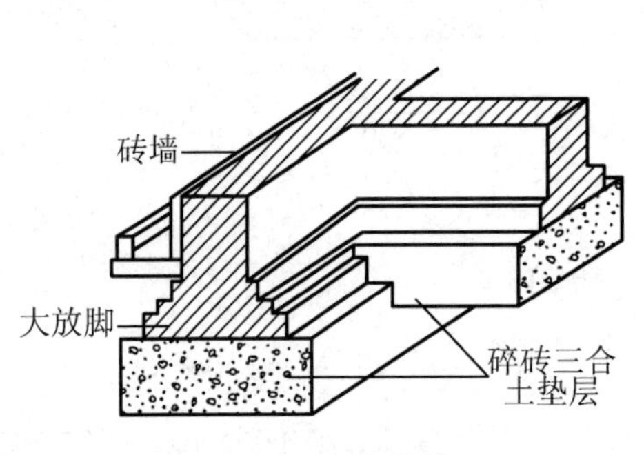

图 4-25　条形基础

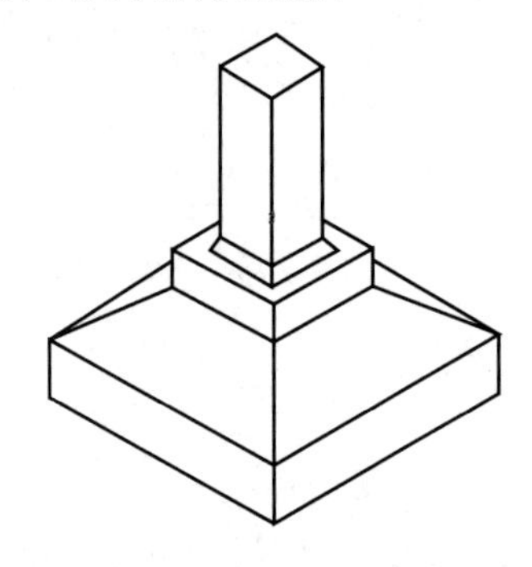

图 4-26　杯形独立基础

当框架结构处于地基条件较差的情况下，为提高建筑的整体性，以免各柱子间产生不均匀沉降，常将柱下基础沿纵、横方向连接起来，做成十字交叉的井格状，这种基础称为井格式基础或十字带形基础，如图 4-27 所示。

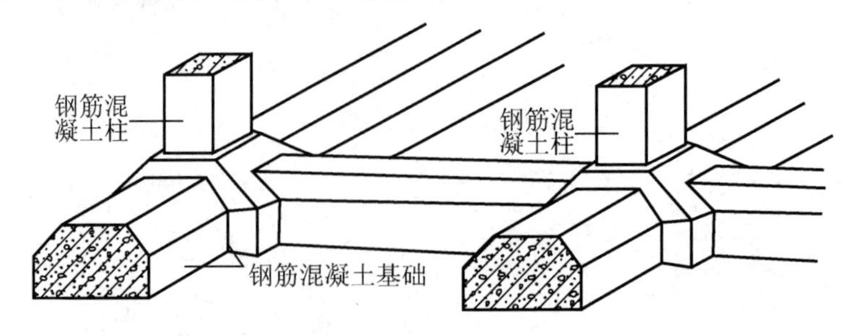

图 4-27　井格式基础

c. 筏形基础。当建筑物上部荷载较大，而所在地地基承载力又较弱，这时采用简单的条形基础或井格式基础已不能适应地基变形的需要，可将墙下或柱下基础连成一片，使整个建筑物的荷载承受在一块整板上，这种基础称为筏形基础，如图 4-28 所示。

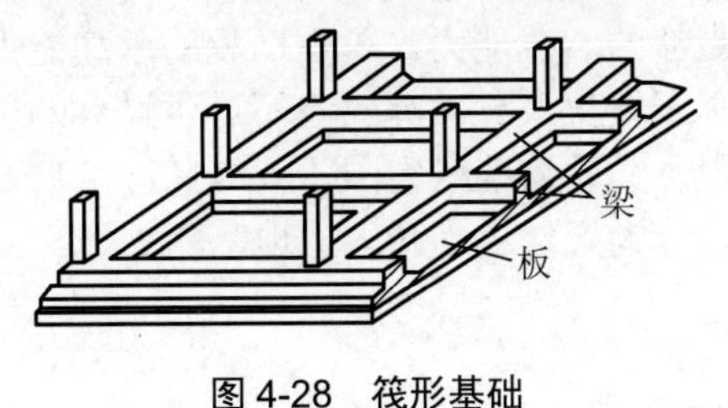

图 4-28 筏形基础

d. 箱形基础。当建筑物上部荷载很大、高度较高，且地基承载力较小时，基础需要深埋。为减少基础回填土方工程量及充分利用地下空间，常用钢筋混凝土将基础四周的底板、顶板和纵横墙浇筑整体刚度很大的盒子状以对抗地基的不均匀沉降，这种基础称为箱形基础，如图 4-29 所示。

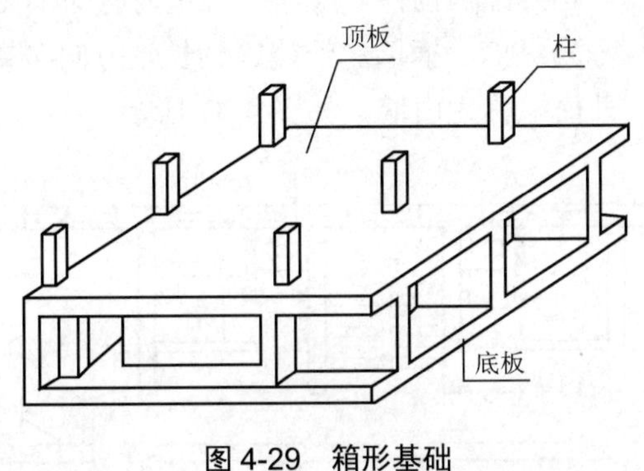

图 4-29 箱形基础

e. 桩基础。当建造比较大的工业与民用建筑时，如果地基的土层较弱较厚，采用浅埋基础不能满足地基强度和变化要求，做其他人工地基没有条件或不经济时，常采用桩基础。桩基础的作用是将荷载通过桩传递给埋藏较深的坚硬土层，或通过桩周围的摩擦力传给地基。前者称为端承桩，后者称为摩擦桩，如图 4-30 所示。

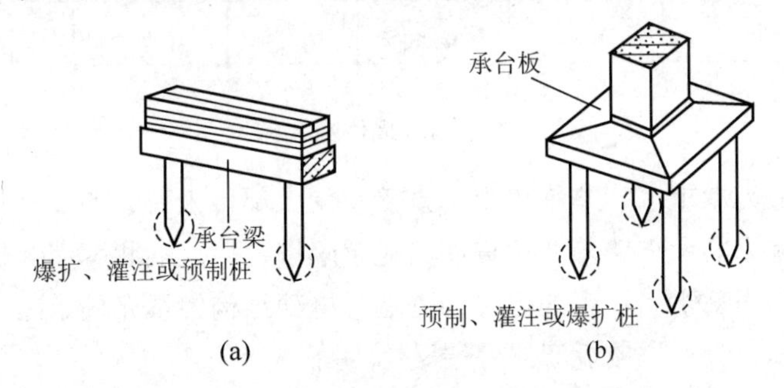

图 4-30 桩基础

(a) 墙下桩基础；(b) 柱下桩基础

桩基础按施工方法分为预制桩和灌注桩两大类。灌注桩又可分为振动灌注桩、钻孔灌注桩和爆扩灌注桩 3 种。

2. 地基和地基常见类型

地基是基础下面的那部分土层。地基不作为建筑物的组成部分，但它直接影响整个建筑物的安全。地基必须有足够的承载能力，单位面积的承载能力，叫做地基承载力。在建筑物荷载作用下，保证地基不发生失稳破坏，也不产生过大的沉降。地基所能承受的最大压力，称为地基允许承载力，又称为地耐力(单位为 kN/m^2，kPa) 。

地基按土层性质不同，分为天然地基和人工地基两大类。

4.2.2 墙体构造

1. 墙体的类型及承重结构布置方案

(1) 墙体的类型

墙是房屋的承重构件，在建筑物中它起围护、分隔作用。

按墙的位置，墙分为内墙、外墙。内墙位于建筑物内部主要是起分隔房间的作用；外墙是建筑物外界四周的墙，是外围护构件，起着围护室内房间不受侵袭的作用。

按墙的布置方向，墙分为纵墙、横墙。沿建筑物长轴方向布置的墙称为纵墙；而沿短轴方向布置的称为横墙，外横墙称为山墙，如图 4-31 所示。

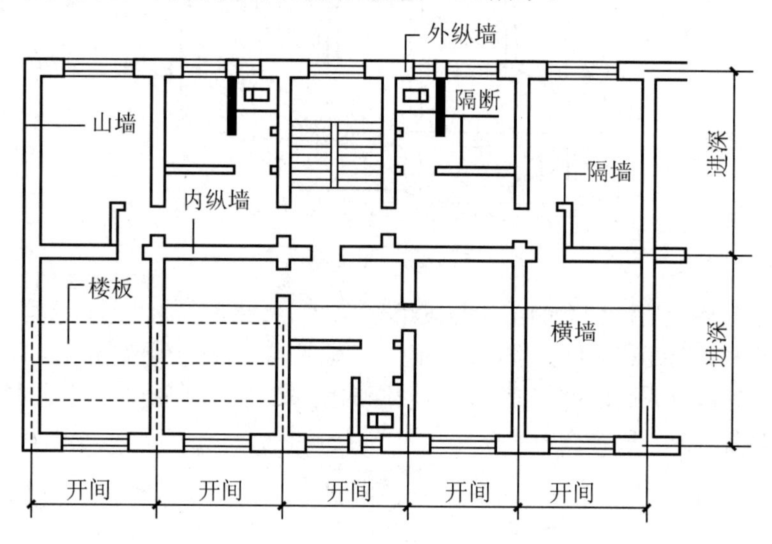

图 4-31 墙体的名称

按受力状况分为承重墙、非承重墙。直接承受上部传来荷载的墙称为承重墙；而不承受上部荷载的墙称为非承重墙，非承重墙又包括隔墙、填充墙和幕墙。自身重力由楼板或梁承受，只起分隔内部空间作用的墙称为隔墙；框架结构中填充柱子之间的墙称为框架填充墙；支承或悬挂在骨架、楼板间的外墙又称为幕墙。

按材料不同分为土墙、石墙、砖墙和混凝土墙等。

(2) 墙体的承重结构布置方案

墙体在结构布置上有横墙承重、纵墙承重、纵横墙混合承重和部分框架承重等几种承重布置方案。

横墙承重时，纵墙只起增强纵向刚度、维护和承受自重的作用。这种方案的优点是建筑整体性好，刚度大，对抵抗风力、地震作用等水平荷载有利，适用于房间开间尺寸不大、墙体位置比较固定的建筑，如宿舍、旅馆、住宅等，如图 4-32(a) 所示。

纵墙承重时，可使房间平面布置较为灵活，但建筑物刚度较差，适用于有较大空间要求的建筑物，如教学楼、图书馆等，如图 4-32(b) 所示。

混合承重时，平面布置较为灵活、建筑物刚度也好，但板的类型偏多，板的铺设方向也不一致，给施工造成麻烦，适用于开间、进深尺寸变化较多的建筑物，如医院、幼儿园等，如图 4-32(c) 所示。

部分框架承重时，梁一端搁在墙上，另一端搁在柱上，适用于建筑物内需要较大空间的情况，如大型超市、餐厅等，如图 4-32(d) 所示。

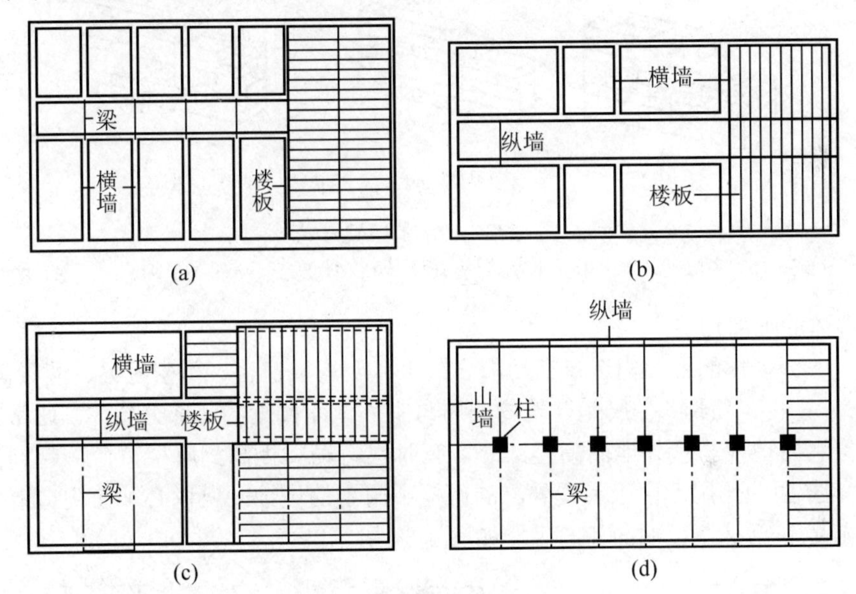

图 4-32　墙体承重布置方案

(a) 横墙承重结构；(b) 纵墙承重结构；(c) 混合承重结构；(d) 部分框架结构

2. 砖墙构造

砖墙是用砂浆将一块块砖按一定规律砌筑而成的砌体。其主要材料是砖与砂浆，但在砖墙构造中，还有部分混凝土和钢筋混凝土构件。

(1) 墙体的组砌方式

组砌是指砖块在砌体中的排列方式。标准砖的规格为 53mm×115mm×240mm(厚×宽×长) 。以灰缝为 10mm 进行组合，它以砖厚加灰缝、砖宽加灰缝与砖长间的比例为 1:2:4，即(4 块砖厚+3 个灰缝) =(2 块砖宽+一个灰缝) =1 块砖长。常见的墙体厚度名称见表 4-1。

表 4-1　墙厚名称

墙厚名称	习惯称呼	实际尺寸/mm	墙厚名称	习惯称呼	实际尺寸/mm
半砖墙	12 墙	115	一砖半墙	37 墙	365
3/4 砖墙	18 墙	178	二砖墙	49 墙	490
1 砖墙	24 墙	240	二砖半墙	63 墙	615

组砌时砖缝必须横平、竖直，错缝搭接，避免通缝，错缝长度不小于 60mm。砂浆必须饱满、厚薄均匀。砌墙时，错缝的基本方法是将丁砖(砖的宽度沿墙面)和顺砖(砖的长度沿墙面) 交替砌筑。常用的组砌方式有一顺一丁式、多顺一丁式、十字式(梅花丁式)、三三一式、全顺式(走砖式)及两平一侧式(18 墙)，如图 4-33 所示。

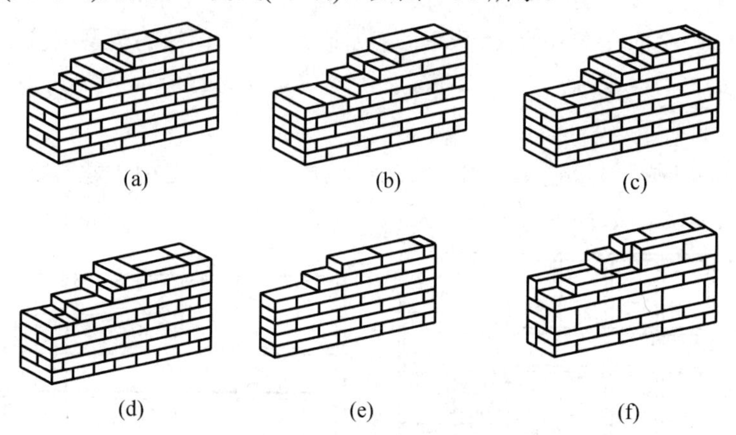

图 4-33　砖墙的组砌方式

(a) 一顺一丁式；(b) 多顺一丁式；(c) 十字式(梅花丁式)；(d) 三三一式；(e) 全顺式；(f) 两平一侧式

(2) 墙体的细部构造

墙体的细部构造包括勒脚、散水、明沟、窗台、门窗过梁、圈梁等。

① 勒脚。勒脚是建筑物四周与室外地面接近的那部分墙体。通常其高度为室内地坪与室外地面高差部分，有时也将勒脚提高到底层窗台，起到保护墙身和美化建筑立面的作用。由于易受外界的碰撞和雨雪的侵蚀，所以必须在构造上采取相应的防护措施，包括抹灰、贴面和石砌，如图 4-34 所示。

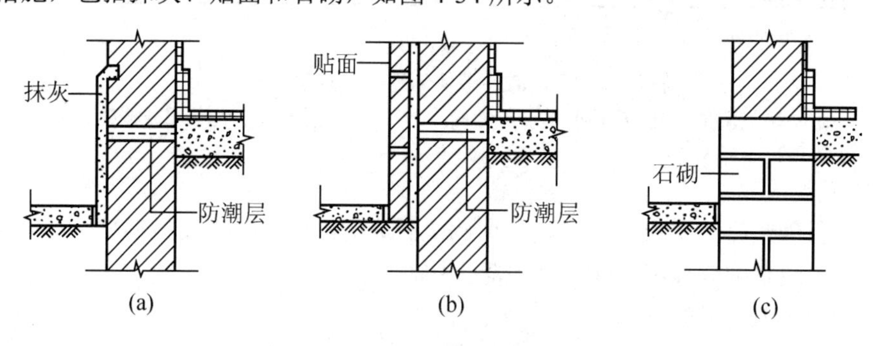

图 4-34　勒脚的做法

(a) 抹灰；(b) 贴面；(c) 石砌

② 散水和明沟。为了防止雨水对墙基的侵蚀，常在外墙四周将地面做成向外倾斜的坡面，以便将雨水排至远处，这一坡面称散水或护坡。散水坡度向外设 3%～5%，宽度 600～1000mm，并要求出檐 150～200mm。散水的构造做法如图 4-35 所示。

明沟又称阳沟，位于外墙四周，将雨水有组织地导向地下排水井，并通过下水道排走，起到保护墙基的作用。明沟断面通常有矩形、梯形和半圆形，底面应有不小于 1%的纵向排水坡度。构造做法有砖砌明沟、石砌明沟、混凝土明沟等，如图 4-36 所示。

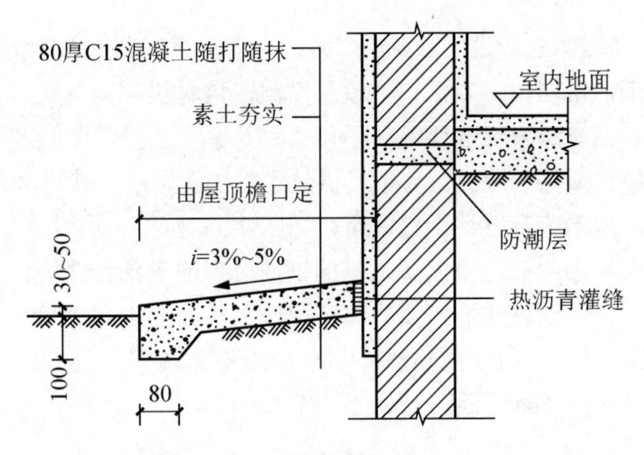

图 4-35 散水构造(单位：mm)

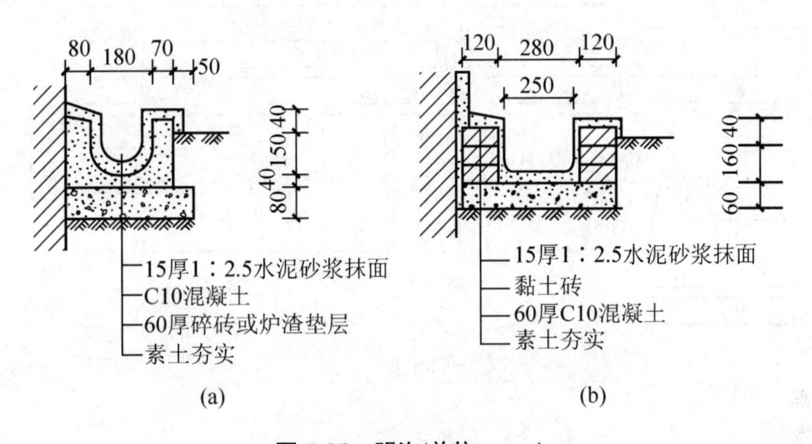

图 4-36 明沟(单位：mm)

(a) 混凝土明沟；(b) 砖砌明沟

③ 窗台。窗台的作用是避免雨水顺窗面流下后聚集并渗入室内或浸入墙身。窗台要有向外一定的坡度，且要挑出外墙面至少 60mm，窗台下缘做滴水槽。处于内墙、阳台或外廊等处的窗户，一般不必挑出墙面，如图 4-37 所示。

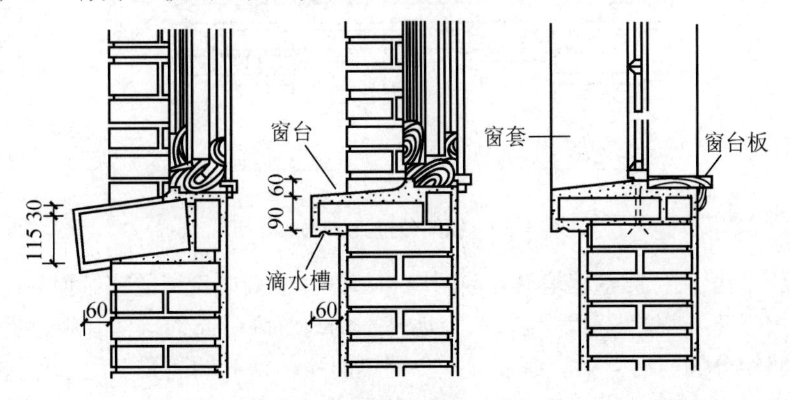

图 4-37 窗台构造(单位：mm)

④ 门窗过梁。当墙体上开设门、窗洞口时，为了支撑洞孔上部砌体传来的荷载，并将这些荷载传给窗间墙，常在门、窗洞口上设置横梁，这种梁称为过梁。常见的过梁有砖拱过梁、钢筋砖过梁和钢筋混凝土过梁等。

砖拱过梁有平拱、弧拱和圆拱。砖砌平拱是我国传统做法，其跨度最大可达 1.2m，当过梁上有集中荷载或振动荷载时，不宜采用，如图 4-38 所示。

钢筋砖过梁是在平砌的砖缝中配置适量的钢筋，形成可承受弯矩的加筋砖砌体。钢筋砖过梁多用于跨度在 2m 以内的清水墙的门窗洞口上，如图 4-39 所示。

钢筋混凝土过梁一般不受跨度的限制，目前应用很普遍。过梁的截面形式有矩形、L 形及它们的组合形式，如图 4-40 所示。

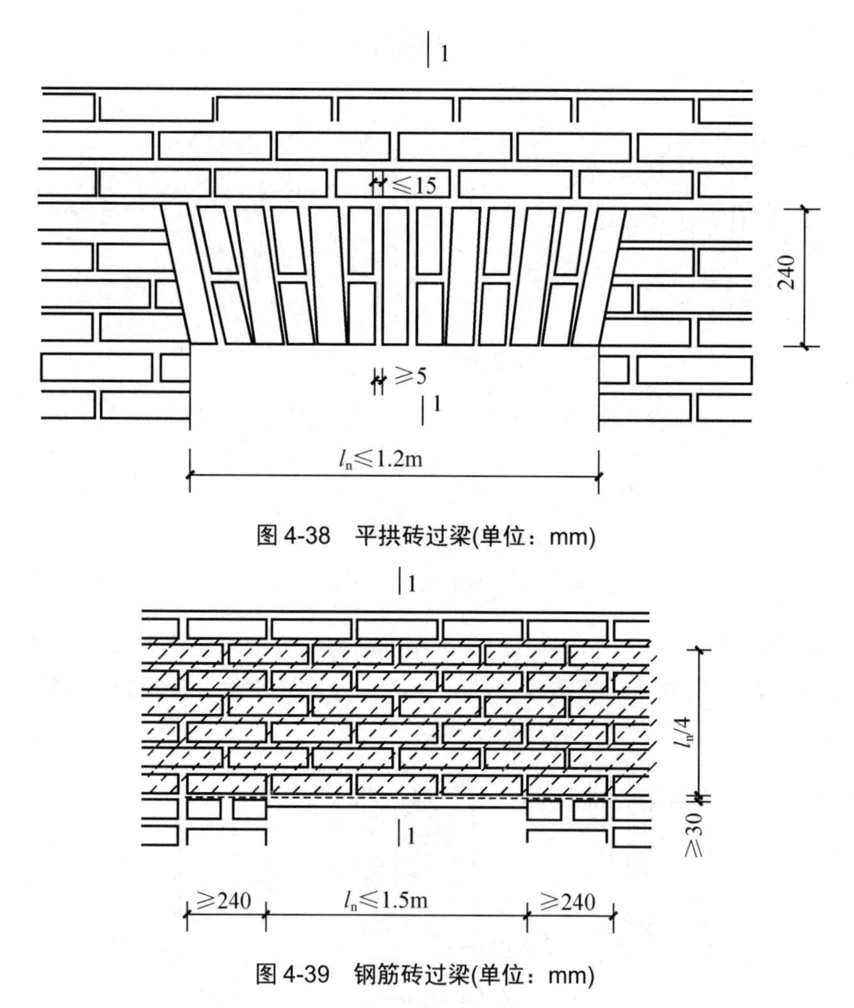

图 4-38　平拱砖过梁(单位：mm)

图 4-39　钢筋砖过梁(单位：mm)

⑤ 圈梁。圈梁又称腰箍，是沿外墙四周和部分内横墙中设置的连续而封闭的梁。圈梁配合楼板可增强建筑物的整体刚度，减少地基不均匀沉降引起的墙体开裂，提高建筑物的抗震性能。圈梁分钢筋砖圈梁和钢筋混凝土圈梁两种。钢筋砖圈梁多用于非抗震地区，结合钢筋砖过梁使其沿外墙围成闭合梁。其高度一般为 4～6 皮砖，宽度与墙厚相同，用不低于 M5 级砂浆砌筑，如图 4-41 所示。

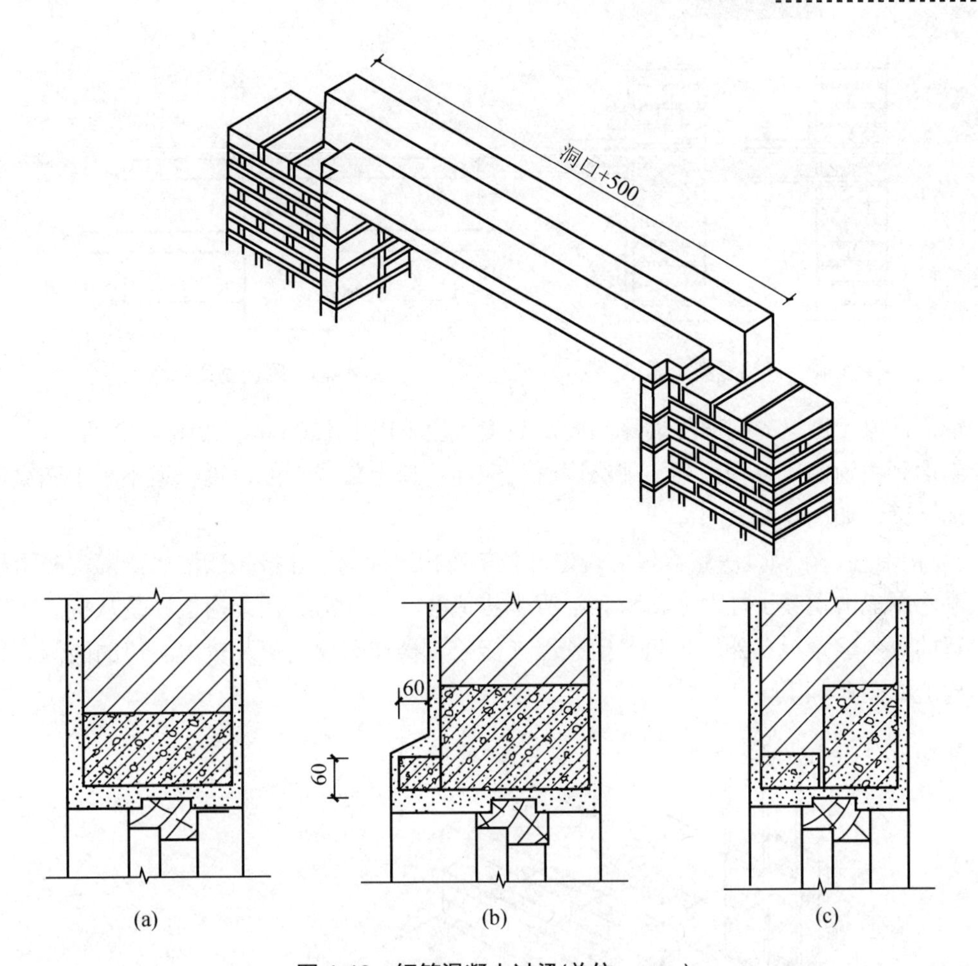

图 4-40　钢筋混凝土过梁(单位：mm)
(a) 矩形截面；(b) L 形截面；(c) 组合截面

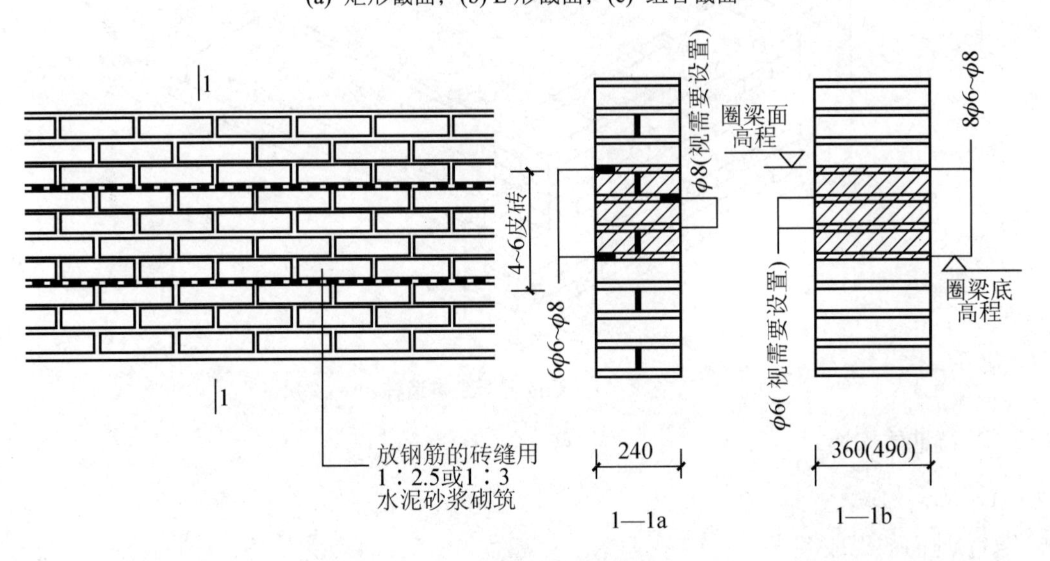

图 4-41　钢筋砖圈梁(单位：mm)

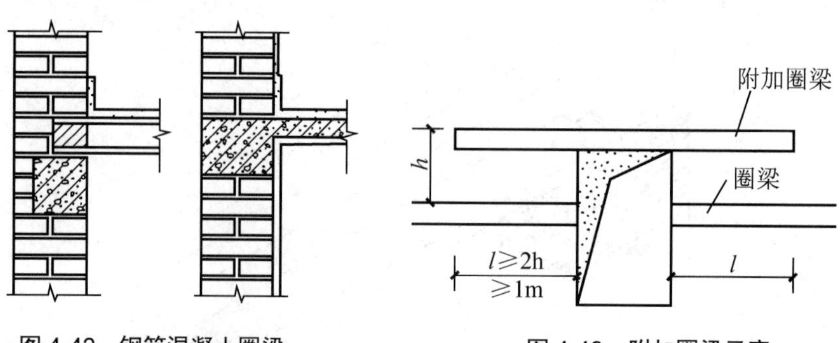

图 4-42　钢筋混凝土圈梁　　　　图 4-43　附加圈梁示意

钢筋混凝土圈梁的宽度与墙厚相同，高度一般不小于 120mm，如图 4-42 所示。

当遇到门窗洞口致使圈梁不能交圈时，应在洞口上部或下部设置一道不小于圈梁截面的附加圈梁，如图 4-43 所示。

⑥ 构造柱。在砌体房屋墙体的规定部位，按构造配筋，并按先砌墙后浇灌混凝土柱的施工顺序制成的混凝土柱，通常称为混凝土构造柱，简称构造柱。构造柱是从抗震角度考虑设置的，一般设置在外墙四角、内外墙交接处、楼梯间的四角及较大洞口的两侧。构造柱的构造如图 4-44 所示。

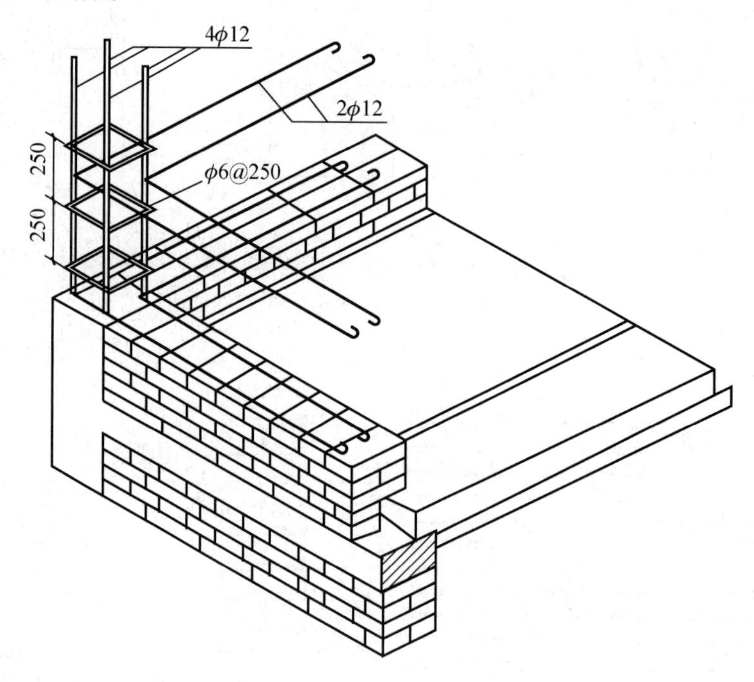

图 4-44　钢筋混凝土构造柱

4.2.3　楼地层构造

1. 地面构造

(1) 地面的组成

地面通常是指建筑物的地坪。为了使地面上面的荷载均匀地传递到土层上，所以一般地面的组成，除了面层外，还有承受荷载的垫层及基层，如图 4-45 所示。

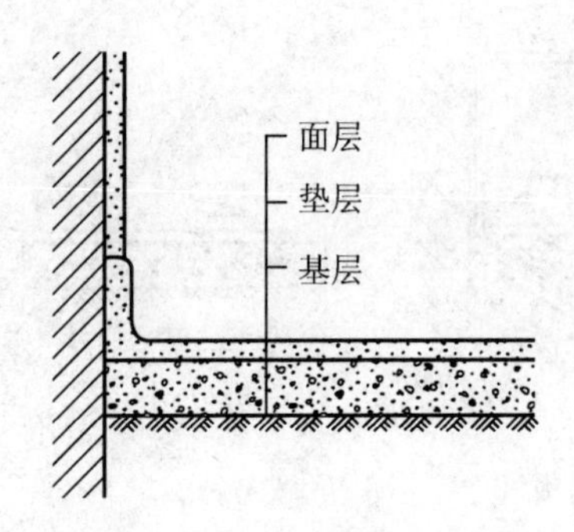

图 4-45　地面的基本组成部分

(2) 对地面的要求

① 坚固、耐磨。地面在荷载下(包括可能受到的冲击力) 不应变形或破坏，在人们经常的活动中不易被磨损。

② 平整、光洁、缝隙少。地面应平整便于清扫，应光洁但不宜太滑，尽量减少地面的缝隙，免藏灰尘。

③ 防水。在潮湿的房间、厕所、浴室、厨房等，地面应耐湿和不透水。

此外，对不同用途的房屋地面还有耐火、耐酸碱等要求。

(3) 地面的种类

地面按面层所用材料来分类可有木地面、水泥及混凝土地面、陶瓷砖地面等多种，现分述如下。

① 木地面。木地面具有较小的导热系数，比较温暖，富有弹性，便于清洁。但由于它不耐水、不耐火，所以不宜用于浴室、厕所、厨房等处。

木地面有空铺木地面(如图 4-46 所示)和实铺木地面(如图 4-47 所示)两种做法。

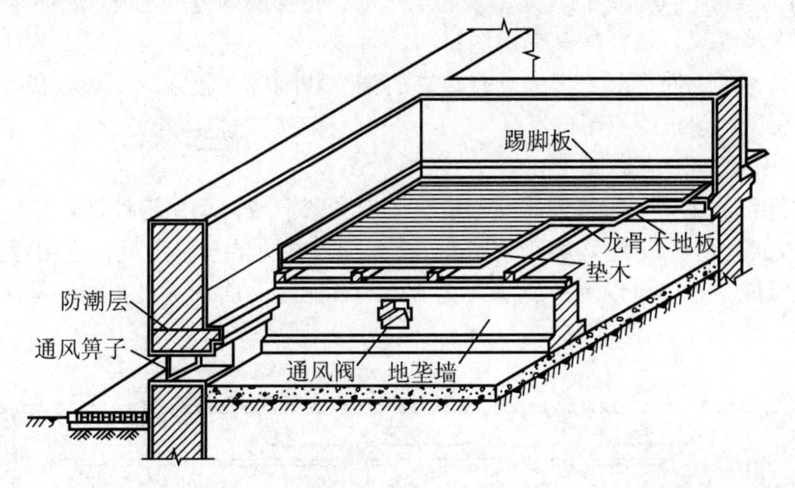

图 4-46　空铺木地面

② 水泥与混凝土地面。

a. 水泥地面采用 1∶2.5(水泥:砂)配合比的水泥砂浆作为面层，厚度约 20～30mm，垫层材料可为混凝土、碎砖三合土，碎石灌 M2.5 水泥砂浆或 1∶10 水泥焦渣等。

b. 混凝土地面通常采用 C15～C20 细石混凝土直接浇筑在基层上，振捣后在表面撒 1∶1 水泥砂子压实抹光，其厚度为 30～60mm。

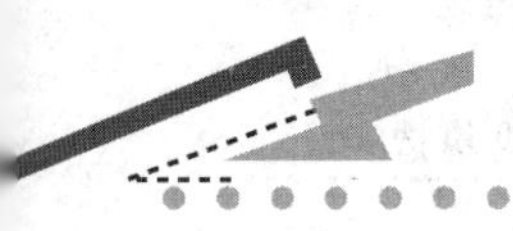

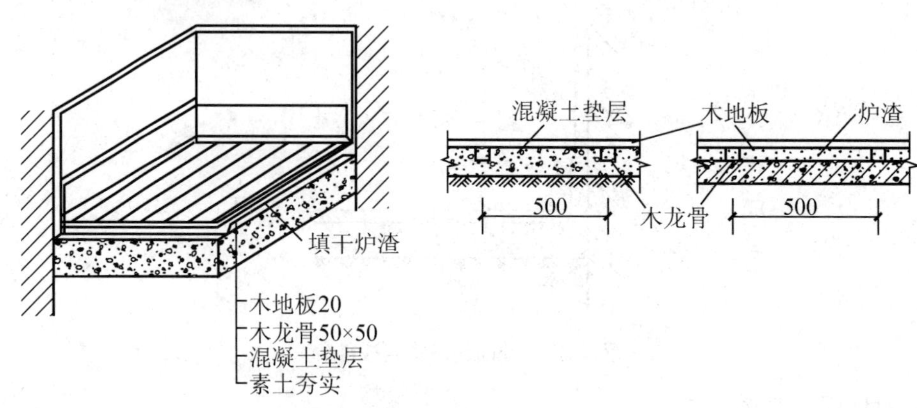

图 4-47　实铺木地面

c. 陶瓷砖地面。陶瓷砖地面常用的有 缸砖地面、瓷砖地面、 陶瓷锦砖(又名马赛克)地面几种。除了上述多种地面以外，其他还有橡胶地面、塑料地面等。

为了防止在清扫时污染墙面，地面与墙面接触处，应设置高 100～200mm 的踢脚板，踢脚板表面应凸出墙面 5～10mm，其材料一般与地面材料相同。

对于某些部位(如走廊等)，为保护墙面不受水的浸蚀，有时需设墙裙。墙裙材料亦应与地面一致。做法和踢脚板相似，但高度应做到离地面 1.2m 左右。

2. 楼板构造

(1) 楼板的种类和构造

楼板是承重结构，将房屋沿垂直方向分割为若干层，并把上部的人和家具等竖向荷载及楼板本身的重力通过承重墙、梁和柱传给基础。同时楼板对墙身还起着水平支撑的作用，帮助墙身抵抗水平方向的荷载。因此，要求楼板有足够的强度和刚度，并应符合隔声、防

火等要求。楼板按其使用的材料，可以分为钢筋混凝土楼板、木楼板和砖拱楼板等。钢筋混凝土楼板具有较高的强度和刚度，较强的耐久性和耐火性，因此在民用建筑中应用广泛。

(2) 现浇钢筋混凝土楼板

现浇钢筋混凝土楼板整体性好，刚度大，设备留洞或协调预埋件都较方便。

① 梁板式肋形楼板是现浇钢筋混凝土楼板中较常见的一种形式，它由板、次梁(或称肋) 和主梁组成。主梁可以由柱或墙来支撑。所有的板、肋、主梁和柱都是在支模以后整体浇筑而成，如图 4-48 所示。

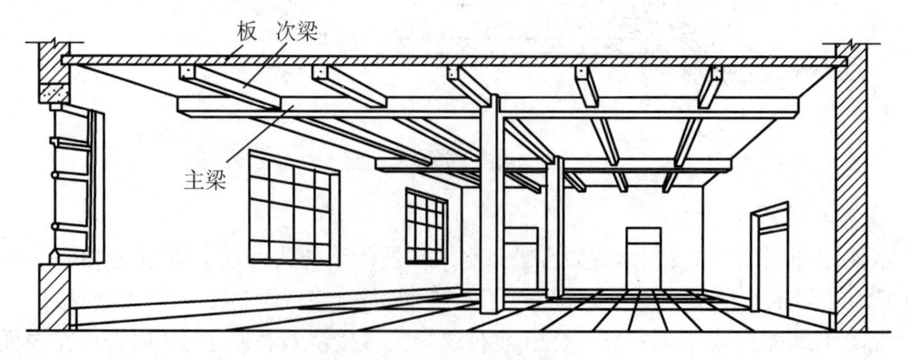

图 4-48　梁板式肋形楼板

② 井字密肋楼板。在跨度较大而平面接近正方形(长短跨之比≤1.5) 的房间，可采用井字密肋楼板，如图 4-49 所示。由于它的结构高度较小，能节约建筑空间，又可获得较为美观的藻井式天花板，但模板施工较复杂。

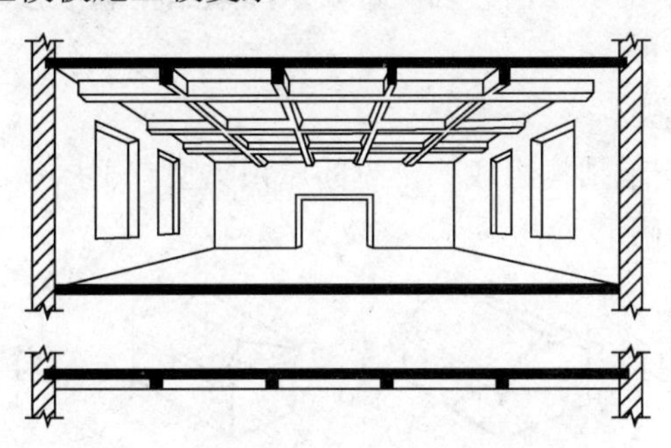

图 4-49 井字密肋楼板

③ 无梁楼板。在楼面荷载较大(50kN/m^2 以上) 的商场、仓库或多层厂房，采用无梁楼板比有梁式结构经济。一般柱距为 6m，柱网呈正方形，柱子截面为圆形或正多边形。板厚在 180mm 左右。柱子上部有柱帽，柱帽呈斜度为 45°的倒锥体，上宽 1.2～1.8m。重荷载时柱帽上还需有宽度大于 2m 的托板，如图 4-50 所示。

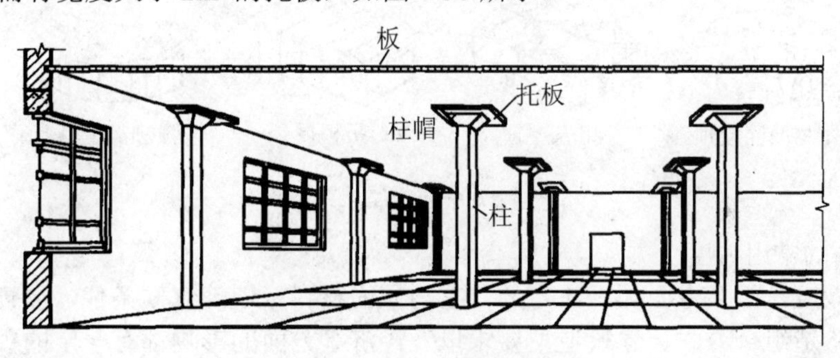

图 4-50 无梁楼板

④ 预制钢筋混凝土实心楼板，用于跨度较小的部位，如过道板、平台板、管沟盖板等。一般板的经济跨度≤2.5m，直接支承在墙或梁上，其长度、宽度、厚度可有各种不同尺寸，便于在工厂或现场预制。

⑤ 木楼板。木楼板只用于较高级低层(如别墅) 民用建筑，以及木材多的地区，或采用其他材料有困难的地区。房间内相对湿度大于 75%时不宜采用。

3. 楼面构造

楼面是楼板的面层，和地面相似，也可根据它所用的材料分成许多类型，它们的构造和做法均和地面相同，这里不再赘述。

4.2.4 屋顶构造

1. 概述

屋顶是房屋最上层覆盖的外围护构件，其主要作用是抵御自然界的风霜雪雨、太阳辐射、气温变化和其他外界的不利因素，使屋顶覆盖下的空间有一个良好的使用环境。因此，

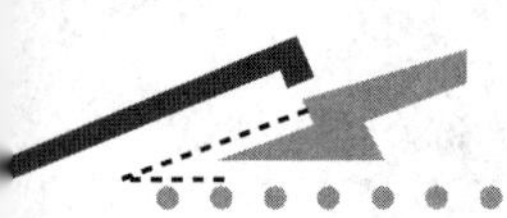

要求屋顶在构造上解决防水、保温、隔热、隔声及防火等问题。

在结构上，屋顶又是房屋上层的承重结构，支承着自重和屋顶上的各种活荷载，同时还起着对房屋上部的水平支承作用。因此，要求屋顶结构满足强度、刚度和整体空间稳定性的需要。

(1) 屋顶的组成与类型。

屋顶主要由屋面和支承结构组成。常见的屋顶类型有平屋顶和坡屋顶。此外还有曲面等形式的屋顶，如图 4-51 所示。

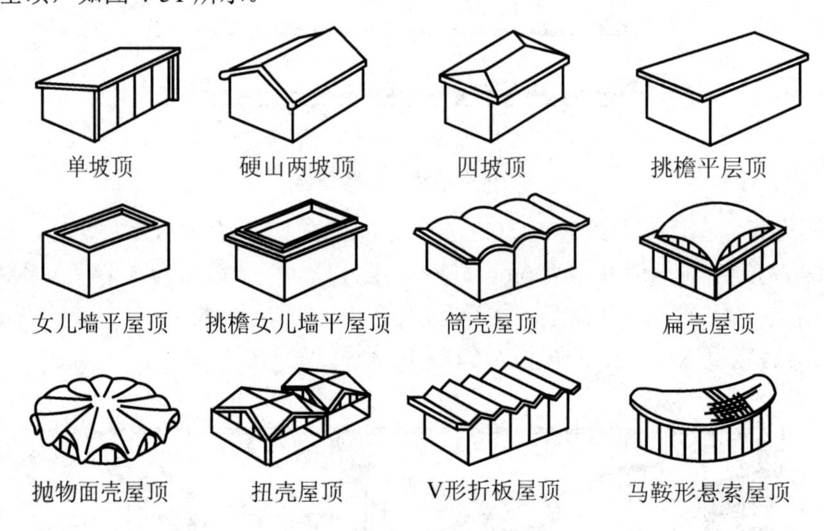

图 4-51　屋顶类型

(2) 屋面的常用坡度

屋面的坡度是由多方面因素决定的，它与屋面材料、地理气候条件、屋顶结构形式、施工方法、构造组合方式、建筑造型要求以及经济等方面的影响都有一定的关系。其中屋面覆盖材料与屋面坡度的关系比较大。一般情况下，屋面覆盖材料的面积越小厚度越大，屋面的排水坡度就越大。反之，则屋面排水坡度就越平缓。

通常坡度>10%的屋顶称为坡屋顶，≤10%的屋顶称为平屋顶。

2. 屋顶构造

(1) 平屋顶

平屋顶构造简单，适用于各种平面形状的房屋。除具有屋顶的一般功能外，还可以作为屋顶阳台、屋顶花园等，是民用建筑屋顶的主要类型。

① 平屋顶的组成。平屋顶主要由屋面层(防水层) 、结构层和顶棚层组成。此外，还要根据需要设置保温层、隔热层、保护层、找平层等。

② 平屋顶的排水。为了迅速排除屋面的雨水，应选择适宜的排水坡度和恰当的排水方式。

从排水角度考虑，排水坡度越大越好；但从结构上、经济上及上人等角度考虑，又要求坡度越小越好。一般坡度的大小是由屋面材料的防水性能和功能需要来确定。上人屋面一般采用 1%～2%，不上人屋面一般采用 2%～3%。

平屋顶的排水坡度较小，要把屋面的雨雪水尽快地排除，就要组织好屋顶的排水系统，选择恰当的排水方式。屋顶的排水方式分为无组织排水和有组织排水两大类，如图 4-52 所示。

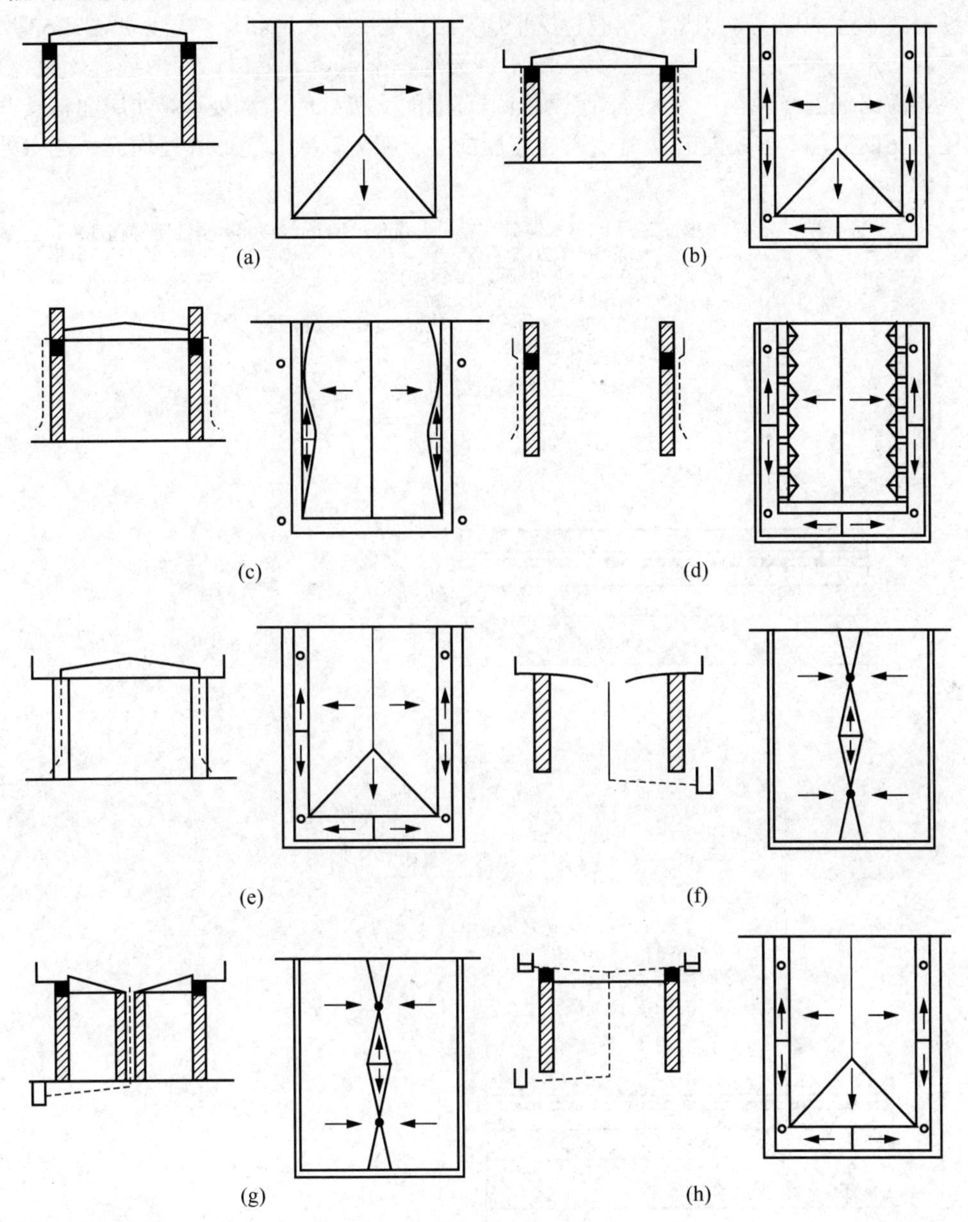

图 4-52　屋面排水方式

(a) 无组织排水；(b) 檐沟外排水；(c) 女儿墙外排水；(d) 檐沟女儿墙外排水；(e) 外墙暗管排水；(f) 明管内排水；(g) 管道井暗管内排水；(h) 吊顶水平暗管内排水

③ 平屋顶的构造。各种平屋顶的构造主要是屋面层(防水层) 构造做法差异最大，其余构造层次做法变化不大。

a. 卷材防水屋面。卷材防水是将柔性的防水卷材用胶结材料粘贴在屋面上，形成一个大面积的封闭防水覆盖层。这种防水层具有一定的延伸性，能适应由温度变化而引起的屋面和结构的变形，也称为柔性变形。

防水卷材的类型主要有：沥青防水卷材、高聚物改性沥青防水卷材、合成高分子防水卷材等。

卷材防水屋面的基本构造层次有：找平层、结合层、防水层和保护层，如图 4-53 所示。

卷材防水屋面的细部构造主要有：泛水、天沟、雨水口、檐口、变形缝。如果处理不当就很容易出现漏水现象。泛水是指屋面与垂直墙面交接处的防水处理，如屋面与女儿墙、高低屋面间的立墙、出屋面的烟道或风道与屋面的交接处、屋面变形缝处均应做泛水处理，如图 4-54 所示。

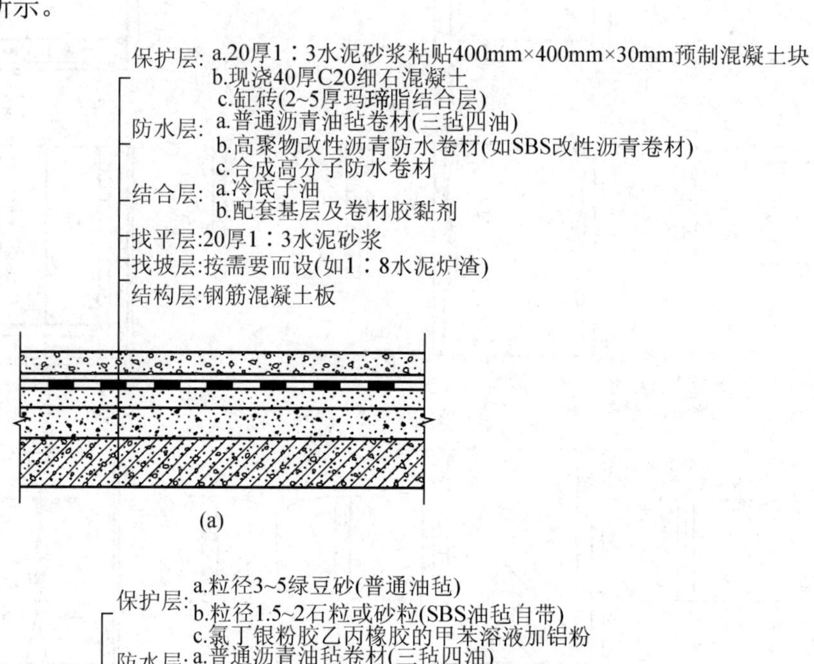

(a)

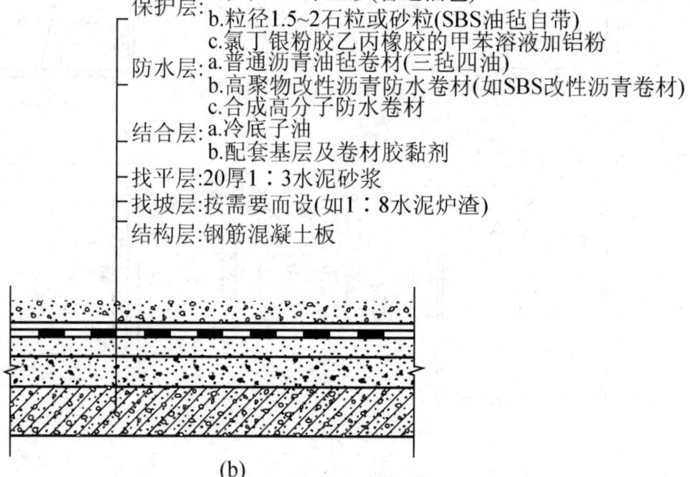

(b)

图 4-53　卷材防水屋面的构造层次和做法

(a) 上人屋面；(b) 不上人屋面

b. 涂膜防水屋面。涂膜防水是用可塑性和黏结力较强的高分子防水涂料直接涂刷在屋面基层上，形成一层满铺的不透水薄膜层，以达到屋面防水的目的。常见的有乳化沥青类、氯丁橡胶类、丙烯酸树脂类、聚氨酯类等。涂膜的基层为混凝土或水泥砂浆，涂膜的表面一般需撒细砂作保护层。

(2) 坡屋顶

坡屋顶是由带有坡度的倾斜面相互交错而成的。斜面相交的阳角称为脊，阴角称为沟，如图 4-55 所示。

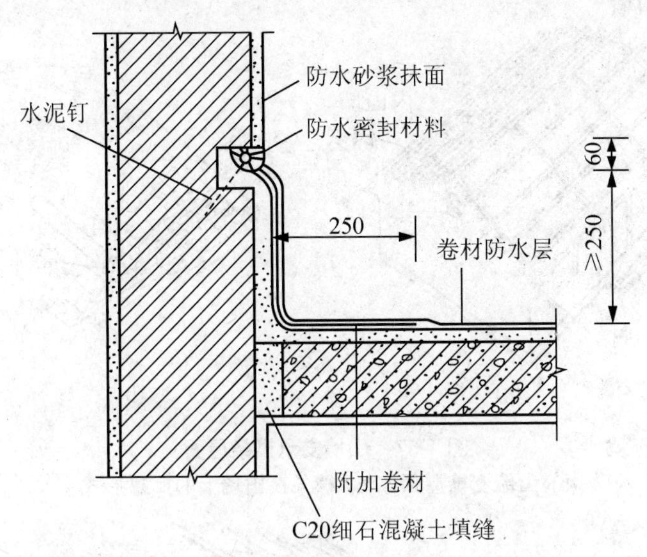

图 4-54 卷材防水屋面泛水构造(单位：mm)

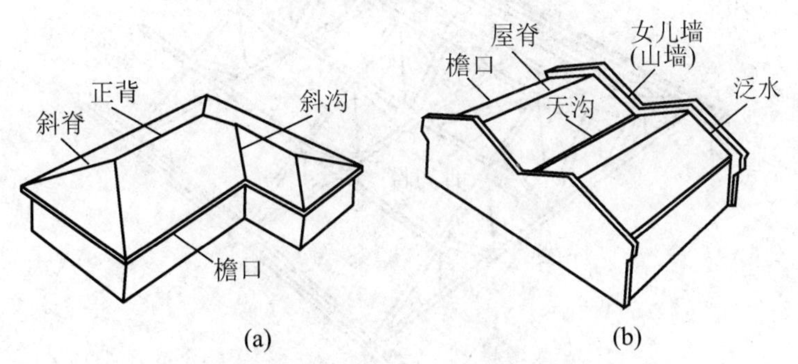

图 4-55 坡屋顶坡面组织名称

(a) 四坡屋顶；(b) 并立双坡屋顶

坡屋顶是由承重结构、屋面和顶棚等组成，如图 4-56 所示。

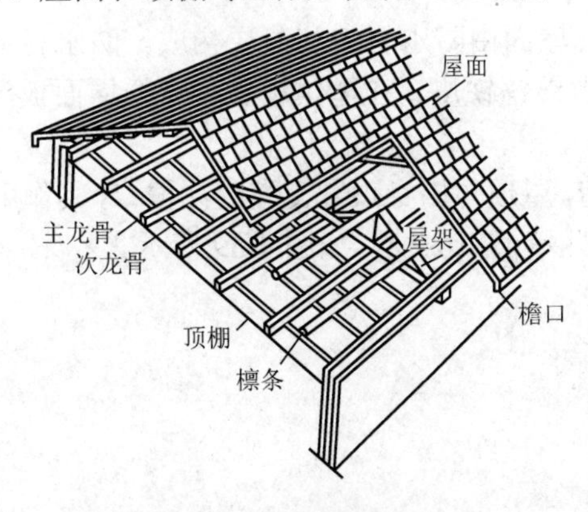

图 4-56 坡屋顶的组成

① 坡屋顶承重结构。坡屋顶承重结构一般由椽子、檩条、屋架(或大梁) 等构件组成，类型有山墙承重(如图 4-57 所示)、屋架承重(如图 4-58 所示)和梁架承重等。

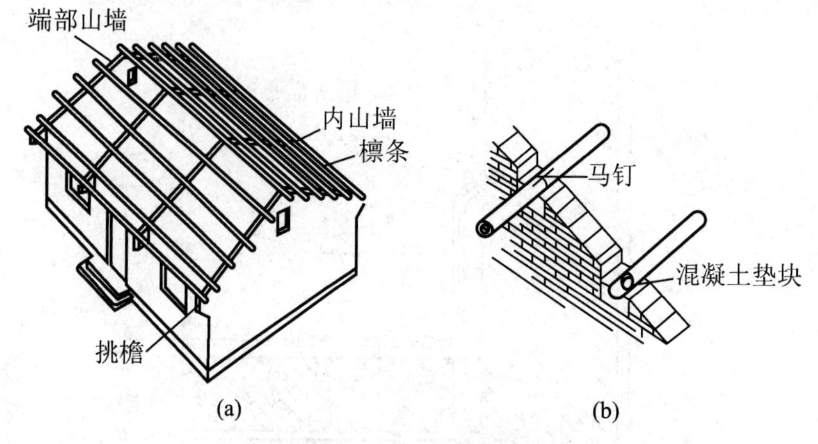

图 4-57 山墙支承檩条屋面

(a) 山墙支檩屋顶；(b) 檩条在山墙上的搁置形式

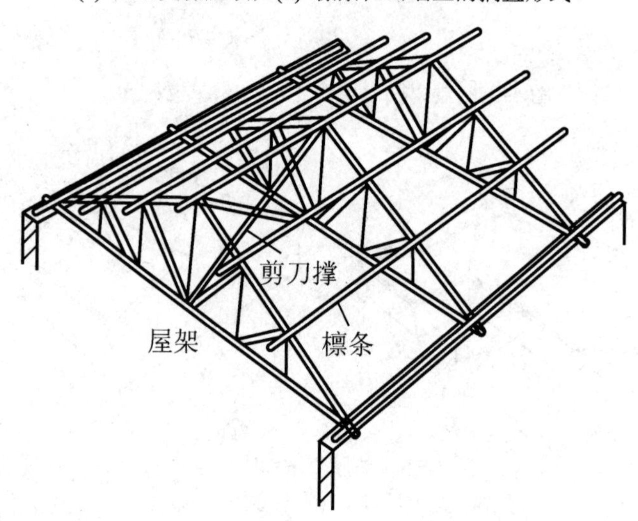

图 4-58 屋架支承檩条的屋顶

② 坡屋顶屋面构造。屋面由防水材料和基层构成。防水材料一般有瓦材(小青瓦、平瓦、波形瓦等)、金属薄板(镀锌铁皮、压型钢板、铝合金屋面板等)和大型钢筋混凝土自防水构件。

③ 坡屋顶的檐口构造。屋顶与墙身顶部交接处为檐口，其作用是保护墙身和建筑装饰。檐口的做法有挑檐口和女儿墙檐口两种，如图 4-59 所示。

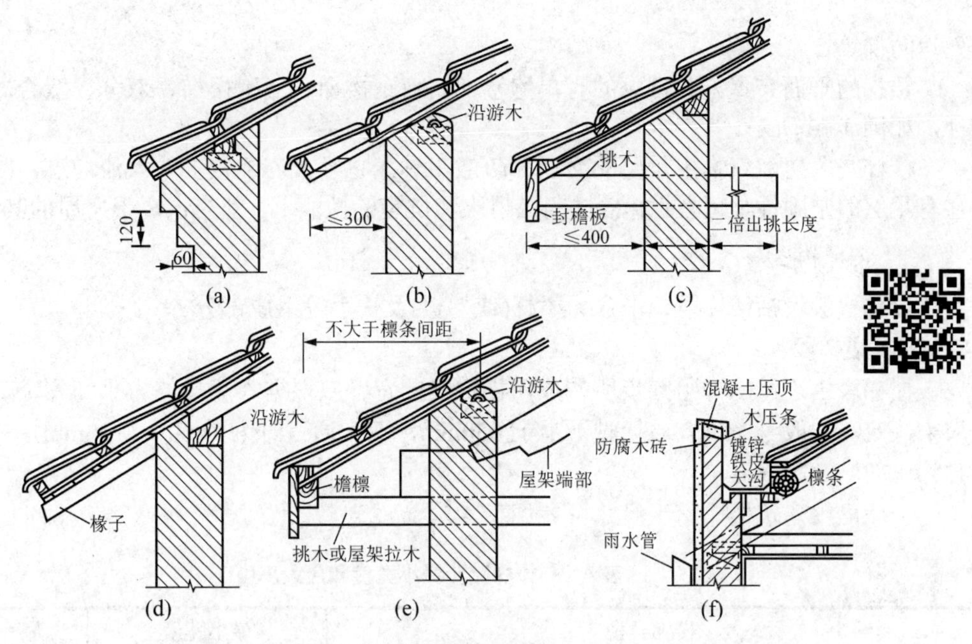

图 4-59　平瓦屋顶檐口(单位：mm)

(a) 砖挑檐；(b) 屋面板挑檐；(c) 挑檐木挑檐；(d) 椽木挑檐；(e) 挑檩檐口；(f) 女儿墙檐口

4.2.5　楼梯构造

楼梯是房屋中主要的垂直交通工具，是上下层间的交通疏散设施，供人们上下楼层使用，一般设置在建筑物的出入口附近，在高层民用建筑中和一些大型公共建筑中，除设有楼梯外，还需设电梯。

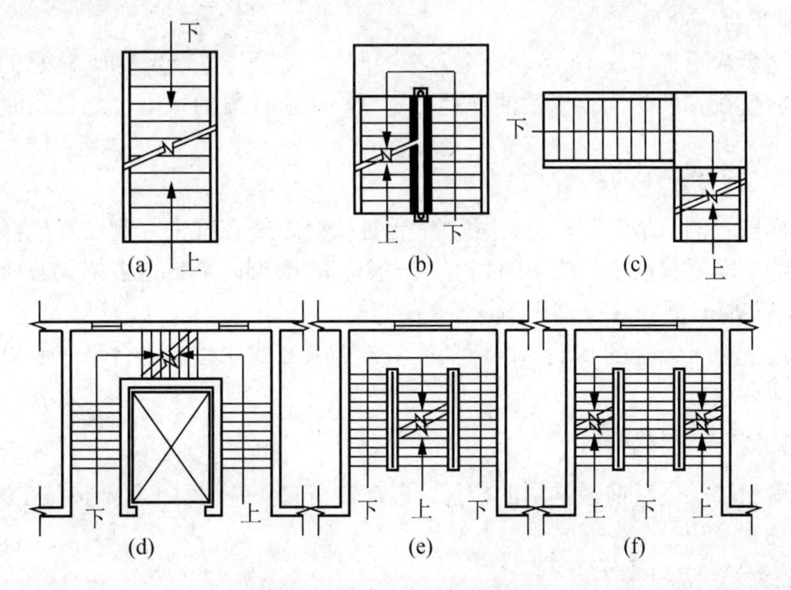

图 4-60　楼梯的平面布置形式

(a) 单跑式；(b) 双跑式；(c) 双跑式；(d) 三跑式；(e) 双分式；(f) 双合式

1. 楼梯的种类和要求

楼梯按用途分有：主要楼梯、辅助楼梯、安全楼梯(供火警或事故疏散人员之用) 及室外消防梯等。

楼梯的平面布置方式常见的有单跑楼梯、双跑楼梯、三跑楼梯、双分、双合式楼梯几种，如图 4-60 所示。

楼梯是多层建筑物中重要的交通和疏散工具，它经常容纳较多的人流通过，因此要求它有足够的坚固性与耐久性。楼梯间在耐火和抗震的性能上，都应该高于房屋的其他部分。

2. 楼梯构造

楼梯一般包括楼梯段、平台、栏杆(或栏板)及扶手等组成部分。

(1) 楼梯段

楼梯段由连续的一组踏步所构成，楼梯段的宽度应根据人流量的大小和安全疏散的要求来决定。一般考虑单人通行时不少于 850mm，双人通行时为 1000～1100mm，三人通行时为 1500～1650mm。

一般民用建筑楼梯踏步尺寸可参见表 4-2。

表 4-2 楼梯踏步最小宽度和最大高度 (m)

楼梯类型	最小宽度	最大高度
住宅用楼梯	0.26	0.175
幼儿园、小学校等楼梯	0.26	0.15
电影院、剧院、体育馆、商场、医院、旅馆和大中学校等楼梯	0.28	0.16
其他建筑楼梯	0.26	0.17
专用疏散楼梯	0.25	0.18
服务楼梯、住宅套内楼梯	0.22	0.20

(2) 休息平台

楼梯的踏步数不宜超过 18 步，否则应在中间设休息平台，起缓冲、休息的作用。平台板的宽度，应使在安装暖气片以后的净通行宽度不小于梯段的宽度，此外还应考虑搬运家具的方便。

(3) 栏杆、栏板和扶手

通常楼梯段一侧靠墙，另一侧临空，为保证安全，需在临空一侧设置栏杆或栏板。在栏杆或栏板的上面安置扶手。扶手的高度，一般应高出踏步 900mm 左右。若梯段的宽度大于 1400mm，靠墙一侧宜增设“靠墙扶手”。

楼梯的净空应有一定的高度，以避免碰头，尤其在底层楼梯平台下作通道或储藏室等使用时，更应注意。

3. 钢筋混凝土楼梯的构造

钢筋混凝土楼梯是目前最常用的楼梯，它有较高的强度和耐火性。按施工方式的不同，可分现浇和预制两种。

(1) 现浇钢筋混凝土楼梯

现浇钢筋混凝土楼梯，是在支模配筋后将梯段、平台等浇筑在一起的，所以整体性较好，它又可分板式及梁板式两种，如图 4-61 所示。

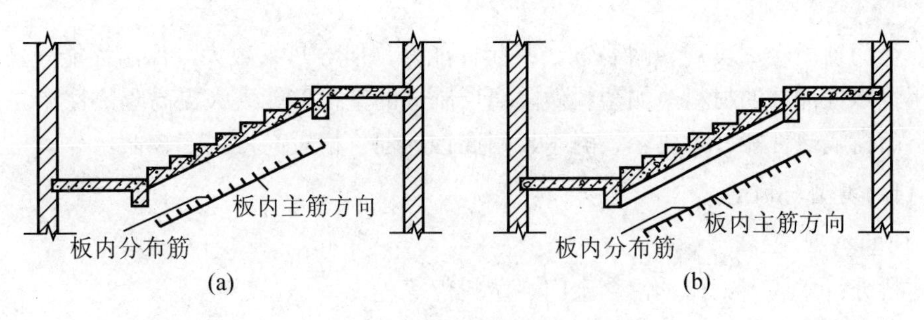

图 4-61　现浇钢筋混凝土楼梯

(a) 板式楼梯；(b) 梁板式楼梯

① 板式楼梯，不设斜梁，整个梯段形成一块斜置的板承受荷载，并将荷载传到平台梁上去，如图 4-61(a)所示。板式楼梯适用于楼梯段跨度不大，荷载较小的房屋中。

② 梁板式楼梯，是在梯段两侧带有斜梁(或一侧有斜梁、另一侧支在墙上)，而斜梁搭置在平台梁上。楼梯段承受的荷载是通过斜梁传到平台梁上去的。

梁板式楼梯，当其宽度不太大时，可在踏步中央设置一根斜梁，使踏步板的左右两端悬挑，这种形式叫做单梁挑板式楼梯，它可节省混凝土及钢材，自重较小，但制造较为复杂，其外形如图 4-61(b)所示。

③ 楼梯栏杆的设置，一般是在梯段浇筑时预留孔洞，将金属栏杆插入洞内，用细石混凝土锚固。也可以在浇筑梯段时预埋铁件，把金属栏杆焊在埋铁上。金属栏杆上可配以木扶手，或钢管扶手。若采用混凝土栏板或砖砌栏板时，可以用水泥砂浆或水磨石面层抹成扶手，也可预埋木砖，再钉以木扶手。

在楼梯踏步的前沿，应做防滑条，防滑条可用耐磨材料(如金刚砂水泥、铜条) 做成。

(2) 预制钢筋混凝土楼梯

这种楼梯多预制成 L 形或倒 L 形，用在砖混结构中，现很少使用。

4.2.6　门、窗构造

1. 概述

(1) 门窗的作用

门和窗是房屋建筑中的两个围护构件。门的主要功能是供交通出入、分隔联系建筑空间，有时也兼起通风和采光等作用。窗的主要功能是采光、通风和观望。在不同的使用要求下，门窗还应具有保温、隔热、隔声、防火、防水及防盗的功能。此外，门窗对建筑物的外观及室内装修造型影响也很大。因此，对门窗要求坚固耐用、美观大方、开启方便、关闭紧密、便于清洁维修。

(2) 门窗的材料

常用的门窗材料有木、钢、铝合金、塑料和玻璃等。

木门窗制作简单、灵活多变，适于手工加工，是广泛采用的传统形式。

钢门窗强度高、断面小、挡光少、能防火，随着钢门窗型材的不断改进，形成了各种规格，是被广泛采用的形式。普通钢门窗易生锈、重量大、导热系数大，在严寒地区易结露。彩板门窗直接采用彩色涂层钢板或彩色镀锌钢板型材制作，耐腐蚀、保温密闭性能好，是金属门窗大力发展的新一代产品。

铝合金门窗质轻、美观、耐腐蚀、密闭性能好。但导热系数大，保温性能差，且价格较高。用绝缘性能好的材料，如塑料做隔离层制成的塑铝窗能大大提高隔热性能。

塑料门窗隔热性能好、质轻、耐水、耐腐蚀，但价格较高，强度较低。

2. 门的类型与构造

(1) 门的类型

按材料分：木门、钢门、铝合金门、塑料门等。

按使用要求分：保温门、隔声门、防火门、防X射线门等。

按开启方式分：平开门、弹簧门、推拉门、折叠门、转门等，如图4-62所示。

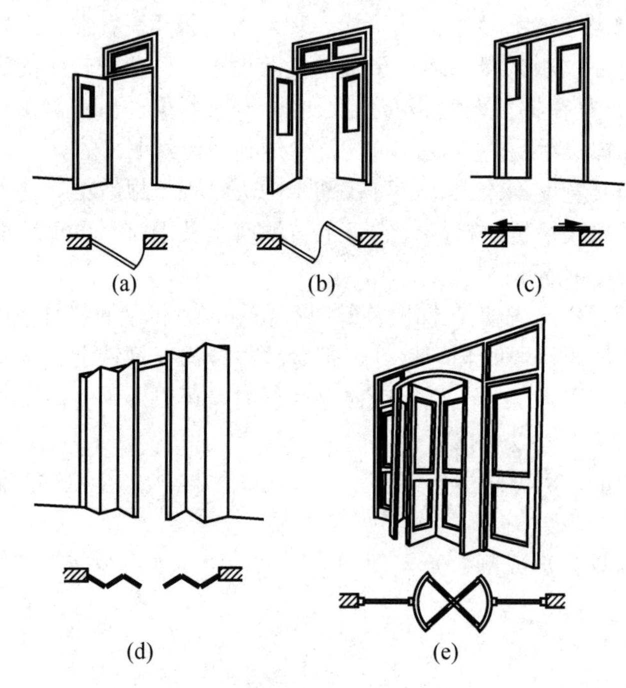

图4-62 门的开启方式

(a) 平开门；(b) 弹簧门；(c) 推拉门；(d) 折叠门；(e) 转门

(2)木门的组成与尺寸

① 门的组成与构造

门框又称门樘，一般由边框、上框、中横框和中竖框等组成。门扇一般由上冒头、中冒头、下冒头、边梃、门芯板、玻璃等组成。各种门的主要区别在于门扇。

亮子又称腰头窗，在门的上方，供通风和辅助采光之用，并可用来调整门的尺寸和比例，有固定、平开及上、中、下旋转方式。五金件一般有拉手、铰链、门锁、插销、门碰头等。其他附件有门下槛、贴脸板和筒子板等，如图4-63所示。

② 门的尺寸。门的基本尺寸应满足人流通行、交通疏散等要求。一般民用建筑供人日常生活的门，门扇高度为1900～2100mm；亮子高度一般为300～600mm；单扇门宽为800～1000mm；辅助用房如浴室、厕所、储藏室的门宽为600～800mm；双扇门宽为1200～1800mm。公共建筑和工业建筑的门可根据具体需要适当提高尺寸。

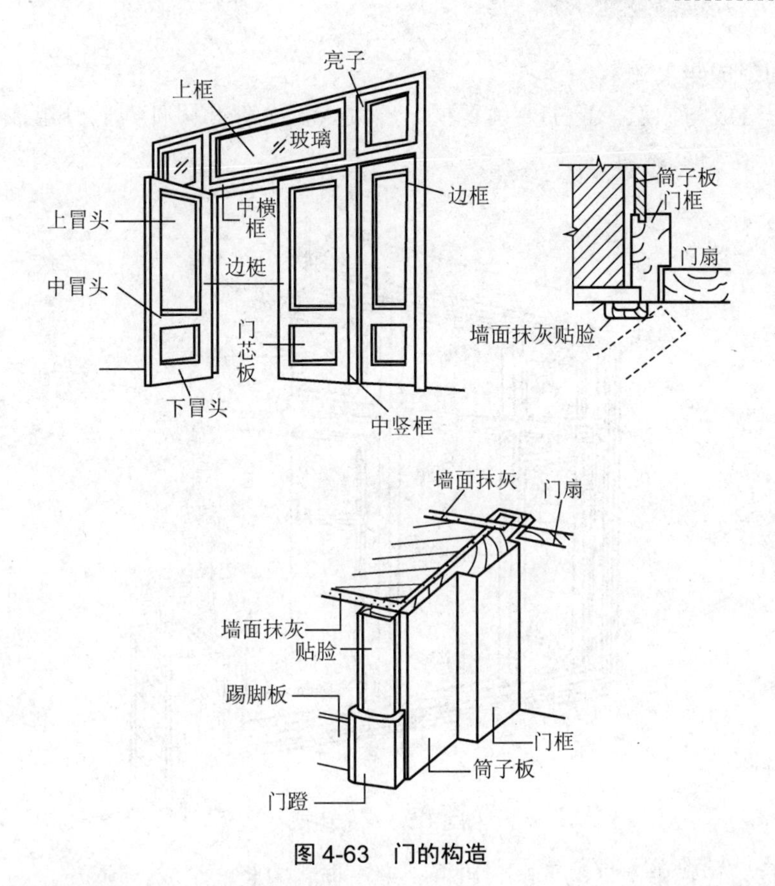

图 4-63　门的构造

3. 窗的类型与构造

(1) 窗的类型

窗的材料类型与门相同。按镶嵌的材料分为玻璃窗、百叶窗、纱窗等。

窗的开启方式主要取决于窗扇转动五金件的位置及转动方式，主要有固定窗、平开窗、悬窗、立转窗、推拉窗等，如图 4-64 所示。

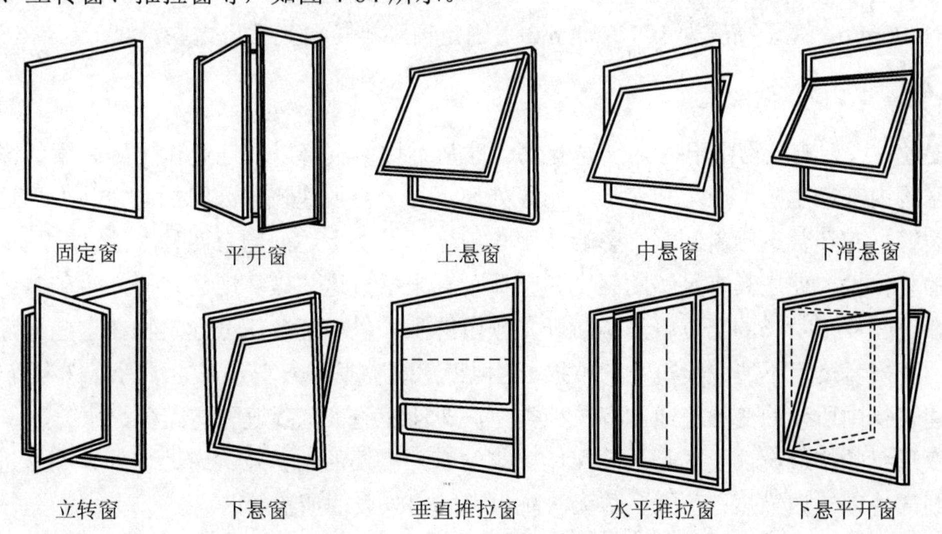

图 4-64　窗的开启方式

(2) 窗的组成与尺寸

① 窗的组成与构造。窗主要由窗框、窗扇、五金件和附件四部分组成，如图 4-65 所示。

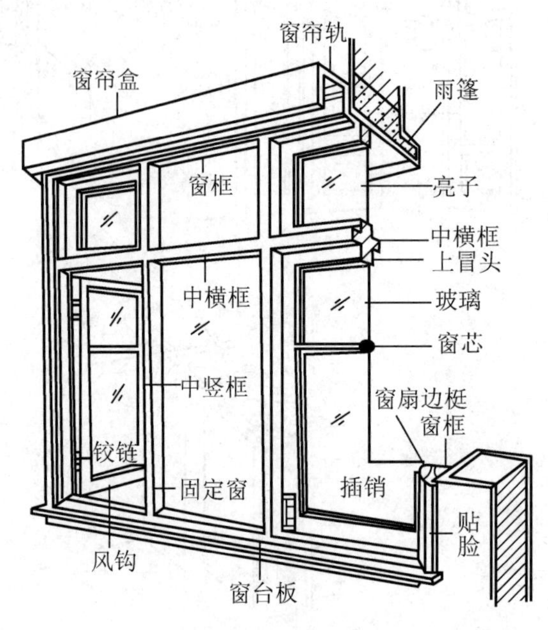

图 4-65　窗的组成

窗框又称窗樘，由上框、下框、边框、中横框、中竖框组成。

窗扇由边梃、上冒头、下冒头、窗芯、玻璃(或纱窗、百叶)等组成。

五金件一般有铰链、风钩、插销、拉手等。

附件有窗帘盒、贴脸、窗台板、筒子板、压缝条等。

② 窗的尺寸。窗的尺寸一般根据通风采光要求、结构构造要求及建筑造型等因素决定，同时应符合模数制要求。从构造上讲，一般平开窗的窗扇宽度为 400～600mm ，高度为 800～1500mm，亮子高度为 300～600mm，固定窗和推拉窗尺寸可大些。

4.2.7　变形缝

建筑物由于受到气温变化、地基不均匀沉降以及地震作用等因素的影响，致使结构内部产生附加应力和变形。如果处理不当，会使建筑物因附加应力和变形过大而产生裂缝、破坏甚至倾斜倒塌，影响使用与安全。解决上述问题有两种办法：一是加强建筑物的整体性，使之具有足够的强度和整体刚度来抵抗这些破坏应力，不产生破裂；二是预先在这些变形敏感的部位将结构断开、预留缝隙，以保证各部分建筑物在这些缝隙中有足够的变形宽度而不造成建筑物的破损。这种将建筑物垂直分割开来的预留缝称为变形缝。

建筑物中所设的变形缝通常有 3 种类型，即伸缩缝、沉降缝和防震缝。

变形缝的构造设计要求是：除保证建筑的变形需要的结构及构造处理外，亦应进行适当的细部处理，如绝热、防水、防火、防虫害及内外表面遮盖等。

1. 伸缩缝

(1) 伸缩缝的设置

建筑物因受温度变化的影响而产生热胀冷缩，在结构内部产生温度应力，当建筑物长度超过一定限度、建筑平面变化较多或结构类型变化较大时，就会因伸缩变形较大或不一致而极易产生开裂现象。为防止这种情况发生，通常沿建筑物长度方向每隔一定距离或在结构变化较大处设置垂直缝隙将建筑物断开。这种针对温度变化而设置的缝隙称为伸缩缝或温度缝。

伸缩缝的设置范围只需将建筑物的墙体、楼板层、屋顶等基础以上部分全部断开，基础部分因埋于地下，受温度变化影响较小，可不必断开。

伸缩缝的设置数量以伸缩缝的最大间距来控制。伸缩缝的最大间距由建筑物的容许温度变形量来决定，容许温度变形量的影响因素有：结构类型、材料和施工方案。条件允许时，伸缩缝的位置应设置在建筑平面有变化处，以便隐蔽。为保证伸缩缝两侧相邻部分能在水平方向自由伸缩，缝宽一般为 20～30mm。

(2) 伸缩缝的构造

① 墙体伸缩缝构造。伸缩缝两侧的墙体断面形式一般可做成平缝、高低缝、企口缝，如图 4-66 所示。具体形式由墙体材料、厚度及施工条件决定，一般 240mm 墙体只能做平缝和高低缝，370mm 墙体还可做成企口缝，但地震区只能采用平缝。

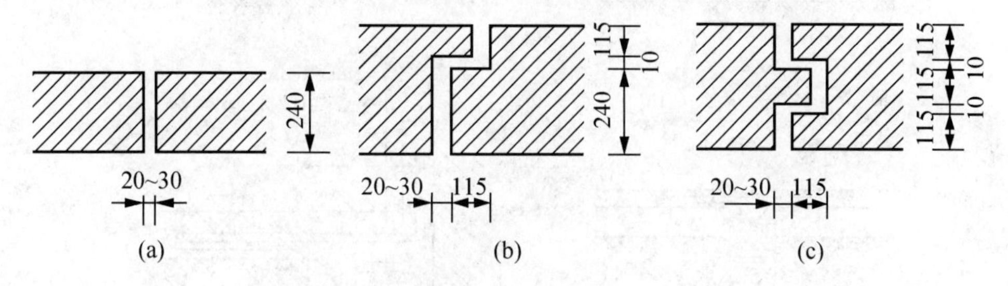

图 4-66　砖墙伸缩缝的断面形式(单位：mm)

(a) 平缝；(b) 高低缝；(c) 企口缝

为保证外墙上伸缩缝两侧自由变形并防止风雨、噪声对室内的影响，常用浸沥青的麻丝或泡沫塑料等有弹性的防水材料填嵌缝隙，当缝隙较宽时，缝口需用镀锌铁皮、彩色薄钢板、铝板等金属调节片做盖缝处理，在可能的条件下，可用雨水管将缝隙遮挡住。内墙上的伸缩缝则着重表面处理，如图 4-67 所示。

② 楼地板层伸缩缝构造。伸缩缝在楼地板层位置的缝宽与墙体、屋顶变形缝的一致，缝内常采用可压缩变形的材料做填缝处理。地坪变形缝只需做面层处理，在基层缝中填塞有弹性的松软材料即可，如图 4-68 所示。

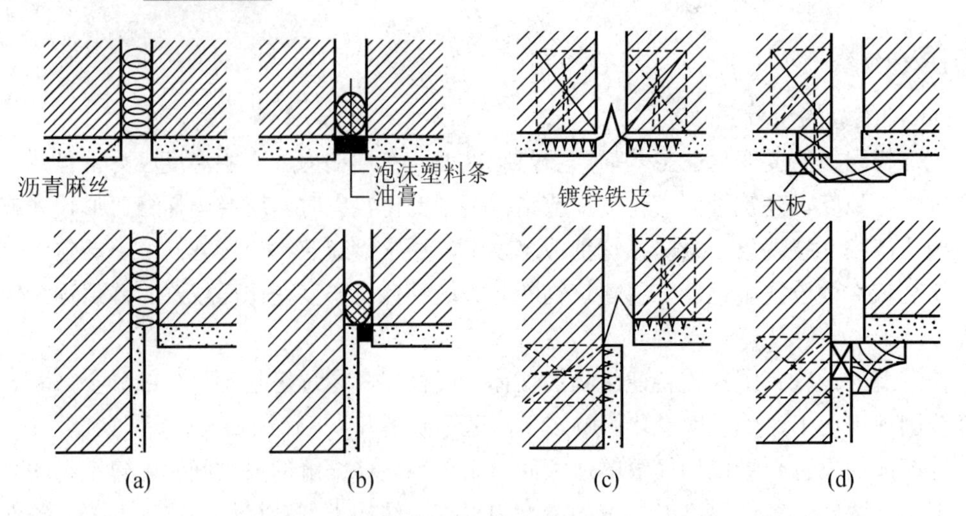

图 4-67　墙体伸缩缝构造

(a) 沥青麻丝塞缝；(b) 油膏嵌缝；(c) 金属片盖缝；(d) 木板盖缝

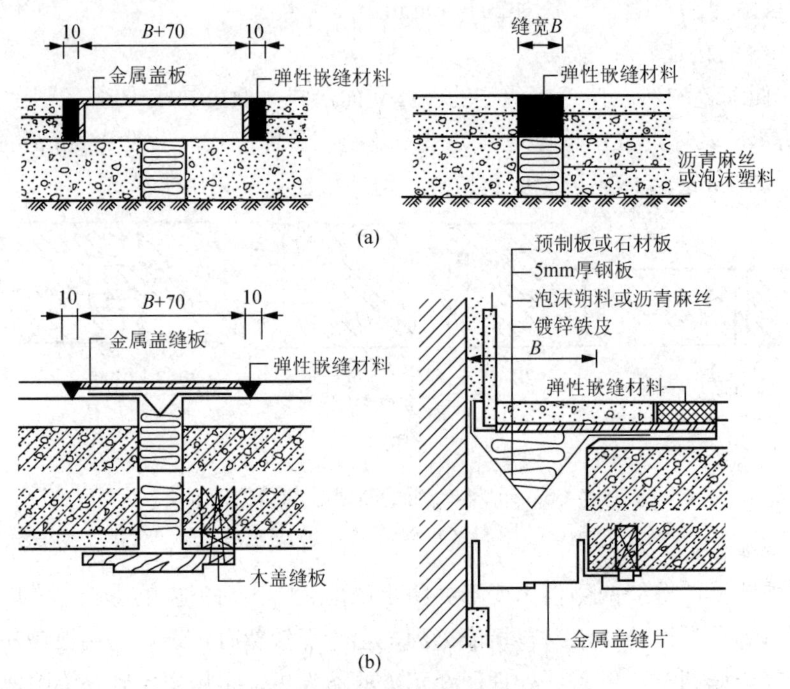

图 4-68　楼地板层伸缩缝构造(单位：mm)

(a) 地面伸缩缝；(b) 楼板层伸缩缝

③ 屋顶伸缩缝构造。屋顶上的伸缩缝常设在两边屋面在同一高程和高低屋面错层处，一般在伸缩缝处加砌矮墙，并做屋面防水和泛水处理，如图 4-69 所示。

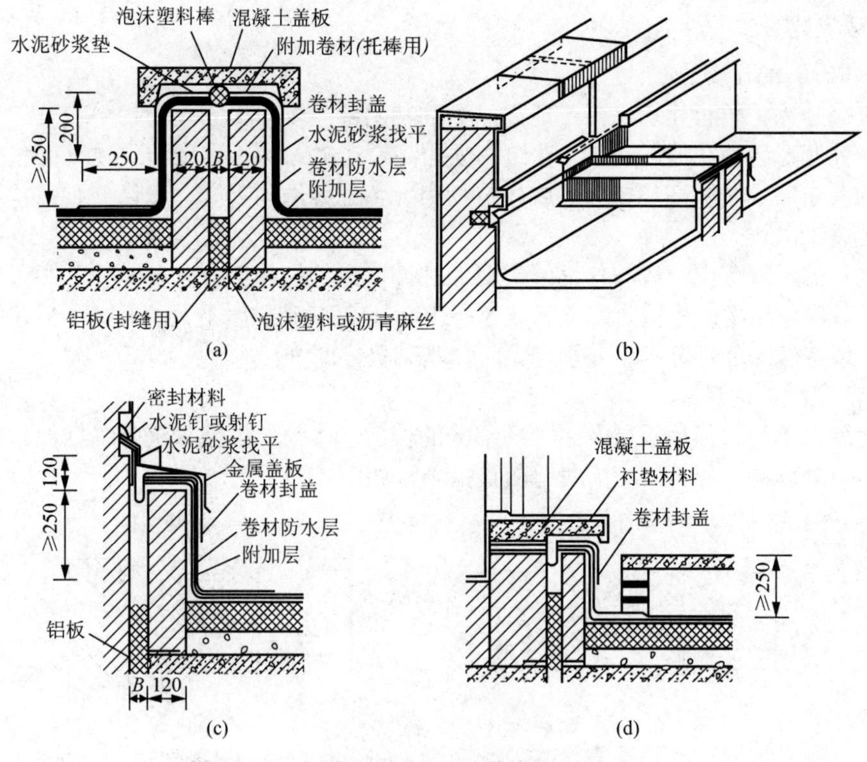

图 4-69　卷材防水屋面伸缩缝构造(单位：mm)

(a) 等高屋面伸缩缝；(b) 伸缩缝透视图；(c) 高低屋面伸缩缝；(d) 屋面出入口处伸缩缝

2. 沉降缝

(1) 沉降缝的设置

沉降缝是为了预防建筑物各部分由于不均匀沉降引起的结构内部附加应力和变形过大，导致其发生裂缝、倾斜，甚至破坏而设置的一种变形缝。

沉降缝主要满足建筑物在竖直方向的自由沉降变形，所以沉降缝是从建筑物基础底面至屋顶全部断开。沉降缝的宽度随地基情况和建筑物高度的不同而不同，一般为 50～70mm。

(2) 沉降缝的构造

沉降缝也具有伸缩缝的作用，其构造与伸缩缝基本相同。但盖缝条及调节片构造必须能保证水平方向和垂直方向自由变形。

屋顶沉降缝应充分考虑不均匀沉降对屋面泛水的影响，可用镀锌铁皮做调节，以利沉降，如图 4-70 所示。

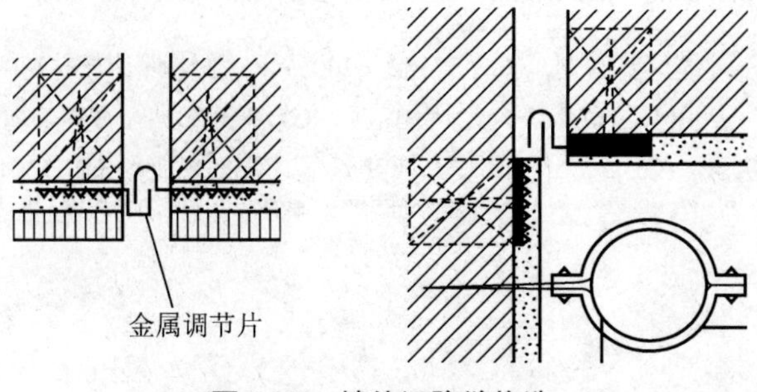

图 4-70　墙体沉降缝构造

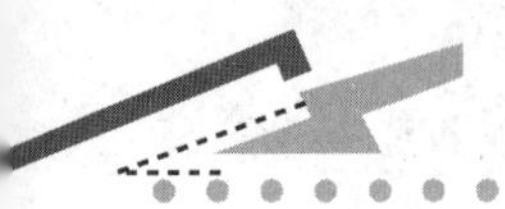

3. 防震缝

(1) 防震缝的设置

防震缝是为了防止建筑物由于地震，导致其局部产生巨大的应力集中和破坏性变形而设置的一种变形缝。在地震区，当建筑物立面高差在 6m 以上，或建筑物平面型体复杂，或建筑物有错层且楼板高差较大，或建筑物相邻各部分结构刚度、质量分布相差悬殊时，应设置防震缝。

防震缝的设置范围一般与伸缩缝类似，基础以上的结构部分完全断开，并留有足够的缝宽，一般砌体结构的房屋防震缝宽取 50～100mm。基础一般不设防震缝，但建筑平面过于复杂，或建筑相邻部分刚度差别过大时，基础仍需断开。

(2) 防震缝的构造

防震缝在墙身、楼地板层及屋顶各部分的构造基本与伸缩缝、沉降缝相似。因缝宽较大，在构造处理时，应特别考虑盖缝防护措施，如图 4-71 所示。

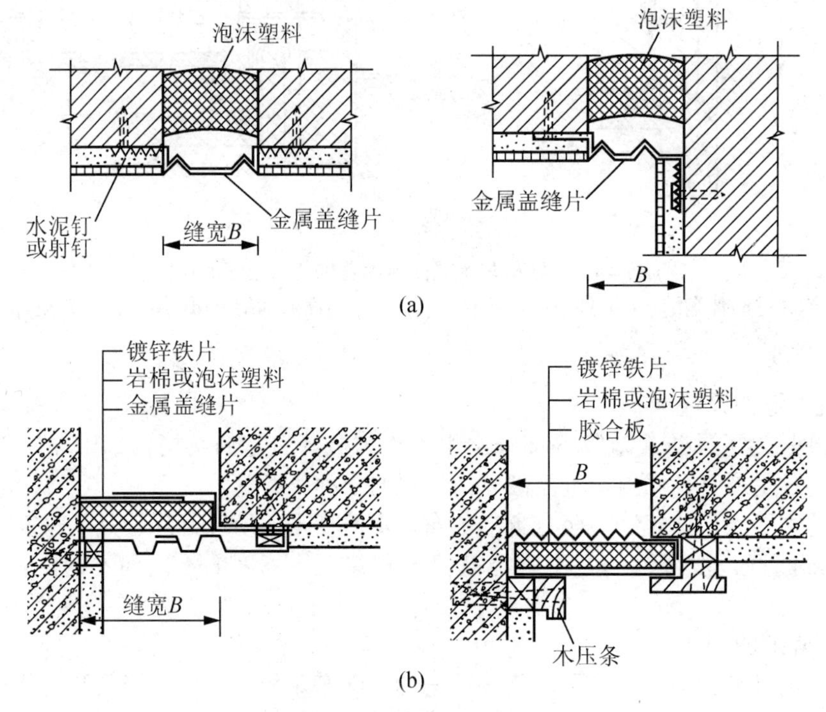

图 4-71　墙身防震缝构造

(a) 外墙防震缝；(b) 内墙防震缝

标准链接

有关的标准有《民用建筑设计通则》(GB 50352—2005) 、《住宅设计规范》(GB 50096—2011)、《办公建筑设计规范》(JGJ 67—2006)、《商店建筑设计规范》(JGJ 48—2014)、《建筑地面设计规范》(GB 50037—2014)、《无障碍设计规范》(GB 50763—2012 、《建筑设计防火规范》(GB 50016—2014) 等。

"建筑构造实训"实施细则

一、"建筑构造实训"课程的有关说明

1. 实训的作用

"建筑构造实训"是让学生掌握建筑主要构造，同时熟悉建筑构造施工图。

2. 实训的目的和要求

(1) 掌握主要建筑构造的设计方法和步骤，熟悉建筑构造设计的主要内容和深度。

(2) 熟悉相关建筑制图规范，能识读建筑施工图，初步具备绘制建筑施工图的一定能力。

二、"建筑构造实训"的内容和要求(表 4-3)

表 4-3 "建筑构造实训"的内容要求

序号	名称	内容与要求	学时	建议做法
1	墙身构造设计	墙身节点(包括散水或明沟、勒脚、窗台、墙身防潮层、过梁或圈梁、地坪层和楼板层及内外墙装修)	8	提供建筑的平面图、剖面图及必要的资料和条件，要求按指定位置设计墙身节点并画出详图
2	楼梯构造设计	半剖面、剖面图、节点详图	8	按提供的楼梯间尺寸和使用要求，确定楼梯尺寸和构造，并画出楼梯图
3	屋面排水及节点设计	屋顶平面图、节点详图	6	按提供的平面图和必要的资料和条件决定排水方案，设计节点并画出详图
4	建筑施工图的识读	系统学习建筑施工图的基本内容和知识，掌握识图的要点和基本技巧	8	按提供的一套建筑施工图纸，回答相应问题

三、"建筑构造实训"的教学形式与媒体

(1) 教学形式有：自学、教师助学、综合练习等。

(2) 实训是实践性较强的过程，学生在自学的基础上，应充分利用多种媒体教材进行学习，认真完成规定数量的习题作业。

(3) 教师助学时，要严格要求，注意培养学生的自学能力和严谨细致的工作作风。

(4) "建筑构造实训"课程的主要参考教材为本专业使用的教材《房屋建筑构造》《房屋建筑学学习指导》。

四、最终提交的成果和考核方式

1. 最终提交成果(表 4-4)

表 4-4 最终提交成果

序号	名称	内容与要求
1	绘制墙身剖面详图，比例 1∶10 或 1∶20	参照教材墙身大样图
2	绘制楼梯平面图 3 个，比例 1∶50 绘制楼梯剖面图 1 个，比例 1∶50 绘制楼梯踏步详图 1～3 个	参照教材楼梯图

续表

序号	名称	内容与要求
3	绘制屋顶排水平面图 1 个，比例 1：100 或 1：200 绘制屋顶节点详图 2～3 个，比例 1：10 或 1：20	参照教材屋顶排水图
共计	3 张 3 号图纸	手工铅笔绘制(复印、打印无效)

2. 成绩评定

本课程的终结考核成绩满分 100，由两部分组成，口试成绩占 20%，最终提交成果占 80%。

课程指导教师给出成绩,学期末将最终提交成果和成绩单一并报课程责任教师处签字确认。口试由各教学班在课程结束后组织实施。

【点评】

“建筑构造实训”主要是使学生掌握民用建筑构造的设计方法和步骤，熟悉建筑构造设计的主要内容和深度，同时熟悉相关的建筑制图规范，能识读建筑施工图，初步具备绘制建筑施工图的一定能力，使学生能够运用所学的知识解决基建土建单位的工程实际问题，是学生将来从业必备的一项基本技能。

模块小结

建筑结构由基础、墙、柱、梁、板等基本构件组成。本模块主要介绍建筑物的体系，包括结构体系、围护体系、设备体系。根据建筑材料的不同，建筑结构可分为砌体结构(砖砌体、石砌体、砌块砌体等)、混凝土结构、钢结构、木结构等。根据结构形式的不同，建筑结构可分为混合结构、框架结构、框架-剪力墙结构、剪力墙结构、筒体结构等。围护体系是指建筑及房间各面的围挡物围护体系分透明和不透明两部分。在建筑物内，为了满足生产、生活上的需要，给人们提供卫生、舒适、安全的生活和工作环境，应设置完善的给水、排水、暖通、空调、供电、电话及火灾自动报警等设备系统。这些设备系统设置在建筑物内，统称为建筑设备体系。

基础是建筑物地面以下的承重构件，基础的类型按构造可分为：条形基础、独立基础、井格式基础、筏式基础、箱形基础和桩基础。

墙是房屋的承重构件，在建筑物中起围护、分隔作用。按墙的位置，墙分为内墙、外墙；按墙的布置方向，墙分为纵墙、横墙和山墙；按受力状况分为承重墙、非承重墙；按材料不同分为土墙、石墙、砖墙和混凝土墙等。墙体的细部构造包括勒脚、散水、明沟、窗台、门窗、过梁、圈梁等。

楼板层是多层房屋水平方向的承重构件，楼板主要由面层、结构层、附加层和顶棚层组成。按楼板所用材料的不同，可分为木楼板、砖拱楼板、钢筋混凝土楼板及压型钢板与钢梁组合的楼板。屋顶主要由屋面和支承结构组成，常见的屋顶类型有平屋顶和坡屋顶，此外还有曲面等形式的屋顶。

楼梯是建筑内部垂直交通设施，一般由梯段、平台、栏杆组成。按施工方式分有预制装配式钢筋混凝土楼梯和现浇钢筋混凝土楼梯。

门的类型按开启方式分为平开门、弹簧门、推拉门、折叠门、转门等。窗主要由窗框、窗扇、五金件和附件四部分组成，主要有固定窗、平开窗、悬窗、立转窗、推拉窗等。

伸缩缝的设置范围只需将建筑物的墙体、楼板层、屋顶等基础以上部分全部断开，基础部分因埋于地下，受温度变化影响较小，可不必断开。

复习思考题

一、填空题

1. 建筑物的体系构成是依据建筑物的机能来进行划分的，包括____________、____________、____________三大组成部分。

2. 根据建筑材料的不同，建筑结构可分为____________、____________、____________、____________、____________等。

3. 建筑物有__________、__________、__________、__________、__________、__________六大基本组成构件。

4. 按基础的受力性能分____________、____________。

5. 地面通常是指建筑物的地坪。为了使地面上面的荷载均匀地传递到土层上，所以一般地面的组成，除了________外，还有承受荷载的________、________。

6. 平屋顶的排水方式分为____________和__________两大类。

7. 楼梯一般包括____________、____________、____________、____________等组成部分。

8. 建筑物中所设的变形缝通常有 3 种类型，即__________、__________和________。

二、选择题

1. 由室外设计地面到基础底面的垂直距离，称为__________。

A. 基础的埋深　　B. 基础的高度　　C. 基础的宽度　　D. 基础的跨度

2. 在保证坚固和安全的前提下，从经济和施工的角度考虑，对一般民用建筑基础应尽量设计为浅基础，但最小埋深不得__________。

A. 大于 5m　　B. 小于 0.5m　　C. 小于 5m　　D. 大于 0.5m

3. 为了防止雨水对墙基的侵蚀，常在外墙四周将地面做成向外倾斜的坡面，这一坡面称散水或护坡。散水坡度向外设 3%～5 %，宽度________mm，并要求出檐 150～200mm。

A. 大于 6000　　B. 500～1000　　C. 600～1000　　D. 大于 500

4. 当墙体上开设门、窗洞口时，为了支撑洞孔上部砌体传来的荷载，并将这些荷载传给窗间墙，常在门、窗洞口上设置__________。

A. 圈梁　　B. 基础梁　　C. 主梁　　D. 过梁

5. 在砌体房屋墙体的规定部位，按构造配筋，并按先砌墙后浇灌混凝土柱的施工顺序制成的混凝土柱是____________。

A. 圈梁　　B. 勒脚　　C. 构造柱　　D. 过梁

6. 平屋顶屋面的常用坡度为____________。

A. ≥10%　　B. ≤10%　　C. <5%　　D. >5%

7. 楼梯的踏步数应满足____________要求。

A. ≥3，≤18　　B. ≤12　　C. ≥3　　D. ≤18

8. 通常楼梯段一侧靠墙，另一侧临空，为保证安全，需在临空一侧设置栏杆或栏板。在栏杆或栏板的上面安置扶手。扶手的高度，一般应高出踏步________ mm 左右。

A. 1100　　B. 900　　C. 600　　D. 1000

9. 为预防建筑物各部分由于不均匀沉降引起的结构内部附加应力和变形过大，导致其发生裂缝、倾斜，甚至破坏而设置的一种变形缝是____________。

A. 温度缝　　B. 防震缝　　C. 沉降缝　　D. 斜缝

10. 一般情况下，需要从建筑物基础底面至屋顶全部断开的变形缝是__________。

A. 启口缝　　B. 温度缝　　C. 防震缝　　D. 沉降缝

三、简答题

1. 围护体系应具有哪些性能？
2. 什么叫建筑给排水系统？
3. 基础和地基有什么区别和联系？
4. 影响基础的埋置深度因素主要有哪些？
5. 基础、地基与荷载相互关系有哪些？
6. 墙体按位置、布置方向、受力情况和材料的不同可分为哪几类？
7. 砖混结构中横墙承重、纵墙承重、纵横墙混合承重和部分框架承重布置方案各有什么特点？
8. 常见的砖墙组砌方式有哪些？
9. 按楼板所用材料的不同，楼板的常见类型有哪些？
10. 现浇整体式钢筋混凝土楼板按受力和传力情况分为哪些类型？各有什么特点？
11. 常用的地面有几种？其构造如何？
12. 屋顶是由哪几部分组成？其主要功能是什么？
13. 影响屋顶坡度的因素有哪些？平屋顶与坡屋顶是如何区分的？
14. 屋顶的排水方式主要有哪些？它们有何优缺点？
15. 卷材防水屋面的构造层有哪些？各层是如何做的？
16. 什么是涂膜防水屋面？
17. 坡屋顶的承重方式有哪些？
18. 坡屋顶的檐口做法有哪些？
19. 楼梯是由哪几部分组成的？各组成部分的作用是什么？
20. 常见的楼梯有哪几种形式？
21. 楼梯为什么要设置栏杆？栏杆的扶手高度一般是多少？
22. 楼梯的净高指的是什么？一般净高是多少？
23. 现浇钢筋混凝土楼梯有哪些类型？各有何特点？
24. 简述门窗的主要功能。
25. 简述门窗的种类和构造。
26. 一般民用建筑的门高度和宽度的尺寸如何？
27. 一般平开窗的窗扇宽度和高度尺寸如何？
28. 什么是伸缩缝？墙体伸缩缝构造如何？
29. 沉降缝与伸缩缝的区别是什么？
30. 基础沉降缝是如何处理的？

模块 5

建筑工程设计

学习目标

了解中国传统的建筑文化、建筑结构设计的相关内容。掌握建筑设计程序、建筑设计原则。熟悉建筑设计依据、建筑设计要求。

学习要求

能力目标	知识要点	权重
中国传统的建筑文化	建筑文化、中国建筑文化的发展、中国古建筑	15%
建筑设计程序	设计前的准备工作、设计阶段的划分、初步设计、技术设计、施工图设计	25%
建筑设计依据	尺度、空间、气候条件、地形地质条件、地震烈度、建筑模数、建筑等级	10%
建筑设计要求	满足建筑功能要求、采用合理的技术措施、具有良好的经济效果、考虑建筑物美观要求、符合总体规划要求	15%
建筑设计原则	统一、对比、均衡、韵律、比例、色彩	25%
建筑结构设计	结构设计方法、钢筋混凝土结构设计、砌体结构设计	10%

导入案例

【建筑特色】

2006 年 10 月建成的苏州博物馆新馆，设计者为著名的建筑设计大师贝聿铭。这座投资达 3.39 亿元的新馆建筑和相伴的忠王府古建筑交相辉映，总建筑面积 26500m^2，其中忠王府建筑面积 7500 m^2，地面一层为主，局部二层；新馆建筑面积 19000 m^2，为充分尊重所在街区的历史风貌，博物馆新馆采用地下一层，地面也是以一层为主，主体建筑檐口高度控制在 6m 之内；中央大厅和西部展厅安排了局部二层，高度 16m。“修旧如旧”的忠王府古建筑作为苏州博物馆新馆的一个组成部分，与新馆建筑珠联璧合，从而使苏州博物馆新馆成为一座集现代化馆舍建筑、古建筑与创新山水园林三位一体的综合性博物馆。

在整体布局上，新馆巧妙地借助水面，与紧邻的拙政园、忠王府融会贯通，成为其建筑风格的延伸。新馆建筑群坐北朝南，被分成三大块：中央部分为入口、中央大厅和主庭院；西部为博物馆主展区；东部为次展区和行政办公区。这种以中轴线对称的东、中、西三路布局和东侧的忠王府格局相互映衬，十分和谐。新馆与原有拙政园的建筑环境既浑然一体，相互借景、相互辉映，符合历史建筑环境要求，又有其本身的独立性，以中轴线及园林、庭园空间将两者结合起来，无论空间布局和城市机理都恰到好处。

新馆正门对面的步行街南侧，为河畔小广场。小广场两侧按“修旧如旧”原则修复的一组沿街古建筑，古色古香，成为集书画、工艺、茶楼、小吃等于一体的公众服务配套区。

【设计风格】

新的博物馆庭院，较小的展区，以及行政管理区的庭院在造景设计上摆脱了传统的风景园林设计思路，而新的设计思路是为每个花园寻求新的导向和主题，把传统园林风景设计的精髓不断挖掘提炼并形成未来中国园林建筑发展的方向。

尽管白色粉墙将成为博物馆新馆的主色调，以此把该建筑与苏州传统的城市机理融合在一起，但是，那些到处可见的、千篇一律的灰色小青瓦坡顶和窗框将被灰色的花岗岩所取代，以追求更好的统一色彩和纹理。博物馆屋顶设计的灵感来源于苏州传统的坡顶景观——飞檐翘角与细致入微的建筑细部。然而，新的屋顶已被重新诠释，并演变成一种新的几何效果。玻璃屋顶将与石屋顶相互映衬，使自然光进入活动区域和博物馆的展区，为参观者提供导向并让参观者感到心旷神怡。玻璃屋顶和石屋顶的构造系统也源于传统的屋面系统，过去的木梁和木椽构架系统将被现代的开放式钢结构、木作和涂料组成的顶棚系统所取代。金属遮阳片和怀旧的木作构架将在玻璃屋顶之下被广泛使用，以便控制和过滤进入展区的太阳光线。

新馆建筑与创新的园艺是互相依托的，贝聿铭设计了一个主庭院和若干小内庭院，布局精巧。其中，最为独到的是中轴线上的北部庭院，不仅使游客透过大堂玻璃可一睹江南水景特色，而且庭院隔北墙直接衔接拙政园之补园，新旧园景融为一体。

据说，位于中央大厅北部的主庭院的设置是最让贝聿铭煞费苦心的。主庭院东、南、西三面由新馆建筑相围，北面与拙政园相邻，大约占新馆面积的 1/5 空间。这是一座在古典园林元素基础上精心打造出的创意山水园，由铺满鹅卵石的池塘、片石假山、直曲小桥、八角凉亭、竹林等组成，既不同于苏州传统园林，又不脱离中国人文气息和神韵。山水园隔北墙直接衔接拙政园之补园，水景始于北墙西北角，仿佛由拙政园西引水而出；北墙之下为独创的片石假山。当问及为何不采用传统的太湖石时，贝聿铭曾说过，传统假山艺术已无法超过。一辈子创新的大师，不愿步前人的后尘。这种“以壁为纸，以石为绘”，别具一格的山水景观，呈现出清晰的轮廓和剪影效果。使人看起来仿佛与旁边的拙政园相连，新旧园景笔断意连，巧妙地融为了一体。这种在城市机理上的嵌合，还表现在东北街河北侧 1～2 层商业建筑的设计，新馆入口广场和东北街河的贯通；亲仁堂和张氏义庄整体移建后作为吴门画派博物馆与民族博物馆区相融合，保留忠王府西侧原张宅“小姐楼”(位于补园南、行政办公区北端)作为饭店和茶楼用等；新址内唯一值得保留的挺拔玉兰树也经贝先生设计，恰到好处地置于前院东南角。

【点评】

绿色建筑区别于单纯的生态建筑和节能建筑，具有综合人居环境、资源节约和环境保护三大主题的一体化概念内涵，引领未来建筑朝可持续发展的方向进步。在设计中，要全面系统地考虑各方面的因素，遵照“因地制宜”的原则进行设计，同时，强调对舒适度、健康标准和文化心理等人文精神的体现。贝聿铭的苏州博物馆，不仅在对于中国古代文化内涵的发掘与发挥上有重大突破，更将它与现代流行的绿色建筑融为一体，必将成为当代建筑领域中心最沁人心脾的伟大创造。

5.1 中国传统的建筑文化

5.1.1 建筑文化

中国建筑是中国文化中最具独特魅力的部分，是中国文化的标志和象征。建筑是历史的纪念碑，中国的传统建筑就是一部凝固的史书，每个时期的建筑充分融合历史学、文化学、宗教学、哲学、美学等不同学科的知识，如秦砖汉瓦、隋唐寺塔、两宋祠观、明清帝宫、都市城防等。皇家宫殿，封建帝王展示强大权力的雄壮空间；私家园林，古代知识分子寻求心灵宁静的乐土；宗堂祠庙，传统家国文化与家族文化的省思舍；塞外雄关，历代英雄壮士热血忠魂的萦绕之地。

建筑文化是人类文明长河中产生的一大物质内容和地域文化特色的亮丽风景，是人类生活与自然环境不断作用的产物。在不同的时代，建筑文化内涵和风格是不一样的；在不同的地域，建筑文化也完全不同，例如，中国北方的建筑文化风格就与南方不同。在不同的半球位置上，也体现各种建筑价值观的区别，例如东方和西方建筑风格就不一样。

中国传统建筑以汉族建筑为主流，主要包括如城市、宫殿、坛庙、陵墓、寺观、佛塔、石窟、园林、衙署、民间公共建筑、景观楼阁、王府、民居，长城、桥梁大致十五种类型，以及如牌坊、碑碣、华表等建筑小品。它们除了有前述基本共通的发展历程以外，又有时代、地域和类型风格的不同。

如基于中国长期的宗法社会土壤，中国建筑以宫殿和都城规划的成就最高，突出了皇权至上的思想和严密的等级观念，体现了古代中国占统治地位的政治伦理观。宫殿从夏代已经萌芽，隋唐达到高峰，明清更加精致。西周已形成了完整的都城规划观念，重视规整对称突出王宫的格局。隋唐长安、元大都和明清北京，是中国历史最负盛名的三大帝都。

中国的帝王陵墓建筑体现了宗法伦理观念；佛教建筑包括佛寺、佛塔和石窟，还有石幢、石灯等建筑小品体现了中国人的审美观和文化性格，充满了宁静、平和而内向的氛围；

园林建筑被欧洲人誉为“世界园林之母”。

中国建筑特别重视群体组合的美。群体组合常取中轴对称的严谨构图方式，但有些类型如园林、某些山林寺观和某些民居则采用了自由式组合。不管哪种构图方式，都十分重视对中和、平易、含蓄而深沉的美学性格的追求，体现了中国人的民族审美习惯，而与欧洲等其他建筑体系突出建筑个体的放射外向性格、体形体量的强烈对比等有明显差别。

中国建筑与世界其他所有建筑体系都以砖石结构为主不同，是独具风姿的唯一以木结构为主的体系。结构不但具有工程技术的意义，其机智而巧妙的组合所显现的结构美和装饰美，本身也是建筑美的内容，尤其木结构体系，其复杂与精微都为砖石结构所不及，体现了中国人的智慧。

5.1.2 中国建筑文化的发展

建筑无论是从实体还是从其学术的概念来讲，都在证明着自己是人类物质文明与精神文明的产品，它本身就是一种文化类型的代表，它沉淀着人类文明发展的步伐，是人类文明的一部“石头史书”。

作为人类劳动的最主要的创造物之一的建筑，可以说是构成人类文化的一个重要部分。建筑文化的价值，就是建筑的社会文明价值，是建筑的格调和责任，是一个社会总的生活模式、生活水平和生活情趣的写照。

建筑活动这一人类共有的活动，由于地域环境、人文因素、社会条件的影响，世界各地形成了丰富多彩的，具有地方的、民族的特色建筑文化。尤其在中国这样一个地域辽阔的、有着五千年悠久文明史的多民族国家，形成一套完整的建筑体系和有着自己特色的建筑文化是毋庸置疑的。这种文化既有别于古巴比伦的拱券文化，也不同于古希腊的柱式文化。中国建筑的文化产生于中国这片特定的土壤，离不开产生它的民族土壤、离不开对传统文化的继承和延续。因此，中国建筑的文化有自己的特色并且丰富多彩，从珠江流域的岭南建筑(图 5-1)文化、西南地区的山地建筑(图 5-2)文化到西藏的藏居(图 5-3)、羌族的碉楼建筑(图 5-4)、钱塘江上游新安江流域的徽派建筑(图 5-5)等，都体现了中国建筑文化中人与建筑、与环境融合以及“天人合一”的哲学理念。

图 5-1　岭南建筑

图 5-2　西南地区的山地建筑

正是在这些文化思想的指导下，中国的建筑形式形成了自己特有的风格，如颇具华丽气质的北方四合院(图 5-6)、开敞的苗族吊脚楼(图 5-7)、秀丽的傣族竹楼(图 5-8)和黄土高原的窑洞(图 5-9)等，这些建筑都是产生、发展在这片土壤中的建筑精品。

图 5-3 西藏的藏居

图 5-4 羌族的碉楼

图 5-5 徽派建筑

图 5-6 北京四合院

图 5-7 苗族吊脚楼

图 5-8 傣族竹楼

图 5-9 窑洞

5.1.3 建筑人居环境学

建筑人居环境学是一门研究建筑物“人居环境”的学科。所谓人居环境是一门察天观地的科学，就是古代的一门有关“生气”的术数，只有在避风聚水的情况下，才能得到“生气”。那么，所说的“生气”又是什么呢？据《吕氏春秋-季春》云：“生气方盛，阳气发泄。”“生气”是万物生长发育之气，是能够焕发生命力的元素。

人居环境学是中国传统建筑的灵魂。人居环境学与中国营造学和中国造园等构成了中国古代建筑理论的三大支柱。人居环境实际是地理学，气象学，生态学，规划学和建筑学的一种综合的自然科学。它是关于“理”“数”“气”“形”的理论体系，这一体系遵行法则为自然的法则、自然的数值比、自然的气息、自然的外形。

人居环境是一门艺术，它通过对事物的安排，从建筑奠基到室内装饰，企图对一定场所内的气势施加影响。它有助于人们利用大地的自然力量，利用阴阳之平衡，来获得吉祥之气，从而促进健康，增加活力。

人居环境，作为中国古代的建筑理论，可以说是中国传统建筑文化的重要组成部分。它蕴含着自然知识、人生哲理以及传统的美学、伦理观念等诸多方面的丰富内容。实际上，人居环境也可以说是中国古代神圣的环境理论和方位理论。人居环境理论，在景观方面，注重人文景观与自然景观的和谐统一；在环境方面，又格外重视人工自然环境与天然自然环境的和谐统一。人居环境理论的宗旨是，勘查自然，顺应自然，有节制地利用和改造自然，选择和创造出适合于人的身心健康及其行为需求的最佳建筑环境，使之达到阴阳之和、天人之和、身心之和的至善境界。

5.2 建筑设计

5.2.1 建筑设计程序

1. 设计前的准备工作

(1) 掌握必要的批文。建设单位必须具有以下批文才可向设计单位办理委托设计手续。

① 主管部门的批文。上级主管部门对建设项目的批准文件，包括建设项目的使用要求、建筑面积、单方造价和总投资等。

② 城市建设部门同意设计的批文。为了加强城市的管理及进行统一规划，一切设计都必须事先得到城市建设部门的批准。批文必须明确指出用地范围(常用红色线划定)，以及有关规划、环境及个体建筑的要求。

(2) 熟悉设计任务书。设计任务书是经上级主管部门批准提供给设计单位进行设计的依据性文件，一般包括以下内容。

① 建设项目总的要求、用途、规模及一般说明。

② 建设项目的组成，单项工程的面积，房间组成，面积分配及使用要求。

③ 建设项目的投资及单方造价，土建设备及室外工程的投资分配。

④ 建设基地大小、形状、地形，原有建筑及道路现状，并附地形测量图。

⑤ 供电、供水、采暖及空调等设备方面的要求，并附有水源、电源的使用许可文件。

⑥ 设计期限及项目建设进度计划安排要求。

2. 调查研究、收集资料

除设计任务书提供的资料外，还应当收集必要的设计资料和原始数据，如建设地区的气象、水文地质资料；基地环境及城市规划要求；施工技术条件及建筑材料供应情况；与设计项目有关的定额指标及已建成的同类型建筑的资料；当地文化传统、生活习惯及风土人情等。

5.2.2 设计阶段的划分

建筑设计过程按工程复杂程度、规模大小及审批要求，划分为不同的设计阶段。一般分两阶段设计或三阶段设计。

两阶段设计是指初步设计和施工图设计两个阶段，一般的工程多采用两阶段设计。对于大型民用建筑工程或技术复杂的项目，采用三阶段设计，即初步设计、技术设计和施工图设计。

1. 初步设计阶段

初步设计的内容一般包括设计说明书、设计图纸、主要设备材料表和工程概算四部分，大型民用建筑及其他重要工程，必要时可绘制透视图、鸟瞰图或制作模型。

2. 技术设计阶段

技术设计阶段的主要任务是在初步设计的基础上进一步解决各种技术问题。技术设计的图纸和文件与初步设计大致相同，但更详细些。具体内容包括整个建筑物和各个局部的具体做法，各部分确切的尺寸关系，内外装修的设计，结构方案的计算和具体内容、各种构造和用料的确定，各种设备系统的设计和计算，各技术工种之间各种矛盾的合理解决，设计预算的编制等。

3. 施工图设计阶段

施工图设计是建筑设计的最后阶段，是提交施工单位进行施工的设计文件。施工图设计的主要任务是满足施工要求，解决施工中的技术措施、用料及具体做法。施工图设计的内容包括建筑、结构、水电、采暖通风等工种的设计图纸、工程说明书，结构及设备计算书和概算书。

5.2.3 建筑设计依据

1. 人体尺度和人体活动所需的空间尺度

建筑物中家具、设备的尺寸，踏步、窗台、栏杆的高度，门洞、走廊、楼梯的宽度和高度，以至各类房间的高度和面积大小，都和人体尺度以及人体活动所需的空间尺度直接或间接有关。因此，人体尺度和人体活动所需的空间尺度，是确定建筑空间的基本依据之一。

2. 家具、设备和尺寸及使用空间

在进行房间布置时，应先确定家具、设备的数量，了解每件家具、设备的基本尺寸以及人们在使用它们时占用活动空间的大小。这些都是考虑房间内部使用面积的重要依据。供设计者在进行建筑设计时参考。

3. 温度、湿度、日照、雨雪、风向、风速等气候条件

气候条件对建筑物的设计有较大影响。例如，湿热地区，建筑设计要很好地考虑隔热、

通风和遮阳等问题；干冷地区，通常又希望把建筑的体型尽可能设计得紧凑一些，以减少外围护面的散热，有利于室内采暖、保温。

日照和主导风向，通常是确定建筑朝向和间距的主要因素，风速是高层建筑、电视塔等设计中考虑结构布置和建筑体型的重要因素，雨雪量的多少对屋顶形式和构造也有一定影响。在设计前，需要收集当地上述有关的气象资料，将之作为设计的依据。

风向频率玫瑰图，即风玫瑰图，是根据某一地区多年平均统计的各个方向吹风次数的百分数值，并按一定比例绘制，一般多用 8 个或 16 个罗盘方位表示。风向频率玫瑰图上所表示的风向，指从外面吹向地区中心。

4. 地形、地质条件和地震烈度

基地地形的平缓或起伏，基地的地质构成、土壤特性和地耐力的大小，对建筑物的平面组合、结构布置和建筑体型都有明显的影响。例如，今坡度较陡的地形，常使建筑物结合地形错层建造；复杂的地质条件，要求建筑的构成和基础的设置采取相应的结构构造措施。

地震烈度指地震引起的地面震动及其影响的强弱程度。地震烈度表是评定烈度大小的尺度和标准，主要根据地震时人的感觉、器物的反应、建筑物破损程度和地貌变化特征等宏观现象综合判定划分所形成的表格。目前，我国和世界上绝大多数国家采用的是划分为 12 度的烈度表，分别用罗马数字Ⅰ、Ⅱ、Ⅲ、Ⅳ、Ⅴ、Ⅵ、Ⅶ、Ⅷ、Ⅸ、Ⅹ、Ⅺ和Ⅻ表示。

对于一次地震，表示地震大小的震级只有一个，但它对不同的地点影响程度不同。一般的，震级越大，震中的烈度越高，离震中越远，受地震影响就越小，烈度也就越低。同一次地震只有一个震级，但不同地区烈度不同，所以有多个烈度。

5. 建筑模数和模数制

为了建筑设计、构件生产以及施工等方面的尺寸协调，从而提高建筑工业化的水平，降低造价并提高建筑设计和建造的质量和速度，建筑设计应采用国家规定的建筑统一模数制。

建筑模数是选定的标准制度单位，作为建筑物、建筑构配件、建筑制品以及有关设备尺寸相互间协调的基础。根据国家制定的《建筑统一模数制》，我国采用的基本模数 M=100mm，同时由于建筑设计中建筑部位、构件尺寸、构造节点以及断面、缝隙等尺寸的不同要求，还分别采用分模数和扩大模数。

分模数 1/2M(50mm)、1/5M(20mm)、1/10M(10mm)适用于成材的厚度、直径、缝隙、构造的细小尺寸以及建筑制品的共偏差等。

基本模数 1M 和扩大模数 3M(300mm)、6M(600mm)等适用于门窗洞口、构配件、建筑制品及建筑物的跨度(进深)、柱距(开间)和层高的尺寸等。

扩大模数 12M(1200mm)、30M(3000mm)、60M(6000mm)等适用于大型建筑物的跨度(进深) 、柱距(开间)、层高及构配件的尺寸等。

6. 建筑等级划分

各类建筑物在进行设计时，还应根据建筑物的规模、重要性和使用性质，确定建筑物在使用要求、所用材料、设备条件等方面的质量标准，并且根据相应的标准确定建筑物的耐久年限和耐火等级。建筑的等级划分详见本书绪论部分。

5.2.4 建筑设计要求

1. 满足建筑功能要求

满足使用功能要求是建筑设计的首要任务。例如，设计学校时，首先要考虑教学活动的需要，教室设置应分班合理，采光通风良好，同时还要合理安排教师备课、办公、储藏和厕所等行政管理和辅助用房，并配置良好的体育场馆和室外活动场地等。

2. 采用合理的技术措施

正确选用建筑材料，根据建筑空间组合特点，选择合理的结构、施工方案，使房屋坚固耐久、建造方便。

3. 具有良好的经济效果

建造房屋是一个复杂的物质生产过程，需要大量人力、物力和资金，在房屋的设计和建造中，要因地制宜、就地取材，尽量做到节省劳动力，节约建筑材料和资金。

4. 考虑建筑物美观要求

建筑物是社会的物质和文化财富，它在满足使用要求的同时，还需要考虑人们对建筑物在美观方面的要求，考虑建筑物所赋予人们在精神上的感受。

5. 符合总体规划要求

单体建筑是总体规划中的组成部分，单体建筑应符合总体规划提出的要求。建筑物的设计，要充分考虑和周围环境的关系，如原有建筑的状况，道路的走向，基地面积大小以及绿化要求等方面和拟建建筑物的关系。

5.2.5 建筑设计原则

1. 统一原则

建筑中各组成部分，其体形、体量、色彩、线条、风格具有一定程度的相似性和一致性，给人以统一感，可产生整齐、庄严、肃穆；与此同时，为克服呆板、单调之感，应力求在统一之中有变化。统一是形式美最基本的要求，它包含两层意思：一是秩序—相对于因缺少共性的控制要素而带来的整体形态杂乱无章而言；二是变化—相对于形体要素简单重复的单调而言。

以简单的几何形体取得形式统一。在建筑学中，最主要的、最简单的一类统一，叫做简单几何形状的统一。任何简单的、容易认识的几何形状，都具有必然的统一感。通过共同的协调要素达到统一。建筑各组成部分之间或建筑形体各构成要素之间，具有相同或相似的形状或体形，它们在重复出现的过程之中流露出相互之间的一种完美的协调关系，这就大大有助于使整个建筑产生统一的效果。

突出主体——主从分明，以陪衬求统一。在一个有机统一的整体中，各组成要素应有主和从的关系，即主体与附属，一般与重点的差别，否则会因过于呆板，缺乏变化和组织松散而失去统一性。

以低衬高突出主体。利用形象变化突出主体，运用轴线的处理突出主体。建筑构图中常运用轴线来安排各组成部分间的主次关系。轴线可强调位置，主要部分安排在主轴上，从属部分则在轴线的两侧或周围。等量的二元体若没有轴线很难形成统一的整体。

2. 对比原则

在建筑构图中常利用一些(如色彩、体量、质感) 程度上的差异来取得艺术上的表现效果。差异程度显著的表现称为对比。

(1) 大小对比。在建筑构图中常用若干较小的体量来与一个较大的体量进行对比，以突出主体，强调重点。纪念性建筑常用此手法来取得雄伟的效果。

(2) 方向对比。在建筑的空间组合和立面处理中，常常用垂直与水平方向的对比以丰富建筑形象，垂直上的体型与横向展开的体型组合在一座建筑中，以求体量上不同方向的夸张(曲和直的对比也是建筑造型中常用的处理手法。)

(3) 形状对比。与方向性对比相比较，形状的对比更富有变化和新奇感。由不同形状造型组合而成的建筑形体与单一体型相比更富有变化和效果。

(4) 虚实对比。建筑形象中虚实，常常是指实墙与空洞(门、窗、空廊) 的对比。在纪念性建筑中，常用虚实对比造成严肃的气氛(虚实的巧妙结合使外观显得轻巧而端庄)。

有些建筑出于功能要求形成大面实墙，但艺术效果又不需要强调实墙面的特点，则常加以空廊或做质地处理，以虚实对比的手法打破实墙面的沉重与闭塞感。

(5) 色彩对比。色彩对比包括色相对比和色度对比两个方面。色相对比是指两个相对的补色为对比色，如红与绿、黄与紫。

3. 均衡原则

建筑构图中应当遵循均衡的原则，即关键在于有明确的均衡中心(或中轴线) 。

(1) 对称均衡。在这类均衡中，建筑物对称轴线的两旁是完全一样的，只要把均衡中心以某种巧妙的手法来加以强调，立刻给人一种安定的均衡感。

(2) 不对称均衡。不对称均衡要比对称均衡更需要强调均衡中心，要在均衡中心加上一个有力的“强音”，也可利用杠杆的平衡原理。

(3) 稳定。与均衡相关的另一个概念是稳定，均衡涉及的是建筑空间各单元左与右、前与后的相对关系，而稳定则涉及建筑整体上下之间的轻重关系。

随着现代新结构、新材料的发展，不少底层架空的建筑，利用粗糙材料的质感、浓郁的色彩、特殊的结构加强底层的厚重感，同样达到稳定的效果。

4. 韵律原则

在视觉艺术中，韵律是任何物体的诸元素成系统重复的一种属性。

(1) 连续韵律。连续韵律是指在建筑构图中由于一种或几种组成部分的连续重复排列而产生的一种韵律。距离相同，形式相同，如柱列；距离相等，形状不同，如园林展窗；不同形式交替出现的韵律，如立面上窗、柱、花饰等的交替出现。上下层不同的变化而形成的韵律。

(2) 渐变韵律。在建筑构图中其变化规则在某一方面作有规律的递增或作有规律的递减所形成的韵律。

(3) 起伏韵律。渐变的韵律如果按照一定规律时而增加，时而减少，或具有不规则的节奏感，即为起伏韵律，这种韵律较为活泼而富有运动感。

(4) 交错韵律。在建筑构图中各组成部分作有规律的纵横穿插或交错产生的韵律。其变化规律按纵横两个方面或多个方向发展，因而是一种较复杂的韵律。

5. 比例原则

比例是各个组成部分在尺度上的相互关系及其与整体的关系。

(1) 整体上(或局部构件) 的长宽高之间的关系。

(2) 建筑物整体与局部(或局部与局部) 之间的大小关系。

建筑之间的完美比例莫过于黄金分割法的成熟运用，包括建筑的长宽高、主次景的位置、建筑物内部的各个构件、门、窗、栏杆等均是如此比例。有时也可利用空间分割的灵活性和通过调整各构成要素，如窗、门、洞、线角等的比例关系来协调建筑整体的比例关系。

6. 色彩原则

色彩的处理与建筑所处空间的艺术感染力有密切的关系。运用色彩和质地来提高建筑的艺术效果，是建筑设计中常采用的手法。处理色彩质感的方法，主要是通过对比或微差取得谐调，突出重点，以提高艺术的表现力。

(1) 对比。在风景区布置点景建筑，如果突出建筑物，除了选择合适的地形方位和塑造优美的建筑空间体型外，建筑物的色彩最好采用与树丛山石等具有明显对比的颜色。

(2) 微差。空间的组成要素之间表现出更多的相同性，并使其不同性对比之下可以忽略不计时所具有的差异。为了强调亲切、宁静、雅致和朴素的艺术气氛，多采用微差的手法取得谐调和突出艺术意境。

考虑色彩和质感时，需考虑视线距离的影响。距离越远，空间中彼此接近的颜色越容易变成灰色调；而对比强烈的色彩，暖色相对会显得愈加鲜明。距离越近，质感对比越显强烈；距离增大，质感对比的效果会随之减弱。在处理建筑物墙面质感时也要考虑视线距离的远近，所选材料的品种和决定分格线条的宽窄和深度。

5.2.6 建筑设计内容

建筑物的设计一般包括建筑设计、结构设计和设备设计等几部分。建筑设计的依据文件如下。

(1) 主管部门有关建设任务的使用要求、建筑面积、单方造价和总投资的批文，以及国家有关部、委或各省、市、地区规定的有关设计定额和指标。

(2) 工程设计任务书。由建设单位根据使用要求，提出各个房间的用途、面积大小以及其他的一些要求，工程设计的具体内容、面积、建筑标准等都必须和主管部门的批文相符合。

(3) 城建部门同意设计的批文。内容包括用地范围(常用红线划定) ，以及有关规划、环境等城镇建设对拟建房屋的要求。

(4) 委托设计工程项目表。建设单位根据有关批文向设计单位正式办理委托设计的手续。规模较大的工程还常采用投标方式，委托得标单位进行设计。

设计人员根据上述有关文件，通过调查研究，收集必要的原始数据和勘测设计资料，综合考虑总体规划、基地环境、功能要求、结构施工、材料设备、建筑经济以及建筑艺术等多方面的问题，进行设计并绘制成建筑图样，编写主要设计意图的说明书，其他工种也相应设计并绘制各类图样，编制各工种的计算书、说明书以及概算和预算书。这整套设计图纸和文件便成为房屋施工的依据。

5.3　结构设计

建筑是建筑物和构筑物的总称。不论建筑物还是构筑物，都是人类在自然空间里建造的人工空间，为了能够抵抗各种外界的作用，如风雨雪、地震等，建筑物必须要有足够抵抗能力的空间骨架，这个空间骨架就是建筑物的承重骨架。建筑工程中常提到“建筑结构”一词，就是指承重的骨架，即用来承受并传递荷载，并起骨架作用的部分，简称结构。

建筑结构设计的主要内容包括根据结构构件设计以及结构专业相关的规范、图集等，确定建筑物的结构类型与结构布置，确定建筑结构各个构件的截面形状、尺寸、配筋以及某些构造措施等。建筑结构设计包括建筑物的上部结构设计和下部结构(基础) 设计。

5.3.1　结构设计的方法

建筑结构在规定的设计使用年限内应具有足够的可靠度，应满足安全性、适用性、耐久性、整体稳定性等功能要求，并做到技术先进、经济合理、安全适用、确保质量。

1. 结构极限状态

结构的极限状态是判别结构是否能够满足其功能要求的标准，是指结构或结构的一部分处于失效边缘的一种状态。当结构未达到这种状态时，结构能满足功能要求；当结构超过这一状态时，结构不能满足其功能要求，此特殊状态称为极限状态。

2. 建筑结构设计方法

(1) 工程结构设计时应区分下列设计状况。

① 持久设计状况，适用于结构使用时的正常情况。

② 短暂设计状况，适用于结构出现的临时情况，包括结构施工和维修时的情况。

③ 偶然设计状况，适用于结构出现的异常情况，包括结构遭受火灾、爆炸、撞击时的情况。

④ 地震设计状况，适用于结构遭受地震时的情况，在抗震设防地区必须考虑地震设计状况。

(2) 对于以上 4 种工程结构设计状况应分别进行下列极限状态设计。

① 对 4 种设计状况，均应进行承载能力极限状态设计。

② 对持久设计状况，尚应进行正常使用极限状态设计。

③ 对短暂设计状况和地震设计状况，可根据需要进行正常使用极限状态设计。

④ 对偶然设计状况，可不进行正常使用极限状态设计。

5.3.2　钢筋混凝土结构设计

根据《工程结构可靠性设计统一标准》(GB 50153—2008)所确定的原则，《混凝土结构设计规范》(GB 50010—2010)采用以概率理论为基础的极限状态设计方法，以可靠指标度量结构构件的可靠度，采用分项系数的设计表达式进行设计。

混凝土结构的安全等级和设计使用年限应符合现行国家标准《工程结构可靠性设计统一标准》(GB 50153—2008) 的规定。混凝土结构中各类结构构件的安全等级，宜与整个结构的安全等级相同。对其中部分结构构件的安全等级，可根据其重要程度适当调整。对于结构中重要构件和关键传力部位，宜适当提高其安全等级。

5.3.3 砌体结构设计

1. *砌体结构设计原则*

(1) 采用以概率理论为基础的极限状态设计方法，以可靠指标度量结构构件的可靠度，采用分项系数的设计表达式进行计算。

(2) 砌体结构以按承载能力极限状态设计，并满足正常使用极限状态的要求，一般情况下正常使用极限状态可由构造措施保证。

(3) 砌体结构或结构构件在设计使用年限内，在正常维护下，必须保证适合使用，而不需大修加固。

(4) 根据房屋的空间工作性能，房屋的静力计算可分为刚性方案、刚弹性方案和弹性方案。设计时可按表 5-1 确定静力计算方案。

表 5-1　房屋的静力计算方案

序号	屋盖或楼盖类别	刚性方案	刚弹性方案	弹性方案
1	整体式、装配整体和装配式无檩体系钢筋混凝土楼盖和钢筋混凝土楼盖	$S<32$	$32 \leqslant S \leqslant 72$	$S>72$
2	装配式有檩体系钢筋混凝土屋盖，轻钢屋盖和有密铺网板的木屋盖或木楼楼盖	$S<20$	$20 \leqslant S \leqslant 48$	$S>48$
3	瓦材屋面的木屋盖和轻钢屋盖	$S<16$	$16 \leqslant S \leqslant 36$	$S>36$

注：表中 S 为房屋横墙间距，其长度单位为 m。

对无山墙或伸缩缝处无横墙房屋，应按弹性方案考虑。

(5) 刚性和刚弹性方案房屋的横墙应符合下列要求:横墙中开有洞口时，洞口的水平截面面积不应超过横墙截面面积的 50%；横墙的厚度不应小于 180mm；单层房屋的横墙长度不宜小于其高度，多层房屋的横墙长度不宜小于 $H/2$(H 为横墙的总高度) 。

(6) 弹性方案房屋的静力计算，可按屋架或大梁与墙柱为铰接的，不考虑空间工作的平面排架或框架计算。刚弹性方案房屋的静力计算，可按屋架或大梁与墙柱为铰接的并考虑空间工作的平面排架或框架计算。

2. *砌体结构设计的材料选用*

(1) 承重结构的块材的强度等级，应按下列规定采用。

① 烧结普通砖、烧结多孔砖的强度等级：MU30、MU25、MU20、MU15、MU10。

② 蒸压灰砂普通砖、蒸压粉煤灰普通砖的强度等级：MU25、MU20、MU15。

③ 混凝土普通砖、混凝土多孔砖的强度等级：MU30、MU25、MU20、MU15。

④ 混凝土砌块的强度等级：MU20、MU15、MU10、MU7.5 和 MU5。

⑤ 石材的强度等级：MU10、MU80、MU60、MU50、MU40、MU30 和 MU20。

(2) 自承重墙的空心砖、轻骨料混凝土砌块的强度等级，应按下列规定采用。

① 空心砖的强度等级：MU10、MU7.5、MU5 和 MU3.5。

② 轻骨料混凝土砌块的强度等级：MU10、MU7.5、MU5、MU3.5 和 MU2.5。

(3) 砂浆的强度等级应按下列规定采用。

① 烧结普通砖和烧结多孔砖砌体采用的砂浆强度等级：M15、M10、M7.5 和 M5。

② 混凝土普通砖、混凝土多孔砖、单排孔混凝土砌块和轻骨料混凝土砌块砌体用砂浆的强度等级：Mb20、Mb15、Mb10、Mb7.5 和 Mb5。

③ 孔洞率不大于 35%的双排孔或多排孔轻骨料混凝土砌块用砂浆的强度等级：Mb10、Mb7.5 和 Mb5。

④ 蒸压灰砂普通砖、蒸压粉煤灰普通砖砌体用砂浆的强度等级：Ms15、Ms10、Ms7.5 和 Ms5。

⑤ 毛料石、毛石砌体用砂浆的强度等级：M7.5、M5。

注：确定砂浆强度等级时应采用同类块体为砂浆试块底模。

有关的标准有《民用建筑设计通则》(GB 50352—2005) 、《住宅设计规范》(GB 50096—2012) 、《办公建筑设计规范》(JGJ 67—2006) 、《商店建筑设计规范》(JGJ 48—2014) 、《建筑地面设计规范》(GB 50037—2014) 、《无障碍设计规范》(GB 50763—2012) 、《建筑设计防火规范》(GB 50016—2014) 、《砌体结构设计规范》(GB 50003—2011) 、《工程结构可靠性设计统一标准》(GB 50153—2008)、《混凝土结构设计规范》(GB 50010—2010)等。

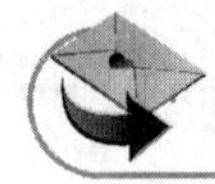

阅读案例

某建筑设计研究院受托完成某单位办公楼工程设计，2010 年 4 月，工程主体施工已接近尾声，委托人发现地下消防水池地板拱起、开裂，遂委托建设工程安全检测中心对其进行检测，结论是设计人员对地下水水位估计不足，所设计的水池地板偏薄，消防水池底板在水压作用下承载力不足。由此产生的加固费用为 20 万元。

【点评】

设计研究院的设计人员对建筑所在地的地质、地形进行仔细勘察，是设计人员的重要义务。在本案中，尽管设计人员对有关水文情况进行了分析，但由于其工作技能、设备及地质原料不足等原因，甲设计研究院未能准确估计水文情况，导致所设计的水池底板偏薄，造成了一定的经济损失。不管以后是从事造价工作，或者设计工作，或者施工工作，严谨的工作态度都是我们必须具备的。

模块小结

建筑是历史的纪念碑，从某种意义上讲，中国的传统建筑就是一部凝固的史书，它集中国传统的政治、经济、文化、哲学、伦理观念、科学技术等为一体。更确切地说，中国传统文化的理念在传统建筑中得到了充分运用。中国传统的建筑文化主要介绍建筑文化的含义，中国建筑文化的发展以及中国古建筑。

建筑设计程序主要包括设计前的准备工作、设计阶段的划分、初步设计、技术设计、施工图设计这几个阶段。

建筑设计依据主要包括设计时有关的尺度、空间、气候条件、地形地质条件、地震烈度、建筑模数、建筑等级等要求。

建筑设计要求主要是满足建筑功能要求、采用合理的技术措施、具有良好的经济效果、考虑建筑物美观要求、符合总体规划要求等。

建筑设计的原则是统一、对比、均衡、韵律、比例、色彩。

建筑结构设计部分主要介绍了结构设计方法、钢筋混凝土结构设计、砌体结构设计等内容。

复习思考题

一、填空题

1. 建筑工程设计过程按工程复杂程度、规模大小及审批要求，划分为不同的设计阶段。对于大型民用建筑工程或技术复杂的项目，采用三阶段设计，即__________、__________和__________。

2. 根据国家制定的《建筑统一模数制》，我国采用的__________，同时由于建筑设计中建筑部位、构件尺寸、构造节点以及断面、缝隙等尺寸的不同要求，还分别采用__________和__________。

3. 建筑设计原则包括__________、__________、__________、__________、__________、__________。

4.建筑设计依据是__________、__________、__________、__________、__________、__________。

5. 建筑物的设计一般包括__________、__________和__________等几部分。

二、选择题

1.根据国家制定的《建筑统一模数制》，我国采用的基本模数 M=__________mm。

A. 100　　B. 200　　C. 300　　D. 50

2. 适用于成材的厚度、直径、缝隙、构造的细小尺寸以及建筑制品的共偏差等的模数是_____。

A. 基本模数　　B. 分模数　　C. 扩大模数　　D. 建筑模数

3. 下列模数属于扩大模数的是__________。

A. 1/2M　　B. 1/5M　　C. 1/10M　　D. 12M

4. 建筑设计过程按工程复杂程度、规模大小及审批要求，划分为不同的设计阶段，其中两阶段设计是__________。

A. 技术设计和施工图设计　　B. 初步设计和施工图设计

C. 初步设计和技术设计　　D. 建筑设计和施工图设计

三、简答题

1. 什么是建筑？

2. 简述中国传统建筑的特点。

3. 简述中国古建筑的特征。
4. 简述中国古建筑的结构。
5. 什么是结构？
6. 混凝土结构有哪些特点？
7. 结构设计应满足哪些功能要求？

模块6 建筑工程施工

学习目标

了解建筑施工的有关规范、现代施工技术。掌握建筑施工工序、基础工程施工、结构工程施工。

学习要求

能力目标	知识要点	权重
建筑施工的有关规范	《现行建筑施工规范大全》:《地基与基础》《主体结构》《建筑装饰装修》《专业工程》《施工技术》《材料及应用》《检测技术》《质量验收》《安全卫生》《施工组织与管理》	5%
建筑施工工序	承揽施工工程、签订工程承包合同、施工准备工作、定位放线、土方开挖、验槽、基础施工和验收、主体施工及验收、屋面工程、室内外装修、室外工程、竣工验收	30%
基础工程施工	基坑土方施工、路基工程与软地基施工、土石方爆破、深基础施工	30%
结构工程施工	砌筑材料与砌筑脚手架、钢筋混凝土工程施工、预应力混凝土工程施工、结构安装工程施工	30%
现代施工技术	现代施工技术的特点、现代施工技术	5%

导入案例

【事故过程】

某综合楼建筑面积3600m^2，是一幢10层凹形平面建筑，一、二层为商店，三层以上为住宅。一、二层层高为3.5m，三层以上层高为3.0m，总高31m。基础为钢筋混凝土灌注桩基础，采用泥浆护壁成孔施工方法。主体结构采用钢筋混凝土梁、板、柱的框架结构，采用C25混凝土，加气混凝土砌块填充墙，在主体结构施工过程中，三层混凝土部分试块强度达不到要求，实际强度经测试论证仍然达不到要求。

【分析原因】

该建筑物主体结构混凝土强度低的原因如下。

1.配置混凝土所用原材料的材质不符合国家标准的规定。

2.拌制混凝土时没有法定检测单位提供的混凝土配合比实验报告，或操作中混凝土配合比有误。

3.拌制混凝土时投料不按配合比计量，或计量有误。

4.混凝土拌制、运输、浇筑、养护不符合规范要求。

【点评】

对于施工单位和工程质量监督部门而言，就工程施工过程中进行材料的准备、材料的计量、施工过程规范化及监督及时到位等都非常重要，因为这直接影响了工程的质量及工程的成本。随着建筑工程质量安全制度的不断完善，施工规范的贯彻执行及监督力度直接影响着工程的质量及进度、成本等。我们需要根据工程施工需要严格材料准备及计量、规范施工程序、加强监督等。随着新材料、新工艺的不断发展和工程质量保障制度的不断完善，了解各种工种的施工规范及材料的特性、用途、技术标准，不管以后是从事施工、设计、造价、监理工作等，都是我们必须要熟悉的知识。

6.1 概述

建筑工程施工是以施工过程中不同工种施工为研究对象，根据其特点和规模，结合工程所在地的地质水文条件、气候条件、机械设备和材料供应等客观条件，运用先进技术，研究其施工规律，保证工程质量，做到技术和经济的统一。即通过对建筑工程主要工种施工的施工工艺原理和施工方法，保证工程质量和施工安全措施的研究，选择最经济、最合理的施工方案，保证工程按期完成。

6.1.1 建筑施工规范

随着科研、设计、施工、管理实践中客观情况的变化，国家工程建设标准主管部门不断地进行标准规范制订、修订和废止的工作。国家现行建筑施工规范的制订和发行，对于统一建筑技术经济需求，提高建筑科学管理水平，保证建筑工程质量，加快基本建设步伐，都起到了决定性的作用。

在《现行建筑施工规范大全》中收录的标准规范162本，分为《地基与基础》《主体结构》《建筑装饰装修》《专业工程》《施工技术》《材料及应用》《检测技术》《质量验收》《安全卫生》《施工组织与管理》等十部分。

《现行建筑施工规范大全》中部分规范:《膨胀土地区建筑技术规范》(GB 50112—2013)、《建筑基坑支护技术规程》(JGJ 120—2012)、《既有建筑地基基础加固技术规范》(JGJ 123—2012)、《湿陷性黄土地区建筑基坑工程安全技术规程》(JGJ 167—2009)、《高层建筑筏形与箱形基础技术规范》(JGJ 6—2011)、《建筑地基处理技术规范》(JGJ 79—2012)、《建筑桩基技术规范》(JGJ 94—2008)、《复合土钉墙基坑支护技术规范》(GB 50739—2011)、《复合地基技术规范》(GB/T 50783—2012)、《建筑边坡工程鉴定与加固技术规范》(GB 50843—2013)、《现浇混凝土大直径管桩复合地基技术规程》(JGJ/T 213—2010)、《大直径扩底灌注桩技术规程》(JGJ/T 225—2010)、《混凝土结构工程施工规范》(GB 50666—2011)、《钢筋焊接网混凝土结构技术规程》(JGJ 114—2014)、《冷轧扭钢筋混凝土构件技术规程》(JGJ 115—2006)、《混凝土结构后锚固技术规程》(JGJ 145—2013)、《装配式混凝土结构技术规程》(JGJ 1—2014)、《冷拔低碳钢丝应用技术规程》(JGJ 19—2010)、《高层建筑混凝土结构技术规程》(JGJ 3—2010)、《无粘结预应力混凝土结构技术规程》(JGJ 92—2016)、《混凝土小型空心砌块建筑技术规程》(JGJ/T 14—2011)、《种植屋面工程技术规程》(JGJ 155—2013)、《智能建筑工程施工规范》(GB 50606—2010)、《钢筋焊接及验收规程》(JGJ 18—2012)、《预应力筋用锚具、夹具和连接器应用技术规程》(JGJ 85—2010)、《塔式起重机混凝土基础工程技术规程》(JGJ/T 187—2009)、《清水混凝土应用技术规程》(JGJ 169—2009)、《补偿收缩混凝土应用技术规程》(JGJ/T 178—2009)、《混凝土强度检验评定标准》(GB/T 50107—2010)、《粉煤灰混凝土应用技术规范》(GB/T 50146—2014)、《普通混凝土拌合物性能试验方法标准》(GB/T 50080—2016)、《普通混凝土力学性能试验方法标准》(GB/T 50081—2002)、《轻骨料混凝土结构技术规程》(JGJ 12—2006)、《普通混凝土用砂、石质量及检验方法标准》(JGJ 52—2006)、《普通混凝土配合比设计规程》(JGJ 55—2011)、《混凝土用水标准》(JGJ 63—2006)、《砌筑砂浆配合比设计规程》(JGJ/T 98—2010)、《混凝土小型空心砌块建筑技术规程》(JGJ/T 14—2011)、《早期推定混凝土强度试验方法标准》(JGJ/T 15—2008)、《建筑砂浆基本性能试验方法标准》(JGJ/T 70—2009)、《预应力混凝土结构设计规范》(JGJ369—2016)、《混凝土结构试验方法标准》(GB/T 50152—2012)、《砌体工程现场检测技术标准》(GB/T 50315—2011)、《木结构试验方法标准》(GB/T 50329—2012)、《建筑结构检测技术标准》(GB/T 50344—2004)、《建筑工程建筑面积计算规范》(GB/T 50353—2013)、《建筑桩基技术规范》(JGJ 94—2008)、《建筑工程饰面砖粘结强度检验标准》(JGJ 110—2017)、《贯入法检测砌筑砂浆抗压强度技术规程》(JGJ/T 136—2017)、《混凝土中钢筋检测技术规程》(JGJ/T 152—2008)、《回弹法检测混凝土抗压强度技术规程》(JGJ/T 23—2011)、《砌体结构工程施工质量验收规范》(GB 50203—2011)、《木结构工程施工质量验收规范》(GB 50206—2012)、《智能建筑工程质量验收规范》(GB 50339—2013)、《建设工程施工现场消防安全技术规范》(GB 50720—2011)、《建筑施工扣件式钢管脚手架安全技术规范》(JGJ 130—2011)、《建筑拆除工程安全技术规范》(JGJ 147—2016)、《建筑施工土石方工程安全技术规范》(JGJ 180—2009)、《施工现场临时用电安全技术规范》(JGJ 46—2005)、《建筑施工安全检查标准》(JGJ 59—2011)、《施工企业安全生产评价标准》(JGJ/T 77—2010)、《龙门架及井架物料提升机安全技术规范》(JGJ 88—2010)、《建筑工程资料管理规程》(JGJ/T 185—2009)等。

6.1.2 建筑施工工序

在建筑工程施工中，必须坚持建筑施工程序，按照建筑产品生产的客观规律，组织工程施工。只有这样，才能加快工程建设速度、保证工程质量和降低工程成本。建筑施工工序主要包括投标、签订合同、施工准备、定位放线、土方开挖、验槽、基础施工及验收、主体施工及验收、屋面工程、室内外装修(抹灰、门窗等)、室外工程、竣工验收等阶段。

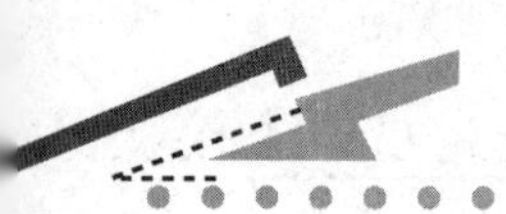

1. 承揽施工工程、签订工程承包合同

建筑施工企业承揽施工工程，在目前经济全球化的市场条件下，是参加投标、中标活动而得到的。同时必须和建设单位签订工程承包合同，明确各自在施工期间内的经济责任和承担的任务，工程合同一经签订，即具有法律效力。建设工程合同按承揽方式分类，主要有工程总承包合同、工程分包合同、劳务分包合同、劳务合同、联合承包合同几种。

2. 施工准备工作

施工准备工作，就是指工程施工前所做的一切工作。它不仅在开工前要做，开工后也要做，它是有组织、有计划、有步骤、分阶段地贯穿于整个工程建设的始终。认真细致地做好施工准备工作，对充分发挥各方面的积极因素，合理利用资源，加快施工速度、提高工程质量、确保施工安全、降低工程成本及获得较好经济效益都起着重要作用。

施工准备的主要任务是掌握建设工程的特点、施工进度和工程质量要求，了解施工的客观条件，合理布置施工力量，从技术、物质、人力和组织等方面为建筑施工顺利进行创造必要的条件。

3. 定位放线

刚进场时，首先要根据测绘院提供的原始城市坐标点结合规划图和建筑平面图进行平面控制线的建立。一般将主控线的两端引测到固定的建筑物或坚实的混凝土地面上，两头必须通视，而且要避开基坑开挖位置。主控线一般设置纵横方向各 3 根，以方便闭合核对。验线时还是相对楼座和轴线的关系拉距离。

然后根据布置的主控制线撒出开挖线，这个工作要注意放坡尺寸和预留建筑物外墙的操作架距离。图 6-1 所示为施工放线现场。

4. 土方开挖

土方开挖是工程初期以至施工过程中的关键工序，是将土和岩石进行松动、破碎、挖掘并运出的工程。按岩土性质，土石方开挖分土方开挖和石方开挖。按施工环境是露天、地下或水下，分为明挖、洞挖和水下开挖。在水利工程中，土方开挖广泛应用于场地平整和削坡，水工建筑物(水闸、坝、溢洪道、水电站厂房、泵站建筑物等)地基开挖，地下洞室(水工隧洞、地下厂房、各类平洞、竖井和斜井)开挖，河道、渠道、港口开挖及疏浚，填筑材料、建筑石料及混凝土骨料开采，围堰等临时建筑物或砌石、混凝土结构物的拆除等。图 6-2 所示为土方开挖现场。

图 6-1 定位放线

图 6-2 土方开挖

5. 验槽

验槽是建筑物施工第一阶段基槽开挖后的重要工序，也是一般岩土工程勘察工作最后一个环节。验槽是在基础开挖至设计标高后，为了普遍探明基槽的土质和特殊土情况，据此判断异常地基是否需要进行局部处理。当施工单位挖完基槽并普遍钎探后，由建设单位邀请相关部门到施工现场进行验槽。合格后方可进行基础施工。

6. 基础施工和验收

基础施工是指采用工程措施，改变或改善基础的天然条件，使之符合设计要求的工程。

基础施工程序为：定位放线→复核(包括轴线、坐标)→ 桩机(选型)就位→ 打桩→ 测桩→ 基槽开挖→ 破桩头→找平 →浇筑混凝土垫层→ 轴线引设→ 承台模板及梁底模板安装→ 钢筋制安→ 承台侧模板及基础梁侧模板安装→基础模板、钢筋验收→ 浇筑基础混凝土→养护→ 基础砖砌筑→ 回填土。

基础验收的程序施工单位地基、基础、主体结构工程完工后，向建设单位提交建设工程质量施工单位(基础)报告，申请地基、基础、主体工程验收；监理单位核查施工单位提交的建设工程质量施工单位(基础)报告，对工程质量情况做出评价，填写市建设工程基础验收监理评估报告(建筑工程部分)；建设单位审查施工单位提交的建设工程质量施工单位(基础)报告，对符合验收要求的工程，组织勘察、设计、施工、监理等单位的相关人员组成验收组；建设单位在地基、基础、主体工程验收 3 个工作日前将验收的时间、地点及验收组名单填写市建设工程基础验收通知书和基础工程验收组成员名单送至区建设工程质量监督站。

7. 主体施工及验收

建筑主体工程指基于地基基础之上，接受、承担和传递建设工程所有上部荷载，维持结构整体性、稳定性和安全性的承重结构体系。主体施工主要包括梁、板施工；墙、柱施工；楼梯施工；预应力混凝土梁施工；承重墙砌体工程施工；非承重墙砌体工程施工等。优质主体工程必须保证地基基础坚固、稳定，主体结构安全、耐久，则是内坚外美的精品工程。

8. 屋面工程

屋面施工是建筑工程九大分部工程中的一个，屋面工程工序一般由施工图确定，通常有找平层、保温层、隔气层、防水层、面层，防水层也可能在找平层上，上述都要进行检验批报验，除面层外都要报隐蔽工程。

9. 室内外装修

建筑主体完成以后，在主体内外进行的美化工程(除园林景观、消防安装)基本上都属于装饰装修工程的范畴。装修工程主要分为室内装修工程和室外装修工程。

室内装修工程主要包括：装修分部，吊顶、墙体、地面装修、木作造型、油漆等；安装分部，水电线路铺设、空调管路通风管路铺设、弱电线路及点位设置、防水、灯具洁具安装等。

室外装修工程主要是外墙体装修，通常用石材、铝塑板、玻璃或外墙涂料根据设计的不同要求施工。

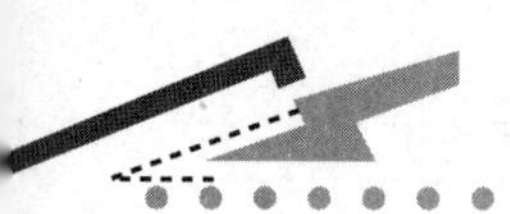

10. 室外工程

室外工程主要包括道路，绿化，给排水，污水，景观，小品，散水，坡道，台阶，外墙，车棚，围墙等。

11. 竣工验收

竣工验收是对建筑产品进行检验评定的重要环节，也是对基本建设成果和投资效果的总检查。所有的建设项目按设计文件要求的内容建成后，均应根据国家有关规定评定质量等级进行竣工验收。验收合格后，可正式移交建设单位使用。

6.2 基础工程施工

6.2.1 基坑土方施工

1. 基坑工程的作用

基坑工程的最基本作用是给地下工程的顺利施工创造条件。图 6-3 所示为基坑施工现场。

图 6-3 基坑工程施工

从地表面开挖的最简单办法是放坡大开挖，既经济又方便，在空旷地区应优先采用。但经常由于场地的局限性，在基坑平面以外没有足够的空间安全放坡，人们不得不采用附加结构体系的开挖支护系统，以保证施工的顺利进行，这就形成了基坑工程中的大开挖和支护系统两大工艺体系。

为了给地下工程的敞开开挖创造条件，基坑围护结构体系必须满足如下几个方面的要求。

(1) 适度的施工空间

围护结构能起到挡土的作用，为地下工程的施工提供足够的作业场地。

(2) 干燥的施工空间

采取降水、排水、隔水等各种措施，保证地下工程施工的作业面在地下水位面以上，方便地下工程的施工作业。当然，也有少量的基坑工程为了基坑稳定的需要，土方开挖采用水下开挖，通过水下浇筑混凝土底板封底，然后排水，创造干燥的工程作业条件。

(3) 安全的施工空间

在地下工程施工期间，应确保基坑的安全和周边环境的安全。

2. 基坑的特点

基坑工程具有如下特点。

(1) 安全储备小，风险大

(2) 制约因素多

(3) 计算理论不完善

(4) 对综合性知识、经验要求高

从事基坑工程的设计施工人员需要具备及综合运用以下各方面知识。

① 岩土工程知识和经验；

② 建筑结构和力学知识；

③ 施工经验；

④ 工程所在地的施工条件和经验。

(5) 考虑环境效应

基坑开挖必将引起基坑周围地下水位的变化和应力场的改变，导致周围地基中土体的变形，对邻近基坑的建筑物、地下构筑物和地下管线等产生影响，影响严重的将危及相邻建(构)筑物、地下构筑物和地下管线的安全和正常使用，必须引起足够的重视。

3. 施工的基本技术要求

(1) 环境保护

基坑开挖卸载带来地层的沉降和水平位移会给周围建筑物、构筑物、道路、管线及地下设施带来影响。因此，在基坑围护结构、支撑及开挖施工设计时，必须对周围环境进行周密调查，采取措施将基坑施工对周围环境的影响限制在允许范围内。

(2) 风险管理

在地下结构施工的过程中，均存在着各种风险，必须在施工前进行风险界定、风险识别、风险分析、风险评价，对各种等级的风险分别采取风险消除、风险降低、风险转移和风险自留的处置方式解决。在施工中进行动态风险评估、动态跟踪、动态处理。

(3) 安全控制

在施工过程中，可以采用安全监控手段、安全管理体系、应急处置措施来确保基坑工程的安全，为地下结构的施工创造一个安全的施工环境，减少工程事故。

(4) 工期保证

采用合理的施工组织设计，提高施工效率，协调与主体结构的施工关系，满足主体结构施工工期要求。

(5) 信息化施工

施工中充分利用信息化手段，建立信息化施工管理体系，通过对现场施工监测数据的实时分析和预测，动态调整设计和施工工艺。同时，对工程安全状态实时评估，及时采取预防措施，确保基坑工程安全。

6.2.2 路基工程与软地基施工

1. 路基工程

(1) 路基的特点及作用

公路是一种线性工程构造物。它主要承受和满足汽车荷载的重复作用和经受各种自然因素的长期影响。由于地形、地质和经济条件的限制，公路中线在平面上有弯曲，在竖直方向上有起伏，因此它是一条空间线，其形状称为公路的线形。

路基是按照路线位置和一定技术要求修筑的作为路面基础的带状构造物。路基是路面的基础，它与路面共同承受行车荷载的作用。路面是用硬质材料铺筑于路基顶面的层状结构。路面靠路基来支承，没有稳固的路基就没有稳固的路面。

(2) 路基常见病害

路基裸露在大气中，经受着土体自重、行车荷载和各种自然因素的作用，路基的各个部位将产生变形。路基的变形分为可恢复的变形和不可恢复的变形，路基的不可恢复变形将引起路基标高和边坡坡度、形状的改变。严重时，造成土体位移，危及路基的整体性和稳定性，造成路基各种破坏。

路基常见的病害有路基沉陷、边坡滑塌、碎落和崩塌、路基沿山坡滑动、不良地质和水文条件造成的路基破坏几种。

(3) 路基工程施工

① 施工前的准备工作。路基施工的主要内容，大致可归纳为施工前的准备工作和基本工作两大部分。路基施工工程量大、工期长，且所需人力物力资源较大，因而必须集中精力，认真对待。但要保证正常施工，施工前的准备工作极为重要，它是组织施工的第一步，大致可归纳为组织准备、技术准备和物质准备 3 个方面。

② 土质路基的施工要点。土质路基的挖填，首先必须搞好施工排水，包括开挖地面临时水沟槽及设法降低地下水位，以便始终保持施工场地的干燥。路基挖填范围内的地表障碍物，事先应予以拆除，其中包括原有房屋的拆迁，树木和丛林茎根的清除，以及表层种植土、过湿土与设计文件或规程所规定之杂物的清除。

路堑开挖，应在全横断面进行，自上而下一次成型，注意按设计要求准确放样，不断检查校正，边坡表面削齐拍平。土质路堤，应视路基高度及设计要求，先着手清理或加固地基。土质路堤分层填平压实，是确保施工质量的关键，任何填土和任何施工方法，均应按此要求组织施工。

2. 软土地基施工

软土是指滨海、湖沼、谷地、河滩沉积的天然含水量高、孔隙比大、压缩性高、抗剪强度低的细粒土，具有天然含水量高、天然孔隙比大、压缩性高、抗剪强度低、固结系数小、固结时间长、灵敏度高、扰动性大、透水性差、土层层状分布复杂、各层之间物理力学性质相差较大等特点。

软土地基的处理的目的是提高该段公路路基的稳定性和承载能力。目前，在公路工程中处理软土地基主要采用以下几种方法。

(1) 堆载预压法。该法是在工程建设之前用大于或等于设计荷载的填土荷载，促使地基提前固结沉降以提高地基的强度，减少工后沉降。当强度指标达到设计要求数值后，卸去荷载，修筑道路路面。经过堆压预处理后，地基一般不会再产生大的固结沉降。利用路堤填土作为堆载，成本较低。施工填筑时宜采用分层分级施加荷载，以控制加荷速率，避免地基发生剪切破坏，达到地基强度慢慢提高的效果。该法原理较成熟，施工简单，不需要特殊的施工机械和材料。由于该地区软土固结系数小，故软土的排水固结时间较长，因此工期较长。如施工时间允许，可单独使用；如工期紧，可结合其他方法一起使用。

(2) 真空预压法。真空预压法是在需要加固的软土地基内设置砂井或塑料排水板，然后在地面铺设砂垫层，其上覆盖不透气的密封膜使其与大气隔绝，通过埋设于砂垫层中的吸水管道，用真空装置进行抽气，将膜内空气排出，因而在膜内外产生气压差，气压差即转变成作用于地基上的荷载，地基不会产生剪切破坏，这对软土地基是有利的。该方法不需要堆载，省去了加载和卸荷工序，缩短了预压时间，省去了大量堆载材料，所使用的设备及施工工艺均比较简单，无须大量的大型设备，便于大面积施工。

(3) 反压护道法。反压护道指的是为防止软弱地基产生剪切、滑移，保证路基稳定，对积水路段和填土高度超过临界高度路段在路堤一侧或两侧填筑起反压作用的具有一定宽度和厚度的土体，其高度不宜超过路堤高度的1/2。这种方法处理软土地基，对解决路基稳定是有效的。该法不需控制填土速率，可以机械化快速完成路基填筑，但利用该法处理地基存在土方量大、占用土地多的问题。

(4) 水泥土搅拌桩法。水泥土搅拌桩是胶结法处理软土地基的一种，它利用水泥或石灰等材料作为固化剂的主剂，通过特制的深层搅拌机械，在地基深处将软土和固化剂(浆液或粉体)强制搅拌，利用固化剂与软土之间所产生的一系列物理、化学反应，使软土固结成具有整体性、水稳定性和一定强度的地基，以达到提高地基承载力、减少地基沉降量的目的。其地基应视为复合地基，桩土共同承担荷载。它具有施工速度快，设备轻便，便于移动，方法容易掌握，处理深度较大等优点。

(5) 换填垫层法。当软弱土层厚度不是很大时，可将路基面以下处理范围内的软弱土层部分或全部挖除，然后换填强度较大的土或其他稳定性能好、无侵蚀性的材料(通常是渗水性好的砾料)此种方法称为换填或垫层法。此法处理的经济实用高度一般为2～3m，如果软弱土层厚度过大，则采用换填法会增加弃方与取土方量而增大工程成本。

(6) 强夯法。对于孔隙较大的地基及含水量在一定范围内的软弱黏性土地基，可采用重锤夯实或强夯。它的基本原理是：利用起吊设备，将10—40吨的重锤提升至10—40米高处使其自由下落，依靠强大的夯击能和冲击波作用夯实土层。土层在巨大的冲击能作用下，土中产生很大的压力和冲击波，致使土体孔隙压缩，夯击点周围一定深度内产生裂隙良好的排水通道，使土中的孔隙水(气)顺利排出，土体迅速固结。强夯法主要用于砂性土、非饱和粘性土与杂填土地基。对非饱和的黏性土地基，一般采用连续夯击或分遍间歇夯击的方法;并根据工程需要通过现场试验以确定夯实次数和有效夯实深度。现有经验表明:在100~200吨米夯实能量下，一般可获得3~6米的有效夯实深度。

(7) 加筋法。加筋法是指在建筑物基础软弱处在土基中加入特殊材料(金属丝，土木材料等)。常见的种类有三种，土工合成材料，土钉墙技术和加筋土。对于沉降量不大的路堤，高路堤填土适当采用土工布垫隔，限制了软基和路基的侧向位移，增加了侧向约束，从而降低应力水平，加强了路基刚度与稳定性，提高了路基的水平横向排水，使荷载均布。采用土工布覆盖摊铺，既提高路基刚度，也使边坡受到维护，有利于排水及增加地基稳定性。

此外，在确定地基处理方法时，还要注意节约能源；注意环境保护，避免因为地基处理对地面水和地下水产生污染，避免振动噪声对周围环境产生不良影响等。

6.2.3 土石方爆破

1. 土石方爆破的定义

土石方爆破指的是在道路、桥梁、矿山、隧道、水利水电、场平、基坑、孔桩、管道沟等工程施工中，使用炸药雷管等爆破材料对土石方进行爆破，以达到开挖目的的一种广泛应用的施工方法。

土木工程施工遇到岩石最有效的方法是爆破，爆破是利用炸药爆炸时产生的大量的热和极高的压力破坏岩石和其他物体。其施工的工序有：打孔放药、引爆、排渣。

2. 土石方爆破分类

(1) 按炮孔深度分类

① 裸露爆破：不需要打孔，直接将炸药放置于需要被破碎的岩石凹槽内，插上雷管直接进行的爆破。其优点是快速、简单，节省时间。但其只适合较小破碎对象的爆破；其另外一个缺点就是爆破冲击波比较大，噪声大，很不安全。

② 浅孔爆破：深度不大于 5m，孔径不大于 50mm 的爆破作业。

③ 深孔爆破：深度大于 5m，孔径大于 50mm 的爆破作业。

(2) 按炮孔响应次序不同分类

① 光面爆破：爆破开挖时，沿设计开挖轮廓钻孔装药，在开挖区主爆破孔之后起爆，以获得比较平整壁面的爆破。

② 预裂爆破：在爆破岩体的轮廓线上的炮眼采用不耦合装药并先于其他炮眼爆破，形成连通裂缝的控制爆破。

(3) 按是否分断面开挖分类

① 非台阶爆破：不分台阶，根据地形地势，因地制宜地布孔的爆破作业。一般用于开挖岩层比较低、不适宜台阶爆破的开挖作业。

② 台阶爆破(梯状爆破)：开挖岩层比较高，根据运输等的需要，进行台阶式的开挖措施的爆破。其优点很明显：精准控制药量从而更加安全和降低成本；方便方量测算，以便指导生产；台阶上可以走车，方便运输，大大提高工作效率。

(4) 按爆破后碎块堆状和位置要求分类

① 弱松动爆破。

② 松动爆破。

③ 强松动爆破。

④ 定向抛掷爆破。

(5) 按照开挖的目的不同分类

① 场平爆破(也称“平场”“三通一平”“五通一平”“七通一平”等)。

② 隧道爆破(铁路、公路、水工、矿采等隧道)。

③ 路基爆破(公路、铁路、临江道路的开挖)。

④ 基坑爆破(房建基坑、桥梁承台基础等)。

⑤ 沟槽爆破(各种管道线路沟、进排水沟等)。

⑥ 孔桩爆破(人工孔桩施工中的爆破)。

⑦ 井巷掘进爆破(煤矿、铁矿等各种矿藏开采的爆破)。

6.2.4 深基础施工

深基础是指桩基础、墩基础、沉井基础、沉箱基础和地下连续墙。

1. 桩基础

按桩的受力情况，桩分为摩擦桩和端承桩两类。按桩的施工方法，桩分为预制桩和灌注桩两类。

2. 墩基础

墩基础是在人工或机械成孔的大直径孔中浇筑混凝土(钢筋混凝土)而成，我国多用人工开挖，亦称大直径人工挖孔桩。直径在 1～5m，多为一柱一墩。墩身直径大，有很大的强度和刚度，多穿过深厚的软土层直接支承在岩石或密实土层上。

3. 沉井基础

沉井是由刃脚、井筒、内隔墙等组成的呈圆形或矩形的筒状钢筋混凝土结构，多用于重型设备基础、桥墩、水泵站、取水结构、超高层建筑物基础等。

4. 地下连续墙

地下连续墙可以用作深基坑的支护结构，也可既作为深基坑的支护又用作建筑物的地下室外墙，后者更为经济。

深基础不但可选用深部较好的土层来承受上部荷载，还可利用深基础周壁的摩阻力来共同承受上部荷载，因而其承载力高、变形小、稳定性好。但其施工技术复杂，造价高，工期长。

6.3 结构工程施工

6.3.1 砌筑材料与砌筑脚手架

砌筑工程所用材料主要是砖、石或砌块以及起粘接作用的砌筑砂浆。砌筑砂浆有水泥砂浆、石灰砂浆和混合砂浆。为了节约水泥和改善砂浆性能，也可用适量的粉煤灰取代砂浆中的部分水泥和石灰膏，而制成粉煤灰水泥砂浆和粉煤灰水泥混合砂浆。

砌筑用脚手架是砌筑过程中堆放材料和工人进行操作的临时性设施。脚手架又称架子，是建筑施工中重要的临时设施，是为安全防护、工人操作及解决楼层间少量垂直和水平运输而搭设的一种临时性支架。按其搭设位置分为外脚手架和里脚手架两大类；按其所用材料分为木脚手架、竹脚手架与金属脚手架。图 6-4 所示是外脚手架常用的 4 种基本形式。

移动式里脚手架，用于室内顶棚装修等工程。室内脚手架通常做成工具式的，以解决装拆频繁的弊端。

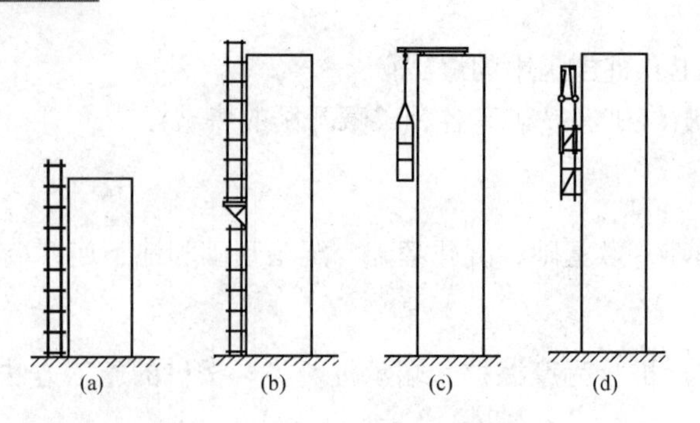

图 6-4　外脚手架的 4 种基本形式

(a) 落地式外脚手架；(b) 悬挑式外脚手架；(c) 吊挂式外脚手架；(d) 附着升降外脚手架

6.3.2　材料运输与砌体施工

砌筑工程中不仅要运输大量的砖(或砌块)、砂浆，而且要运输脚手架、脚手板和各种预制构件。不仅有垂直运输，而且有地面和楼面的水平运输。其中垂直运输是影响砌筑工程施工速度的重要因素。

常用的垂直运输设备有塔式起重机、钢井架(图 6-5)及龙门架(图 6-6)。

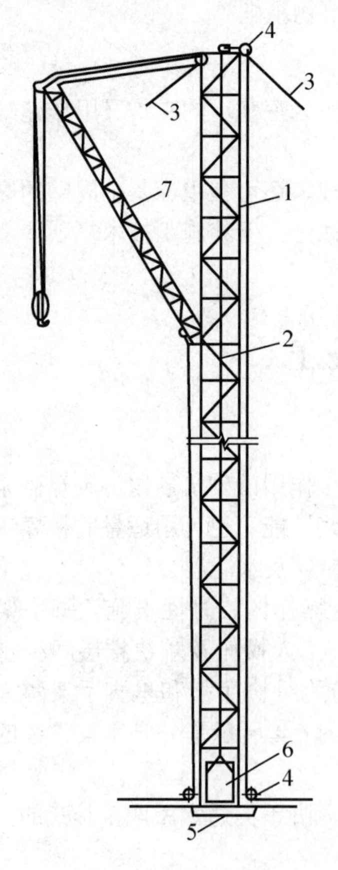

图 6-5　钢井架

1—井架　2—钢丝绳　3—揽风绳　4—滑轮
5—垫梁　6—吊篮　7—辅助吊臂

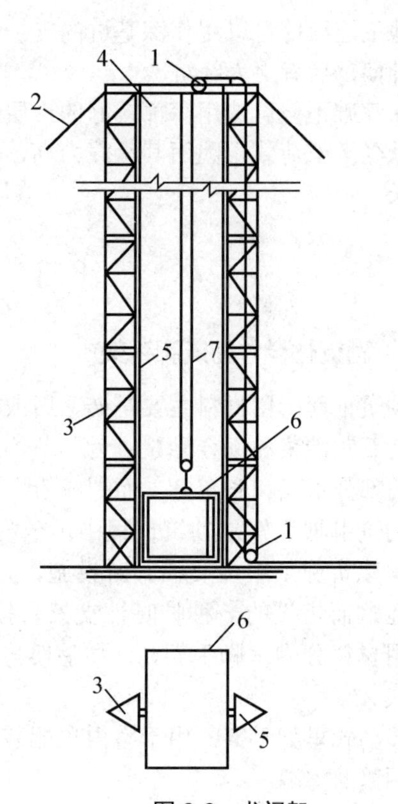

图 6-6　龙门架

1—滑轮　2—揽风绳　3—立柱　4—横梁
5—导轨　6—吊篮　7—钢丝绳

汽车起重机(图 6-7)生产效率高，操作方便，在可能条件下宜优先选用。井架也是砌筑工程垂直运输常用设备之一。

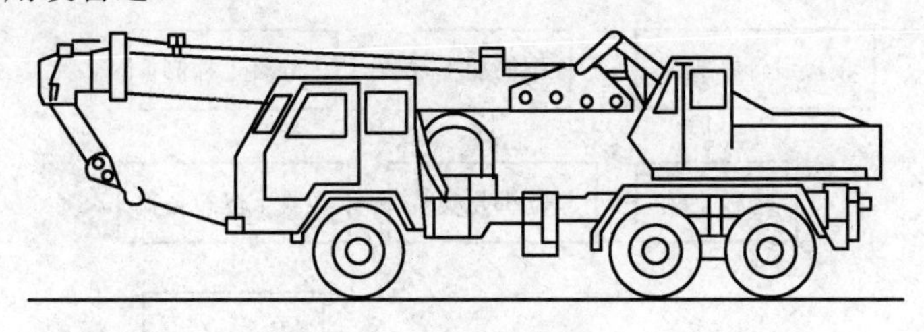

6-7 汽车起重机

砌体施工的基本要求是：横平竖直、砂浆饱满、灰缝均匀、上下错缝、内外搭砌、接槎牢固。

砌筑操作前应对道路、机具、安全设施和防护用品进行全面检查，符合要求后方可施工。

6.3.3 钢筋混凝土工程施工

钢筋混凝土结构是指按设计要求将钢筋和混凝土两种材料组合，利用模板浇筑而成的结构或构件。由于混凝土的抗压强度很高而抗拉强度较低，因而在其受拉部位易开裂，而钢筋的抗拉和抗压强度都很高，在混凝土构件的受拉部位配置适量的钢筋可以充分利用二者的优点，满足结构复杂的受力要求。随着我国国民经济的快速发展，工程建设的规模越来越大，钢筋混凝土结构所占的地位也越来越重要，它不仅极大地影响到人力、物力的消耗，而且对工期也有非常重要的影响。

根据施工方法的不同，钢筋混凝土结构工程可分为现浇整体式钢筋混凝土结构工程和预制装配式钢筋混凝土结构工程两类。现浇整体式钢筋混凝土结构是在施工现场的构件设计位置支设模板、绑扎钢筋、浇筑混凝土、振捣成型，经养护混凝土达到拆模强度时拆除模板。现浇整体式钢筋混凝土结构整体性好，抗震能力强，钢材消耗少，无须大型起重设备，但要消耗大量模板，劳动强度高，受气候条件影响较大。近年来出现了许多新型工具式模板和施工机械，使混凝土结构工程现浇施工得到迅速发展，目前我国的高层建筑大多数为现浇混凝土结构。预制装配式钢筋混凝土结构是预先在预制构件厂制作结构构件，然后运至施工现场进行结构安装。一般大型构件在施工现场生产制作，以避免运输的困难，中小型构件可在构件厂生产之后运至现场。预制混凝土结构是工厂化生产，有利于实现构件的标准化和定型化，进行批量生产，质量容易保证，施工速度快，受气候条件影响小，但施工时对起重设备要求高，整体性及抗震性不如现浇整体式钢筋混凝土结构。

钢筋混凝土结构工程施工包括模板工程、钢筋工程和混凝土工程等主要分项工程，其施工的一般程序如图 6-8 示。由于施工过程多，因而要加强施工管理，合理组织，以保证施工质量、加快施工进度和降低造价。

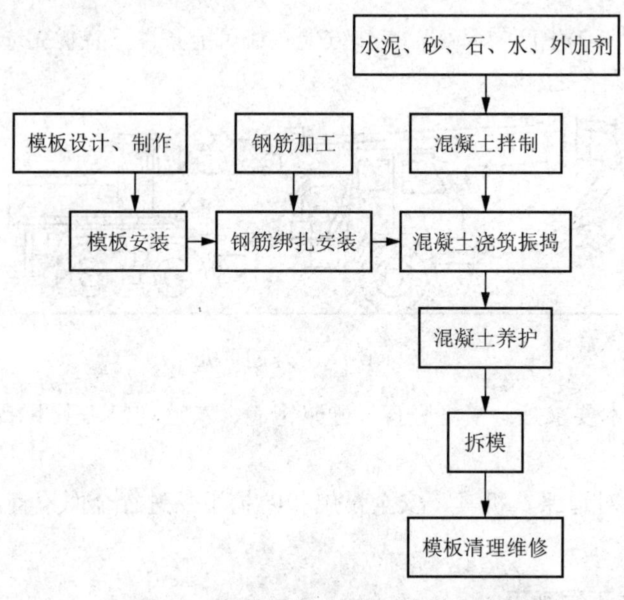

图 6-8　钢筋混凝土结构工程施工流程图

1. 钢筋工程

在钢筋混凝土结构中钢筋起着关键性的作用。由于在混凝土浇注后，其质量难于检查，因此钢筋工程属于隐蔽工程，需要在施工过程中进行严格的质量控制，并建立起必要的检查和验收制度。

钢筋工程主要包括：钢筋的进场检验、加工、成型和绑扎安装，以及钢筋的冷加工和连接等施工过程。

(1) 钢筋检验

钢筋出厂时应有出厂质量证明书或试验报告单，每捆(盘)钢筋均应有标牌，现场堆放钢筋应分批验收，分别堆放。对钢筋的验收包括外观检查和按批次取样进行机械性能检验，合格后方可使用。

(2) 钢筋冷加工

为了提高钢筋的强度，节约钢材，满足预应力钢筋的需要，工地上常采用冷拉、冷拔的方法对钢筋进行冷加工，用以获得冷拉钢筋和冷拔钢丝，如图 6-9 所示。

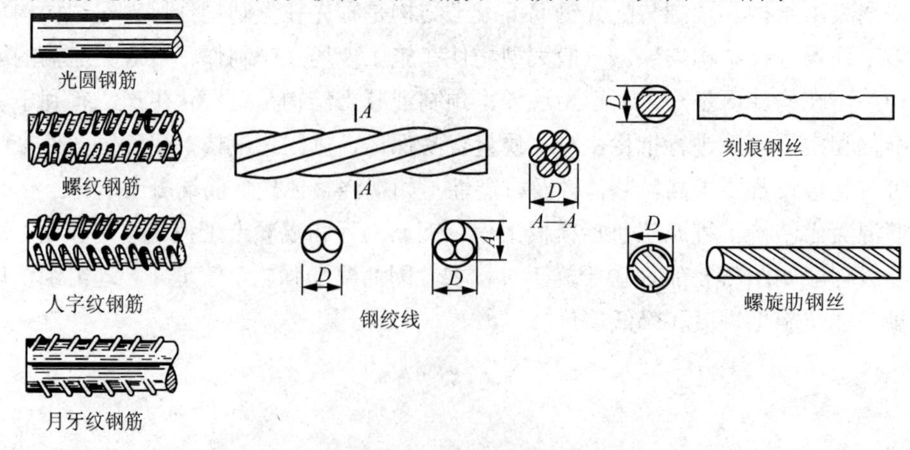

图 6-9　钢筋、钢丝、钢绞线

① 钢筋冷拉是将钢筋在常温下进行强力拉伸，迫使钢筋产生塑性变形，从而使其内部结晶产生重组，从而达到提高强度和节约钢材的目的。经过冷拉的钢筋硬度提高了，但其塑性、韧性以及弹性模量都会有所降低，目前一般不提倡使用。

② 钢筋除锈。钢筋的表面应洁净，油渍及用锤敲击时能剥落的浮皮、铁锈等应在使用前清除干净，焊点处的水锈应在焊接前清除干净。

钢筋的除锈有以下 3 种途径：一是在钢筋冷拉或钢丝调直过程中除锈锈；二是用机械方法除锈；三是可采用手工除锈，用钢丝刷、砂盘或采用喷砂和酸洗除锈等。

在除锈过程中如发现钢筋表面的氧化铁皮鳞落现象严重并已损伤钢筋截面，或在除锈后钢筋表面有严重的麻坑、斑点伤蚀截面时，应降级使用或剔除不用。

③ 钢筋切断。钢筋切断常用的机具设备有：钢筋切断机；手动液压切断器。

进行钢筋切断操作时应注意以下几点。

a. 将同规格钢筋根据不同长度长短搭配，统筹排料。一般应先断长料，后断短料，减少短头，减少损耗。

b. 断料时应避免用短尺量长料，防止在量料中产生累计误差，宜在工作台上标出尺寸刻度线并设置控制断料尺寸用的挡板。

c. 在切断过程中，如发现钢筋有劈裂、缩头或严重的弯头等现象时必须予以切除；如发现钢筋的硬度与该钢种有较大的出入，应及时向有关人员反映，查明情况。

d. 钢筋的断口不得出现马蹄形断面或起弯等现象。

④ 钢筋弯曲成型。箍筋的弯曲示意图如图 6-10 所示。

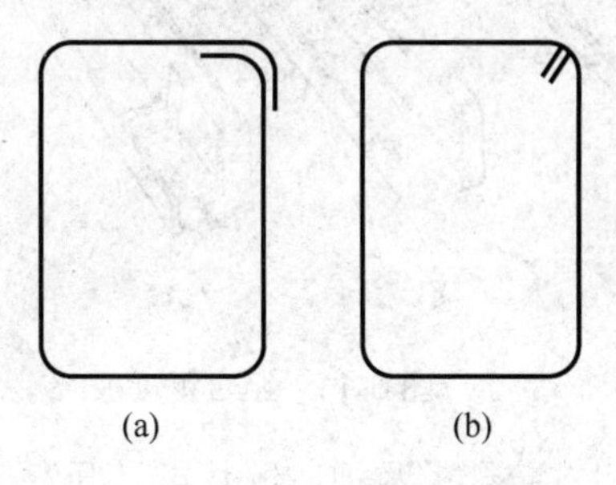

图 6-10　箍筋示意图

(a) 90°/90°；(b) 135°/135°

(3) 钢筋连接

直条钢筋的长度，通常只有 9～12m。如构件长度大于 12m 时一般都要连接钢筋。钢筋连接的方法有 3 种：绑扎搭接连接、焊接连接及机械连接。

此外，钢筋工程还有钢筋的配料、代换、调直、除锈、切断和弯曲成型等工作。

2. 模板工程

在结构工程施工中，刚从搅拌机中拌和出的混凝土呈流动态，需要浇筑在与构件形状尺寸相同的模型内凝结硬化，才能形成所需要的结构构件。模板是使新浇筑混凝土成型并养护，使之达到一定强度以承受自重的临时性结构并能

拆除的模型板。

钢筋混凝土结构的模板系统由两部分组成，其一是形成混凝土构件形状和设计尺寸的模板；其二是保证模板形状、尺寸及空间位置的支撑系统。模板工程是钢筋混凝土结构工程的重要组成部分，特别是在现浇钢筋混凝土结构施工中占有主导地位，它将直接影响到施工方法和机械的选用。模板工程的造价，约占现浇钢筋混凝土结构工程总造价的 1/3，总用工量的 1/2。因此，采用先进的模板技术，对于提高工程质量、加快施工速度、提高劳动生产率、降低工程造价和实现文明施工，都具有十分重要的意义。

(1) 模板材料的种类

模板工程材料的种类很多，木、钢、复合材、塑料、铝，甚至混凝土本身都可作为模板工程材料。

木模板最早被人们用作模板工程材料。木模板的主要优点是制作拼装随意，尤其适用于浇筑外形复杂、数量不多的混凝土结构或构件。此外，因木材导热系数低，混凝土冬季施工时，木模板有一定的保温养护作用。

组合钢模板是施工企业拥有量最大的一种钢模板。组合钢模板由平面模板、阳角模板、阴角模板、连接角板等 4 种(图 6-11)组成。

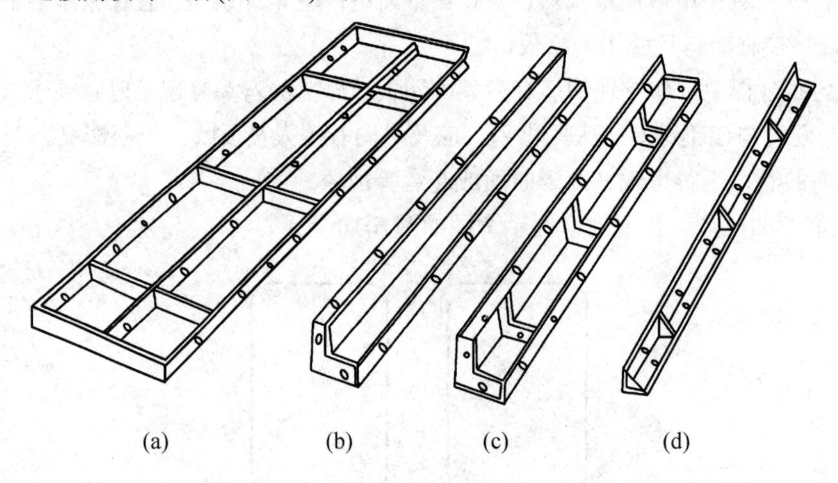

图 6-11　组合钢模板

胶合板模板有木胶合板和竹胶合板两种。近几年又开发出竹芯木面胶合板来替代木胶合板。胶合板可以在一定范围内弯曲，因此还可以做成不同弧度的曲面模板。胶合板是国际上用量较大的一种模板材料，也是我国今后具有发展前途的一种新型模板。

此外，还有塑料模壳板、玻璃钢模壳板、预制混凝土薄板模板(永久性模板)、压型钢板模板、装饰衬模等。

(2) 模板的支撑系统

模板的垂直支撑主要有散拼装的钢管支架、可独立使用并带有高度可调装置的钢支柱及门形架等。模板的水平支撑主要有平面可调桁架梁和曲面可变桁架梁。

可调钢支柱在建筑、隧道、涵洞、桥梁及煤矿坑道等工程上都可使用，具有能自由调节高度、承载能力稳定可靠、重复多次使用，以及自重轻、便于操作等优点。特别是近些年在建筑工程中广泛使用的早拆模板体系，可调钢支柱是其主要部件之一。早拆模板体系能实现模板早拆，其基本原理实际上就是楼板混凝土达到设计强度的50%时，即可提早拆除楼板模板与托梁，但支柱仍然保留，继续支撑楼板混凝土，使楼板混凝土处于短跨度(支柱间距<2m)的受力状态，待楼板混凝土强度增长到足以承担自重和施工荷载时，再拆除支柱。

3. 混凝土工程施工

混凝土工程包括制备、运输、浇筑、养护等施工过程，各施工过程既相互联系，又相互影响，任一过程施工不当都会影响混凝土工程的最终质量。

当前，在特殊条件下(寒冷、炎热、真空、水下、海洋、腐蚀、耐油、耐火及喷射等)的混凝土施工和特种混凝土(如高强度、膨胀、特快硬、纤维、粉煤灰、沥青、树脂、聚合物、自防水等)的研究和推广应用，使具有百余年历史的混凝土工程面目一新。

(1) 混凝土制备

混凝土的制备指混凝土的配料和搅拌。混凝土的配料，首先应严格控制水泥、粗细骨料、拌合水和外加剂的质量，并要按照设计规定的混凝土强度等级和混凝土施工配合比，控制投料的数量。混凝土的搅拌按规定的搅拌制度在搅拌机中实现。图 6-12 所示的双锥倾翻出料式搅拌机(自落式搅拌机中较好的一种)结构简单，适合于大容量、大骨料、大坍落度混凝土的搅拌，在我国多用于水电工程。

目前，推广使用的商品混凝土是工厂化生产的混凝土制备模式。混凝土的制备在施工现场通过搅拌机和小型搅拌站实现了机械化；在工厂、大型搅拌站已实现了微机控制自动化。

(2) 混凝土运输

混凝土自搅拌机中卸出后，应及时送到浇筑地点，混凝土运输分水平运输和垂直运输两种情况。常用水平运输机具主要有搅拌运输车、自卸汽车、机动翻斗车、皮带运输机、双轮手推车。常用垂直运输机具有塔式起重机、井架运输机。

混凝土搅拌输送车(图 6-13)兼输送和搅拌混凝土的双重功能，可以根据运输距离、混凝土的质量要求等不同情况，采用不同的工作方式。混凝土搅拌输送车到达现场后，搅拌筒反转即可卸出拌合物。

图 6-12　双锥倾翻出料式搅拌机

图 6-13　混凝土搅拌输送车

使用混凝土泵输送混凝土，是将混凝土在泵体的压力下，通过管路输送到浇筑地点，一次完成水平运输、垂直运输及结构物作业面水平运输。混凝土泵具有可连续浇筑、加快施工进度、缩短施工周期、保证工程质量、适合狭窄施工场所施工、有较高的技术经济效果(可降低施工费用 20%～30%)等优点，故在高层、超高层建筑、桥梁、水塔、烟囱、隧道和各种大型混凝土结构的施工中应用较广。

(3) 混凝土浇筑

混凝土浇筑包括浇灌和振捣两个过程。保证浇灌混凝土的匀质性和振捣的密实性是确保工程质量的关键。混凝土浇筑应分层进行以使混凝土能够振捣密实。在下层混凝土凝结之前，上层混凝土应浇筑振捣完毕。

在干地拌制而在水下浇筑和硬化的混凝土，称为水下浇筑混凝土，简称水下混凝土。水下混凝土的应用范围很广，如沉井封底、钻孔灌注桩浇筑、地下连续墙浇筑、水中浇筑基础结构以及桥墩、水工和海工结构的施工等。

在现浇钢筋混凝土结构施工中常常遇到大体积混凝土，如大型设备基础、大型桥梁墩台、水电站大坝等，大体积混凝土浇筑的整体性要求高，不允许留设施工缝。因此，在施工中应当采取措施保证混凝土浇筑工作能连续进行。

混凝土入模后，呈松散状态，其中含有占混凝土体积5%～20%的空洞和气泡。只有通过很好的振捣，才能使混凝土充满模板的各个边角，并把混凝土内部的气泡和部分游离水排挤出来，使混凝土密实，使强度符合设计要求。用于振实混凝土的振动器按其工作方式可分为：内部振动器(也称插入式振动器)、表面振动器(也称平板式振动器)、外部振动器(也称附着式振动器)和振动台4种。

混凝土浇筑成型后，为保证水泥水化作用能正常进行，应及时进行养护。养护的目的是为混凝土硬化创造必需的湿度、温度条件，防止水分过早蒸发或冻结，防止混凝土强度降低和出现收缩裂缝、剥皮起砂等现象，确保混凝土质量。

6.3.4 预应力混凝土工程施工

预应力混凝土是最近几十年发展起来的一项新技术，在世界各国都得到了广泛应用。预应力混凝土能充分发挥钢筋和混凝土各自的性能，能提高钢筋混凝土构件的刚度、抗裂性和耐久性。近年来，随着施工工艺不断发展和完善，预应力混凝土的应用范围愈来愈广。除在传统工业与民用建筑广泛应用外，还成功地把预应力技术运用到多层工业厂房、高层建筑、大型桥梁、核电站安全壳、电视塔、大跨度薄壳结构、筒仓、水池、大口径管道、基础岩土工程、海洋工程等技术难度较高的大型整体或特种结构上。当前，预应力混凝土的使用范围和数量，已成为一个国家土木工程技术水平的重要标志之一。

1. 先张法施工

先张法是在浇筑混凝土构件之前，张拉预应力筋，将其临时锚固在台座或钢模上，然后浇筑混凝土构件，待混凝土达到一定强度(一般不低于混凝土强度标准值的 75%)，并使预应力筋与混凝土间有足够黏结力时，放松预应力筋，预应力筋弹性回缩，借助于混凝土与预应力筋间的黏结力，对混凝土产生预压应力。图 6-14 所示为预应力先张法构件生产的示意图。

先张法多用于预制构件厂生产定型的中小型构件。

2. 后张法施工

构件或块体制作时，在放置预应力筋的部位预先留有孔道，待混凝土达到规定强度后，孔道内穿入预应力筋，并用张拉机具夹持预应力筋将其张拉至设计规定的控制应力，然后借助锚具将预应力筋锚固在构件端部，最后进行孔道灌浆(也有不灌浆者)，这种施工方法称为后张法。图 6-15 所示为预应力后张法构件生产的示意图。

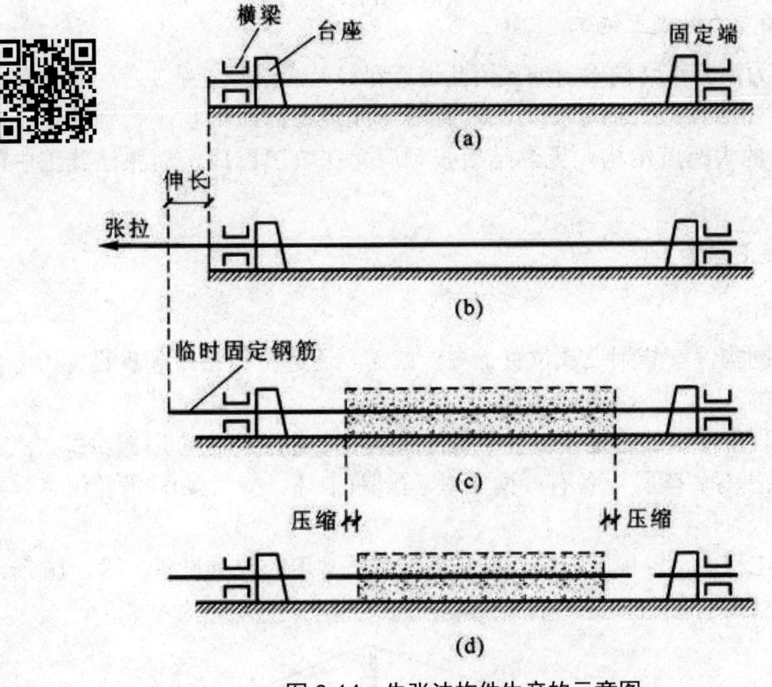

图 6-14　先张法构件生产的示意图

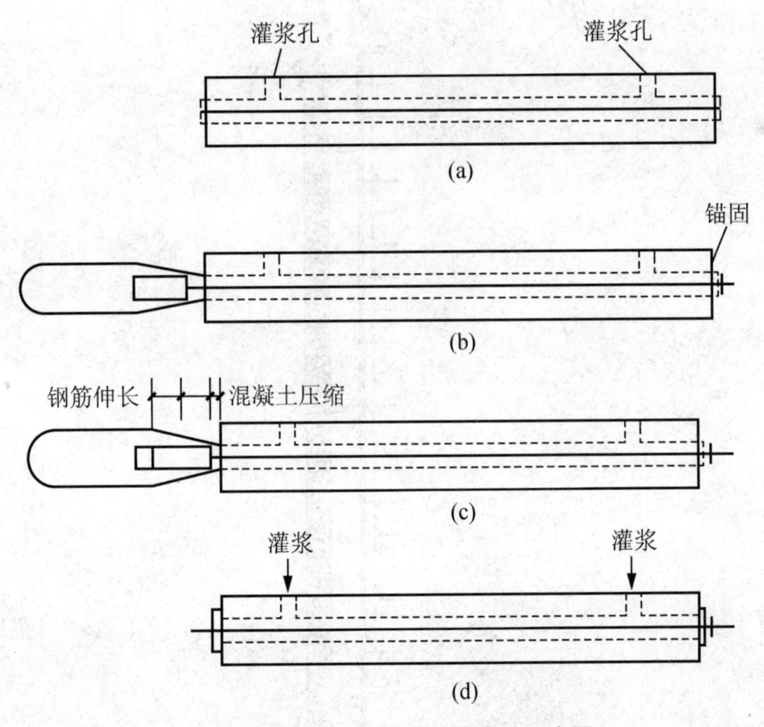

图 6-15　后张法构件生产的示意图

后张法宜用于现场生产大型预应力构件、特种结构和构筑物，也可作为一种预制构件的拼装手段。

3. 无黏结预应力混凝土施工

无黏结预应力混凝土结构不需要预留孔道、穿筋及灌浆等复杂工序，操作简便且加快了施工进度。无黏结预应力筋摩擦力小，且易弯成多跨曲线形状，特别适用于建造复杂的连续曲线配筋的大跨度结构。无黏结后张预应力在美国已成了后张法施工中的主要施工方法。

6.3.5 结构安装工程施工

1. 起重机械

为了要将预制构件安装到设计位置上去，就需要用起重设备。起重设备可分为起重机械和索具设备两类。

结构安装工程中常用的起重机械有：桅杆起重机、自行式起重机(履带式、汽车式和轮胎式)和塔式起重机等。索具设备有：钢丝绳、吊具(卡环、横吊梁)、滑轮组、卷扬机及锚碇等。

在特殊安装工程中，各种千斤顶、提升机等也是常用的起重设备。图 6-16 所示为各种塔式起重机的示意图。

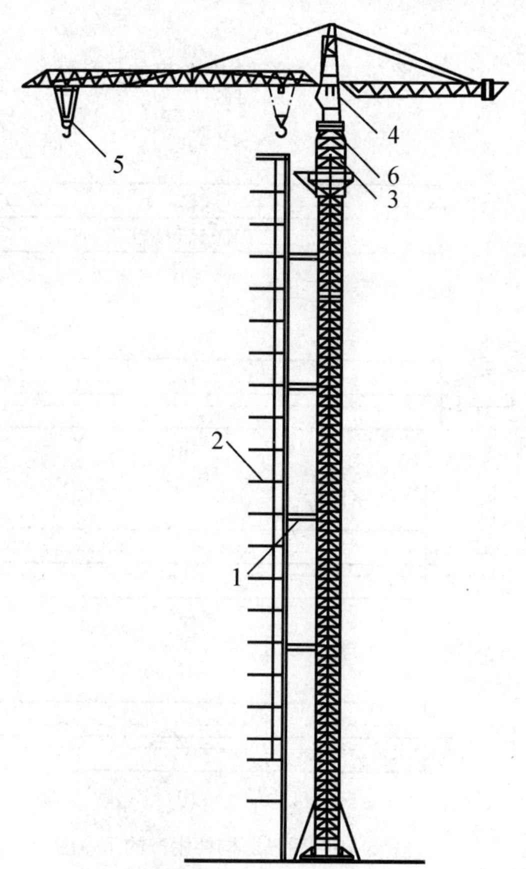

图 6-16 附着式塔式起重机

1—撑杆 2—建筑物 3—标准节 4—操纵室 5—起重小车 6—顶升套架

2. 结构安装

结构安装是施工活动中的主要分部工程之一，结构安装可以分为：按单个构件吊装，吊至安装位置后组拼成整体结构；地面拼装后整体吊装；特殊安装法施工。

(1) 单件吊装

单件吊装可采用各类起重机来吊装柱、梁、板、屋架等预制构件。预制构件的吊装过程，一般包括绑扎、吊升、对位、临时固定、校正、最后固定等工序。 单件吊装方法一般分为分件流水吊装法和综合吊装法两种。

(2) 整体吊装

整体吊装就是先将构件在地面拼装成整体，然后用起重设备吊到设计标高进行固定。相对应的吊装方法有多机抬吊法和桅杆吊升法两种。图 6-17 所示为某网球馆网架屋盖结构采用多机抬吊法吊装的情况。桅杆吊升法是将结构在地面上错位拼装后，用多根独脚桅杆将整体提升，进行空中移位或旋转，然后落位安装。一般分现场拼装、试吊、整体起吊及横移就位。

图 6-17 整体吊装法

(3) 特殊安装法

对于某些土木工程，由于所处场地特别狭窄(如城市改造工程或远郊山区)，大型起重机无法进入施工现场；或者对于结构构件自重特别大、体积特别大的工程，用一般安装方法难以解决时，则可采用特殊安装方法。常用的方法有：升板(提升)法、顶升法和滑移法等几种施工方法。

① 升板法施工。升板法施工是指楼板用提升法施工的板柱框架结构工程。升板法施工是利用柱子作为导杆，配备相应的提升设备，将预制在地面上的各层楼板，提升到设计标高，然后加以固定，如图 6-18 所示。

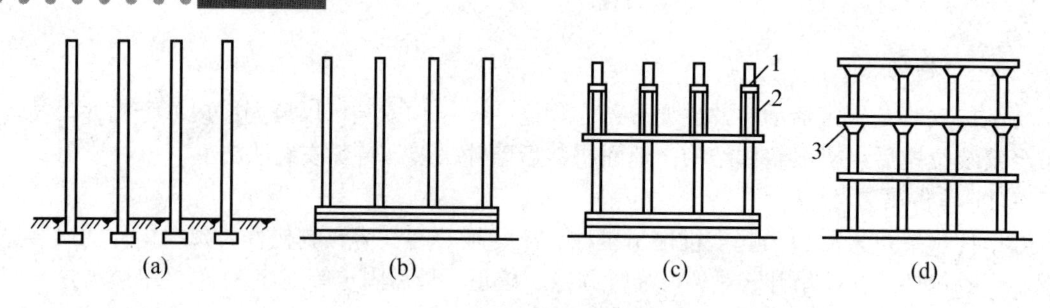

图 6-18　升板提升顺序简图

(a) 立柱浇地坪；(b) 叠浇板；(c) 提升板；(d) 固定板

1—提升机　2—柱子　3—后浇柱帽

② 顶升法施工。顶升法就是将屋盖结构在地面上就位拼装或现浇后，利用千斤顶的作用与柱块的轮番填塞，将其顶升到设计标高的一种垂直运输方法。这种吊装方法所需的设备简单，容易掌握，顶升能力大。

根据千斤顶放置位置的不同，顶升法可以分为上顶升法和下顶升法两种。上顶升法的特点是千斤顶倒挂在柱帽下，随着整个屋盖的上升而使千斤顶也随之上升。

下顶升法的特点是千斤顶在顶升过程中始终位于柱基上，每次顶升循环即在千斤顶上面填筑一个柱块，无须临时垫块，屋盖徐徐上升，直至设计标高为止。下顶升的高空作业少，但在顶升时稳定性较差，所以工程中一般采用较少。

③ 滑移法施工。滑移法是先用起重机械将分块单元吊到结构一端的设计标高上，然后利用牵引设备将其滑移到设计位置进行安装。这种安装方法可采用一般的施工机械，同时还有利于施工平行作业，特别是场地窄小，起重机械无法出入时更为有效。因此，这种新工艺，在大跨度桁架结构和网架结构安装中已经采用。

6.4　现代施工技术

6.4.1　现代施工技术的特点

土木工程产品是庞大的建筑物与构筑物，与工业产品相比具有迥然不同的特殊性。工业产品总是可以组成若干类型后再统一规格大批量组织生产，唯独土木工程产品各有造型与风格要求，有的还成为历史象征的丰碑。土木工程产品的差异是一切产品之最，其单一性决定了土木工程施工没有固定不变的模式。

工业产品一般都是在一个固定的生产地点生产或组装成产品后运输销售给使用者的，唯独土木工程产品是固定不动的。土木工程施工不能自己设计一个理想空间，选定一套稳定工艺组织生产，而是服从产品设定地点的需要，不断地按工程要求，流动设备与人员，使自己的生产最有效地适应工程特定的空间，包括环境、交通、气象、地质等。因此，因地制宜，是土木工程施工的基本原则。

没有一种工业产品可与土木工程产品比体量。一幢大楼几百米高，一座桥几百米长，生产一个产品要动用成百上千台设备与成千上万名员工，从开工到竣工，少则数月，多达几年。其生产过程是通过不断变换的人流将物资有机地凝聚成逐步扩大的产品，而最终产品是一个需要符合一系列功能的统一体，所以土木工程产品的生产是一个“多维”的系统工程。土木工程施工必须把握施工方案多样性的特点，经过科学论证选取最佳方案。

由于土木工程产品单一、固定与庞大的特性，决定了土木工程施工的复杂性，没有统一的模式与章法。施工技术必须兼顾天时、地利、人和，因时、因地、因人制宜，充分认识主客观条件，选用最合适的方法，经过科学组织来实现施工。所谓的施工也就是施工技术加施工管理，其中施工技术一般就是指完成一个主要工序或分项工程的单项技术，施工管理则是优化组合单项技术，科学地实施物化劳动与活劳动的结合，最终形成土木工程产品。技术是生产力，管理也是生产力，二者是同样重要的。因为没有科学的组织管理，技术效果不能发挥；而没有先进技术，管理也就没有了基础，两者是相辅相成的。

6.4.2 现代施工技术的发展

1. 基础工程施工技术

(1) 人工地基施工技术

人工地基施工技术包括地基加固、承载桩、钢管桩等技术。

① 地基加固：有换土、预压、强夯、水泥土旋喷、深层搅拌技术等。

② 承载桩：有渣土桩、水泥土桩、木桩、混凝土桩(混凝土预制桩、预应力管桩、现浇灌注桩)、钢桩(钢管桩、H 形钢桩)、特殊桩(成槽机施工的巨型桩、扩头桩)等。

③ 钢管桩：一般直径为 600～900mm，深度为 50～60m，而上海金茂大厦管桩深度达 83m，直径 900mm，最大桩锤 30t。

(2) 基坑支护技术

基坑支护广义上包括挡土结构、防水帷幕、支撑技术、降水技术及环境保护技术等方面。

① 挡土结构。挡土结构包括重力坝、钢筋混凝土地下连续墙、劲性水泥土桩等。

② 隔水帷幕，有水泥土排桩、注浆帷幕、薄型地下连续墙等。日本最近制成称之为 TRUST-21 型的成槽机，成槽最小壁厚仅为 0.2m，深度 200m，采用泥浆固化成壁。

③ 支撑技术。支撑技术主要包括型钢支撑、钢筋混凝土支撑、双向双股复加预应力钢管支撑、土锚杆(土钉)拉锚几种。

④ 降水技术。地下水位较高的地区，较深的基坑都需要采取降水措施，常用的有：轻型井点，可深至 3～7m；喷射井点，可深至 7～15m；深井及加真空深井，可深至 10m 以下；大口径明排水管井，在土质好的北京等地区常有应用。

⑤ 环境保护技术。环境保护技术主要包括井点回灌技术、堵漏技术、信息监测与信息化施工技术、调节变形的技术手段技术。

(3) 大体积混凝土施工技术

土木工程构件 3 个方向的最小尺寸超过 800 mm 的混凝土施工，称为大体积混凝土施工。大体积混凝土施工技术就开始有了新的飞跃，其中主要采取了四类措施。

① 减少混凝土本身发热量。

② 内降温、外保温，运用信息监测技术，及时调整和控制结构内外部分的温差在 25℃之内。

③ 延长并做好养护工作。

④ 尽可能科学地组织施工，提高浇筑强度。

(4) 逆作法施工技术

逆作法是基础与上部结构同时施工的先进工艺，有减少和取消临时支护措施、降低成本及大大加快施工速度等优点，20 世纪 70 年代前后被一些发达国家采用。我国于 20 世纪 80 年代进行研究试验，20 世纪 90 年代在广州、上海等地应用。逆作法施工的工序如图 6-19 所示。

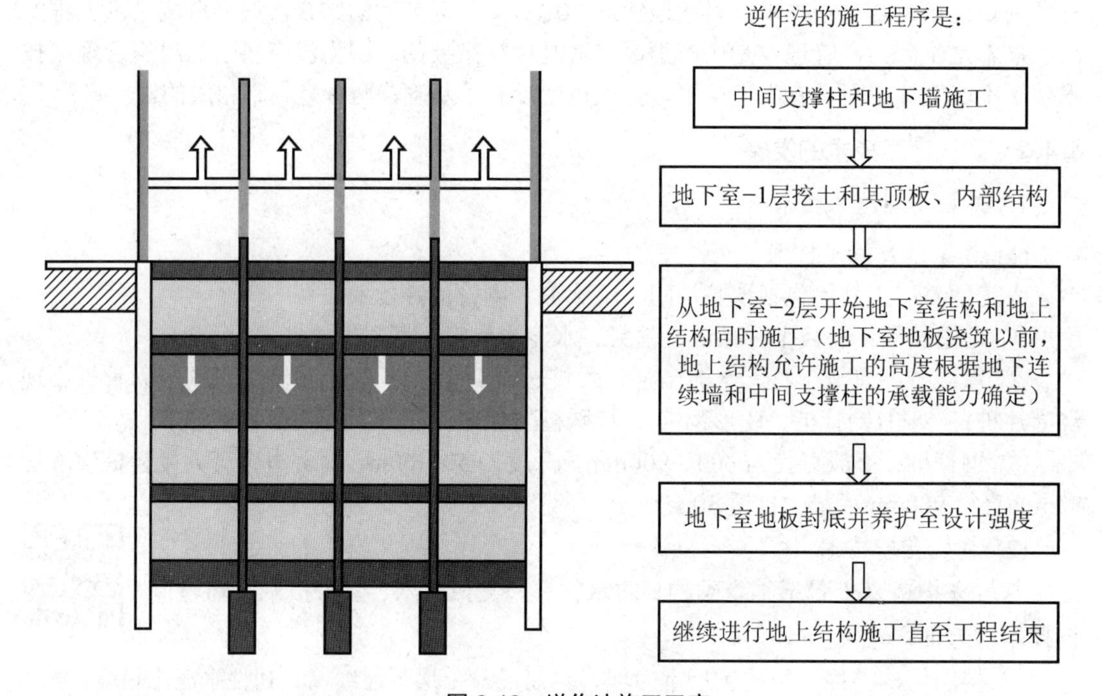

图 6-19　逆作法施工工序

逆作法施工的关键技术如下。

① 用地下连续墙作为永久地下室外壁。

② 对建筑主体结构柱子下的承载桩，在成桩过程中要预先增加型钢支柱。

③ 先施工地面板，支承在型钢支柱与地下墙上，此地面板又是在挖土过程中对地下墙的支撑。

④ 在地下室最下部底板施工前，上部结构施工高度要控制在钢支柱桩的安全承载力之内。

⑤ 各支柱及地下墙在施工过程中的沉降差要控制在结构允许范围之内。

⑥ 施工有顶盖的地下部分要保证安全与一定的效率。

2. 上部结构施工技术

结构施工技术范围很广，包括砖结构、木结构、钢结构、钢筋混凝土结构及其他特种结构，下面仅介绍当前钢筋混凝土结构中的模板、钢筋、混凝土以及结构吊装的先进水平及先进工艺技术。

(1) 钢筋混凝土工程模板技术。我国自 20 世纪 70 年代开始引进日本钢管脚手架与组合钢模板技术，20 世纪 80 年代后期逐步发展成自己的型钢骨架加大型贴面模板。各种新型的平面模板体系，有传统的支架模板以及改进了的台模、飞模、排架式快拆模体系、独塔式快拆模体系等。各种竖向模板与脚手体系有爬模体系、滑模体系、液压整体提升模板体系、分块提升式大模板、升板机整体式提升模板脚手体系。

(2) 钢筋施工技术。钢筋施工技术包括如下技术。

① 钢筋点焊网片。由钢筋工厂生产焊接卷网，在施工现场进行钢筋焊接骨架整体安装。

② 钢筋接头。有长度搭接、绑条焊接、对焊、电渣焊、压力焊接、套筒冷压接、套筒斜螺纹连接、可调螺纹连接等多种方式。特别是直螺纹等强接头，它利用加工过程使钢筋螺纹接头强度提高，可以保证接头强度超过母材，使接头位置与数量不受限制。

③ 预应力技术。预应力技术早在 20 世纪 30 年代已有方案提出，到 20 世纪 50 年代在世界上开始推广，此项技术使钢筋与混凝土充分发挥各自特性达到结构的最佳组合，以提高结构刚度和抗裂性能，减小结构物断面。现在在一些大型大跨度的钢筋混凝土结构工程上几乎均采用预应力技术。以上海地区为例，上海东方明珠电视塔竖向预应力连续长度为 300m，南浦大桥大梁的水平方向预应力一次张拉长达 100m，上海国际航运大厦基础地下室采用了无黏结钢绞线预应力结构等。

(3) 混凝土技术。近百年来，混凝土结构主宰了土木工程业，没有一个重大工程可以离开混凝土。混凝土技术随土木工程业的发展而发展，特别是近年发展得更快。

① 混凝土组分的发展。混凝土已在一般的水泥(胶凝材料)、砂子(细骨料)、石子(粗骨料)加水的组分基础上，增加了很多新的品种。例如，增加掺合料，粉煤灰(可改善混凝土性能)、磨细矿渣粉等(可提高强度、改善性能)；掺加化学外加剂，可适应减水、快硬、增塑、增稠、缓凝、抗冻、可泵送、自密实等功能的要求；掺加各种纤维，如玻璃纤维、钢纤维、塑料纤维、碳纤维等，以提高混凝土强度与抗裂性。

② 混凝土强度的发展。20 世纪 50 年代前，我国主要以 1∶2∶4 和 1∶3∶6 体积配比的混凝土为主；20 世纪 50 年代主要为 110 号、140 号、170 号、210 号混凝土；20 世纪 60~70 年代主要为 150 号~300 号混凝土；20 世纪 80 年代主要为 200 号、300 号、400 号混凝土；20 世纪 90 年代发展为 C20~C80 级高强混凝土。

③ 商品混凝土及泵送混凝土。商品混凝土发展很快，发达国家的一些大城市几乎都采用商品混凝土，占总量的 60%～80%。

④ 高性能混凝土及其发展。高性能混凝土(即 HPC)是 20 世纪 80 年代末 90 年代初，一些发达国家基于混凝土结构的耐久性设计提出的一种全新概念的混凝土，它以耐久性为首要设计指标。

(4) 结构吊装技术。目前，国内外的结构吊装技术都有了突飞猛进的发展，开始由传统的机械吊装向大型化与多机组合吊装方向发展。

① 整体提升吊升。上海万人体育馆采用整体提升技术，日本某体育馆分 3 次提升就位等。常采用计算机控制、钢绞线承重、液压整体提升技术等。

② 平面滑行安装技术。当安装机具无施工位置时，利用已安装的结构单体进行平面滑行安装，也是非常实用的方法，如日本博多饭店大楼就采用此法施工。

(5) 房屋工厂的设想与实践。由于房屋建筑的固定与庞大的特性，所以房屋生产没有工厂与流水线，建筑工人露天作业的状况沿袭至今。日本一家建筑公司设想改变这种状况，其方案是：在建造高层建筑时，先用一个带各种机具与控制设备的顶盖，套在建设中的房屋结构上，在往上进行房屋结构施工的同时，大屋盖也跟着往上提升，成为一个全天候建

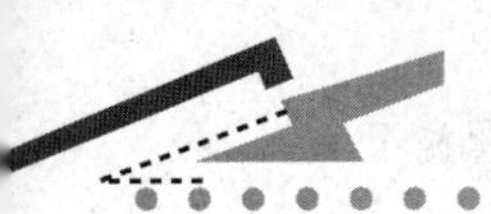

筑施工的工厂，目前已由五洋建设与大成建设联合体进行实践。

3. 特殊施工技术

在现代土木工程施工中，有大量的特殊施工技术，如水利工程的定向控制爆破、隧道工程的顶管施工等，下面以隧道桥梁为例对特殊施工技术进行简要介绍。

(1) 地下长距离管沟、隧道施工技术

① 盾构法。盾构法是一种在地下进行机械化暗挖作业的隧道施工方法，它靠盾构头部掘土，或用大刀盘切削土体，然后拼装预制的混凝土管片建成隧道环。边前进边建环，环环相接，最终形成长距离的隧道，施工既快速又安全。

② 顶管法施工技术。顶管法是用千斤顶将预制的钢筋混凝土管道分节顶进，并利用最前面的工具头进行挖土的一项地下掘进技术。以往对地下直径较小的管道可采用顶管法施工，目前随着技术进步，直径较大的管道也可以用顶管法施工，甚至可与盾构法媲美。在上海黄浦江上游引水工程中，将直径 3.5m 的钢管一次顶进 1743m，创世界之最。目前，国外顶管技术最先进的国家是德国。

③ 沉管法施工技术。沉管法是在干船坞内或大型驳船上先预制钢筋混凝土管段或全钢管段，将其两头密封，然后浮运到指定的水域，再进水沉埋到设计位置固定，建成需要的过江管道或大型水下空间。沉管法是正在发展中的施工技术，国内外都有许多施工实例，香港过海隧道、广州珠江隧道都采用这种方法施工。珠江隧道工程为我国大型沉管工程开创了成功的先例。

④ 冻结法施工。冻结法是在含水土层内先钻孔打入钢管，导入循环的液氮，使周边的地层冻结，形成坚硬的冻土壳。它不仅能保证地层稳定，还能起隔水作用，可以进行深基坑的挖土。

我国一些煤矿井筒工程中用此法施工较多，已有 300 多个井用此法完成，最长达 500m。近年来，此法已推广到其他土木工程中。20 世纪 70 年代北京地铁施工中，遇流砂曾用冻结法解决；20 世纪 90 年代上海延安东路越江隧道盾构在浦西段出口处，遇有大量城市管网，也采用冻结法保护周边环境及施工安全。

(2) 桥梁施工技术

斜拉桥是新型的桥梁形式，这种形式的大桥主桥分两大部分：桥塔及索拉桥面。桥塔的施工与建筑工程相同，但有的呈斜面，施工有一定困难。在采用斜爬模施工技术后，取得了比较经济和快速的效果。由于斜拉桥桥面材料有不同的组合，可分为钢桥、钢与混凝土叠合桥及钢筋混凝土桥。上海杨浦大桥主跨为 602m，在叠合桥中跨度为世界第一，而目前世界最长斜拉桥为日本的多多罗桥(桥长 890m)和法国的诺曼底桥(桥长 856m)。

阅读案例

悬索桥是世界上较早出现的桥型之一，跨度可以达到 1km 以上，世界上较著名的为美国旧金山大桥，施工方法是先建锚墩与桥塔，再在锚墩与桥塔之间拉上工作索，在工作索下设操作平台，并装上机具，然后安装主索，主索分散安装。钢索安装校正后，即可将分段预制的桥面从船上用钢索吊起固定。目前，世界上最大跨度的该类桥梁是日本明石大桥，主跨为 1990m，桥塔高 297m，主索直径达 1.2m。我国江阴长江大桥主跨为 1385m，桥塔高 200m，主索直径 0.9m。

模块小结

国家现行建筑施工规范的制订和发行，对于统一建筑技术经济需求，提高建筑科学管理水平，保证建筑工程质量，加快基本建设步伐，都起到了决定性的作用。在《现行建筑施工规范大全》中共收录了建筑施工标准 162 本，分为《地基与基础》《主体结构》《建筑装饰装修》《专业工程》《施工技术》等十部分。

建筑施工工序包括承揽施工工程、签订工程承包合同；施工准备工作；定位放线；土方开挖；验槽；基础施工和验收；主体施工及验收；屋面工程；室内外装修；室外工程；竣工验收等。

基础工程施工包括基坑土方施工、路基工程与软地基施工、土石方爆破、深基础施工等。基坑土方施工重点介绍基坑工程的作用、基坑的特点、施工的基本技术要求等。路基工程与软地基施工介绍的是路基工程、软土地基施工。土石方爆破介绍了土石方爆破的定义、土石方爆破分类。深基础是指桩基础、墩基础、沉井基础、沉箱基础和地下连续墙。

结构工程施工主要介绍砌筑材料与砌筑脚手架、钢筋混凝土工程施工、预应力混凝土工程施工、结构安装工程施工。

现代施工技术主要介绍现代施工技术的特点和现代施工技术等内容。

复习思考题

一、填空题

1. 深基础中的桩基础按桩的受力情况，分为_________和________两类。按桩的施工方法，分为____________和___________两类。

2. 砌体施工的基本要求是：_________________、__________________、_______________、_____________。

3. 钢筋连接的方法有______________、____________、____________3 种。

4. 混凝土工程施工包括_____________、___________、_____________、__________等施工过程。

二、选择题

1. 在浇筑混凝土构件之前，张拉预应力筋，将其临时锚固在台座或钢模上，然后浇筑混凝土构件，待混凝土达到一定强度时放松预应力筋的预应力混凝土施工方法称为____。

A. 先张法　　B. 后张法　　C. 预应力法　　D. 浇筑法

2. 单件吊装可采用各类起重机来吊装柱、梁、板、屋架等预制构件。预制构件的吊装过程，一般包括_________等工序。

A. 绑扎、吊升、对位、临时固定、最后固定

B. 绑扎、吊升、对位、临时固定、校正、最后固定

C. 绑扎、吊升、临时固定、校正、最后固定

D. 绑扎、吊升、对位、临时固定、校正

3. 起重机在一次开行中，吊装完所有各种类型的构件的单件吊装方法是____________。

A. 分件流水法　　B. 整体吊装法　　C. 综合法　　D. 特殊安装法

4. 先用起重机械将分块单元吊到结构一端的设计标高上，然后利用牵引设备将其滑移到设计位置进行安装的结构安装方法为______________。

A. 升板法　　B. 顶升法　　C. 综合法　　D. 滑移法

三、简答题

1. 施工工序都有哪些组成？
2. 简述基坑工程的作用。
3. 简述基坑工程的特点。
4. 简述路基工程的特点及作用。
5. 软土地基的处理方法有哪些？
6. 简述脚手架的分类。
7. 简述起重机械的分类。
8. 简述钢筋的连接方法。
9. 简述混凝土的浇筑过程。
10. 什么是预应力混凝土？
11. 简述先张法和后张法的操作工序。
12. 请简述 3 种现代先进的建筑施工技术。

建设项目管理

学习目标

了解建设程序、建设法规、工程项目管理的类型、建设工程项目管理的任务、建设监理的特点、监理工程师的素质。掌握工程项目招投标原则、工程项目招标方式、工程项目招投标程序、建设监理的工作内容。熟悉项目管理知识体系、建设监理的依据。

学习要求

能力目标	知识要点	权重
建设程序	立项决策阶段、设计准备阶段、设计阶段、施工阶段、动用前的准备阶段和保修阶段	10%
建设法规	建设法律的体系、中华人民共和国建筑法、中华人民共和国招标投标法、建设工程质量管理法律制度、建设工程安全生产法律制度	10%
工程项目招投标原则	公开、公平、公正、诚实信用	10%
工程项目招标方式	公开招标、邀请招标	10%
工程项目招投标程序	招标、投标、开标、评标、中标和签订合同	10%
项目管理知识体系	范围管理、时间管理、成本管理、质量管理、人力资源管理、沟通管理、采购管理、风险管理和综合管理	5%
工程项目管理的类型	业主方项目管理、工程总承包方项目管理、设计方项目管理、施工方项目管理、供货方项目管理	10%
建设工程项目管理的任务	合同管理、组织协调、目标控制、风险管理、信息管理	5%
建设监理的特点	服务性、科学性、独立性、公平性	5%
建设监理的依据	法律、法规、规章等规范性法律文件；技术规范、技术标准、规程；经审查批准的建设文件、设计文件和设计图纸；依法签订的各类工程合同文件	10%
建设监理的工作内容	三控制、两管理、一协调	5%
监理工程师的素质	较高的专业学历和复合型的知识结构、丰富的工程建设实践经验、良好的品德、健康的体魄和充沛的精力	10%

导入案例

鲁布革水电站(图 7-1)位于云南罗平和贵州兴义交接的黄泥河下游。

据说，早年水力勘测人员惊喜地发现此地，问及地名，当地布依族人回答："鲁布革!"本意为"不知道"，勘测人员误作地名，标入地图。

早在 20 世纪 50 年代，国家有关部门就开始安排了对黄泥河的踏勘，昆明水电勘测设计院承担项目的设计。原水利电力部在 1977 年着手进行鲁布革电站的建设，水电十四局开始修路，进行施工准备。1981 年 6 月，国家批准建设装机 60 万 kW 的鲁布革水电站，并被列为当时的国家重点工程。1984 年 4 月，原水利电力部决定在鲁布革工程采用世界银行贷款，鲁布革工程是我国第一个利用世界银行贷款的基本建设项目，根据与世界银行的使用贷款协议,引水隧洞工程必须进行国际招标。

图 7-1　鲁布革水电站

在中国、日本、挪威、意大利、美国、联邦德国、南斯拉夫、法国 8 个国家承包商的竞争中，日本大成公司以比中国与外国公司联营体投标价低 3600 万元中标。最终形成了"一项工程、两种体制、三方施工"的格局：一方是由挪威专家咨询，由水电十四局三公司承建的厂房枢纽工程；一方是由澳大利亚专家咨询，由水电十四局二公司承建的首部枢纽工程；一方是由日本大成公司承建的引水系统工程。两种体制是：一种是以云南电力局为业主，鲁布革工程管理局为业主代表及"工程师机构"，日本大成公司为承包方的合同制管理体制；一种是以鲁布革管理局为甲方，以水电十四局为乙方的投资包干管理体制。

1984 年 7 月 14 日，鲁布革工程管理局与日本大成公司就引水隧道工程签订了合同价为 8463 万元的书面合同，比标底 14958 万元低 43.4%。约定合同工期 1597 天。1984 年 11 月 24 日正式开工。日本大成公司仅派到中国三十多人的管理队伍，从水电十四局雇用了 424 名劳务工人，他们开挖隧道，单头月平均进尺 222.5m，相当于我国同类工程的 2～3 倍；在开挖直径 8.8m 的圆形发电隧洞中，创造了单头进尺 373.7m 的国际先进纪录。1986 年 10 月 30 日，隧洞全线贯通，工程质量优良，工期比合同计划提前了 5 个月。

1985 年 11 月，国务院批准鲁布革工程厂房工地开始率先进行项目法施工的尝试。参照日本大成公司鲁布革事务所的建制，建立了精干的指挥机构，使用配套的先进施工机械，优化施工组织设计，改革内部分配办法，产生了我国最早的"项目法施工"雏形。通过试点，提高了劳动生产力和工程质量，加快了施工进度，取得了显著效果。1986 年，时任国务院副总理的李鹏视察鲁布革水电站工地时感叹："看来同大成的差距，原因不在工人，而在于管理，中国工人可以出高效率。"1987 年 6

月，他在国务院召开的全国施工工作会议上提出全面推广鲁布革经验，要求国家有关部门对鲁布革管理经验进行全面总结，在建筑行业推广鲁布革经验。

【点评】

“鲁布革”事件发生后，我国大小施工工程开始试行招投标制与合同制管理，对我国工程建筑领域的管理体制、劳动生产率和报酬分配等方面产生了重大影响。它的影响早已超出水电系统本身，对人们的思想造成了强烈冲击，是中国水电建设改革史上的重要里程碑，在中国改革开放史上也占有一席之地。

所谓的项目是指为创建一个独特产品、服务项目或任务所做出的一种临时性的努力。

建设工程项目是项目中最重要的一类，是指需要一定量的投资，经过前期策划、设计、施工等一系列程序，在一定的资源约束条件(进度、质量、投资)下，以形成固定资产为确定目标的一次性任务。建设工程项目具有一次性、固定性、独特性、不可逆性等特征。

一个建设工程项目就是一个固定资产投资项目，建设工程项目有基本建设项目(新建、改建、扩建、迁建、重建等扩大再生产项目)和技术改造项目(以改进技术、增加产品品种、提高质量、治理“三废”、改善劳动条件、节约资产为主要目的的项目)。

建设工程项目管理是以建设工程项目为研究对象，在既定的约束条件下，为最优地实现建设工程项目目标，根据建设工程项目的内在规律，对从项目构思到项目完成(项目竣工并交付使用)的全过程进行的计划组织、协调和控制，以确保该建设工程项目的费用目标、进度目标和质量目标得以实现。

7.1 建设程序与建设法规

7.1.1 建设程序

建设工程项目的建设程序是指一项建设工程项目从设想、提出决策，经过设计、施工直到投产使用的全部过程的各阶段、各环节以及主要工作内容分类之间必须遵循的先后顺序。

目前，我国建设工程项目的建设程序大体分为项目决策和项目实施两大阶段，又可细分为立项决策阶段、设计准备阶段、设计阶段、施工阶段、动用前的准备阶段和保修阶段等 6 个阶段，如图 7-2 所示。

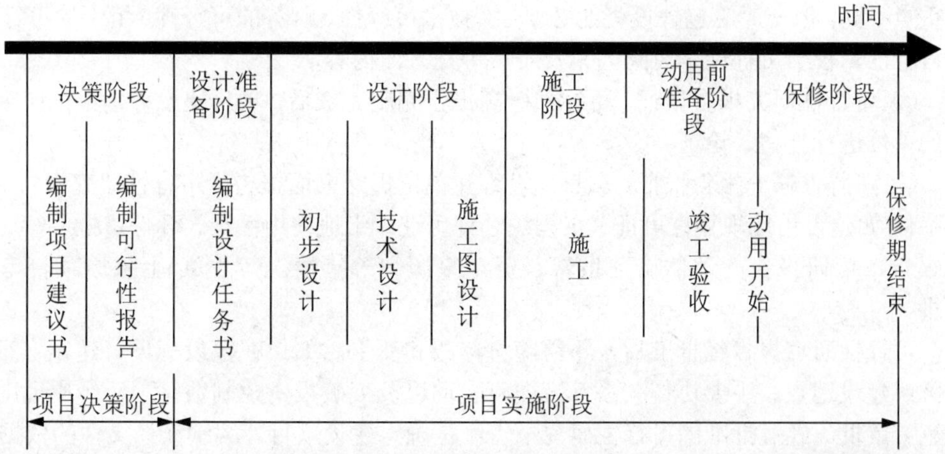

时间
决策阶段 | 设计准备阶段 | 设计阶段 | 施工阶段 | 动用前准备阶段 | 保修阶段
编制项目建议书 | 编制可行性报告 | 编制设计任务书 | 初步设计 | 技术设计 | 施工图设计 | 施工 | 竣工验收 | 动用开始 | 保修期结束
项目决策阶段 | 项目实施阶段

图 7-2 建设工程项目的基本程序

1. 立项决策阶段

立项决策阶段是指自提出项目概念到项目建议书获得批复的过程。这一过程所要解决的问题是项目的立项可否确定，即决定项目“做不做”的问题，所以这一决策只是项目初步的立项决策。鉴于项目立项决策的重要性，国际工程界亦将此阶段称为“项目决策”阶段。

本阶段的主要工作是编制项目建议书、编制可行性研究报告。

(1) 编制项目建议书阶段

项目建议书是对投资项目的初步选择阶段，它要对拟建项目提出一个轮廓设想，主要从宏观上考察项目建设的必要性、建设条件的可行性和获利的可能性，并作出项目和初步设想，作为国家选择投资项目的初步决策依据和进行可行性研究的基础。

项目建议书的内容一般应包括以下几个方面。

① 建设项目提出的必要性和依据。

② 拟建规模、建设方案。

③ 建设的主要内容。

④ 建设地点的初步设想情况、资源情况、建设条件、协作关系等的初步分析。

⑤ 投资估算和资金筹措及还贷方案。

⑥ 项目进度安排。

⑦ 经济效益和社会效益的估计。

⑧ 环境影响的初步评价。

项目建议书按要求编制完成后，应按照建设总规模和限额的划分审批权限到有关政府部门报批。

(2) 编制可行性研究阶段

可行性研究是指在建设项目决策之前，对拟建建设项目进行全面的技术经济分析和论证，并对其进行可行或不可行评价的一种科学方法。可行性研究通过对拟建项目进行投资方案规划、工程技术论证、经济效益的预测和分析，经过多个方案的比较和评价，为项目决策提供可靠的依据和可行的建议。该阶段分为以下几个环节。

① 编制可行性研究报告。各类建设项目可行性研究的内容分类及侧重点因行业不同而侧重点不同，但一般应包含投资的必要性、技术可行性、财务的可行性、组织的可行性、经济可行性、社会可行性、风险因素及对策等几方面内容。

② 可行性研究报告论证。可行性研究报告编制完成后，项目建设筹建单位应委托有资质的单位进行评估、论证。

③ 可行性研究报告报批。项目建设筹建单位提交书面报告附可行性研究报告文本、其他附件(如建设用地规划许可证、工程规划许可证、土地使用手续、环保审批手续、拆迁评估报告、可研报告的评估论证报告、资金来源和筹措情况等手续)上报原项目审批部门审批。

可行性研究报告经批准后，不得随意修改和变更。如果在建设规模、建设方案、建设地区或建设地点、主要协作关系等方面有变动以及突破投资控制数时，应经原批准机关同意重新审批。经过批准的可行性研究报告，是确定建设项目、编制设计文件的依据。

2. 设计准备阶段

设计准备阶段是指自获得项目建议书批复到项目可行性研究报告获得批复的过程，这一过程中将进行两大类工作：一条线是项目功能需求(工艺设计)的详尽论证，形成方案设计(工程方案)任务书，最终获得多个可用的设计方案(工程方案)；另一条线则是编制项目可行性研究报告，最终经技术与经济的综合比选，在上述多个可用方案或多条技术路线中确定最优、即最可行的设计方案(工程方案)，从而完成可行性研究报告的编制、评审与批复，也就是决定了项目“怎么做”的问题。可行性研究报告批复是在前述初步立项决策的基础上做出的审定性投资决策，但因为这个决策也为项目的工程设计奠定了基础，所以国际工程界亦将此阶段称为“设计准备”阶段。

3. 设计阶段

设计是对拟建工程的实施在技术上和经济上所进行的全面而详尽的安排，是基本建设计划的具体化，是把先进技术和科研成果引入建设的渠道，是整个工程的决定性环节，是组织施工的依据。它直接关系着工程质量和将来的使用效果。可行性研究报告经批准的建设项目应委托或通过招标投标选定设计单位，按照批准的可行性研究报告的内容和要求进行设计，编制设计文件。根据建设项目的不同情况，设计过程一般划分为两个阶段，即初步设计和施工图设计，重大项目和技术复杂项目，可根据不同行业的特点和需要，增加技术设计阶段。

(1) 初步设计

项目筹建单位应根据可研报告审批意见委托或通过招标投标择优选择有相应资质的设计单位进行初步设计。

初步设计是根据批准的可行性研究报告和必要而准确的设计基础资料，对设计对象进行通盘研究，阐明在指定的地点、时间和投资控制数内，拟建工程在技术上的可能性和经济上的合理性。通过对设计对象作出的基本技术规定，编制项目的总概算。根据国家规定，如果初步设计提出的总概算超过可行性研究报告确定的总投资估算 10%以上或其他主要指标需要变更时，要重新报批可行性研究报告。

初步设计文件经批准后，总平面布置、主要工艺过程、主要设备、建筑面积、建筑结构、总概算等不得随意修改、变更。经过批准的初步设计，是设计部门进行施工图设计的重要依据。

(2) 施工图设计阶段

通过招标、比选等方式择优选择设计单位进行施工图设计。施工图设计的主要内容是根据批准的初步设计，绘制出正确、完整和尽可能详尽的建筑安装图样。其设计深度应满足、设备材料的安排和非标设备的制作；建筑工程施工要求等。

施工图设计文件的审查备案。施工图文件完成后，应将施工图报有资质的设计审查机构审查，并报行业主管部门备案。

4. 施工阶段

施工阶段是指从施工单位自业主获得施工图样，业主下达项目开工令开始，直至项目竣工验收交付使用的完全过程，对工业项目而言，则一般是指从项目开工直至工业设备完成单机安装，具备进行试车条件的过程。

(1) 施工建设准备阶段

施工建设准备阶段的主要工作包括以下几个方面。

① 编制项目投资计划书，编制完成后需按现行的建设项目审批权限进行报批。

② 建设工程项目报建备案。省重点建设项目、省批准立项的涉外建设项目及跨市、州的大中型建设项目，由建设单位向省人民政府建设行政主管部门报建。其他建设项目按隶属关系由建设单位向县以上人民政府建设行政主管部门报建。

③ 建设工程项目招标。业主自行招标或通过比选等竞争性方式择优选择招标代理机构；通过招标或比选等方式择优选定设计单位、勘察单位、施工单位、监理单位和设备供货单位，签订设计合同、勘察合同、施工合同、监理合同和设备供货合同。

(2) 建设实施阶段

建设实施阶段包括征地；拆迁和场地平整；完成“三通一平”；组织设备、材料订货，做好开工前准备；准备必要的施工图样；办理工程质量监督手续；办理施工许可证；项目开工前审计；报批开工。

在施工过程中，应注意对隐蔽工程的验收。在每一道工序完成后应由建设单位委派的监理工程师或随工代表进行随工验收，验收合格后才能进行下一道工序。完工并自验合格后方可提交“交(完)工报告”。

(3) 动工前准备阶段

生产准备工作的内容根据项目或企业的不同，其要求也各不相同，但一般应包括招收和培训生产人员；组织准备；技术准备；物资准备等主要内容。

(4) 竣工验收

① 竣工验收的范围和标准。根据国家现行规定，凡新建、扩建、改建的基本建设项目和技术改造项目，按批准的设计文件所规定的内容建成，符合验收标准的，必须及时组织验收，办理固定资产移交手续。

进行竣工验收必须符合以下要求。

a. 项目已按设计要求完成，能满足生产使用。

b. 主要工艺设备配套设施经联动负荷试车合格，形成生产能力，能够生产出设计文件所规定的产品。

c. 生产准备工作能适应投产需要。

d. 环保设施、劳动安全卫生设施、消防设施已按设计要求与主体工程同时建成使用。

② 竣工验收的准备工作。建设单位应认真做好工程竣工验收的准备工作，主要包括整理技术资料；绘制竣工图；编制竣工决算几个方面。

③ 竣工验收程序。

a. 根据建设项目的规模大小和复杂程度，整个项目的验收可分为初步验收和竣工验收两个阶段进行。

b. 建设项目在竣工验收之前，由建设单位组织施工、设计及使用等单位进行初验。初验前由施工单位按照国家规定，整理好文件、技术资料，向建设单位提出交工报告。建设单位接到报告后，应及时组织初验。

c. 建设项目全部完成，经过各单项工程的验收，符合设计要求，并具备竣工图表、竣工决算、工程总结等必要文件资料，由项目主管部门或建设单位向负责验收的单位提出竣工验收申请报告。

④ 竣工验收的组织。竣工验收一般由项目批准单位或委托项目主管部门组织。

竣工验收由环保、劳动、统计、消防及其他有关部门组成，建设单位、施工单位、勘察设计单位参加验收工作。验收委员会或验收组负责审查工程建设的各个环节，听取各有关单位的工作报告，审阅工程档案资料并实地察验建筑工程和设备安装情况，并对工程设计、施工和设备质量等方面作出全面的评价。不合格的工程不予验收；对遗留问题提出具体解决意见，限期落实完成。

5. 保修阶段

(1) 竣工验收完成后，就进入工程保修阶段。工程保修期从工程竣工验收合格之日起计算。

(2) 我国《建筑工程质量管理条例》第四十条规定：在正常使用条件下，建设工程的最低保修期限如下。

① 基础设施工程、房屋建筑的地基基础工程和主体结构工程，为设计文件规定的该工程的合理使用年限。

② 屋面防水工程、有防水要求的卫生间、房间和外墙面的防渗漏，为 5 年。

③ 供热与供冷系统，为 2 个采暖期、供冷期。

④ 电气管线、给排水管道、设备安装和装修工程，为 2 年。

⑤ 其他项目的保修期限由建设单位和施工单位约定。

(3) 工程在保修期内出现质量缺陷，建设单位应当向施工单位发出报修通知。施工单位接到报修通知后，应当到现场核查情况，在保修书约定的时间内予以报修。发生涉及结构安全或者严重影响使用功能的紧急抢修事故，施工单位在接到报修通知后，应当立即到达现场抢修。发生涉及结构安全的质量缺陷，建设单位或者房屋建筑所有人应当立即向当地建设行政主管部门报告，由原设计单位或者具有相应资质等级的设计单位提出保修方案，施工单位实施保修，原工程质量监督机构负责监督。

(4) 保修完成后，由建设单位或者房屋建筑所有人组织验收。涉及结构安全的，应当报当地建设行政主管部门备案。

施工单位不按工程质量保修书约定保修的，建设单位可以另行委托其他单位保修，由原施工单位承担相应责任。

(5) 保修费用由质量缺陷的责任方承担。使用不当或者第三方造成的质量缺陷或者由于不可抗力造成的质量缺陷等情况不属于保修范围。

7.1.2 工程建设法规

建设法规是指国家权力机关或其授权的行政机关制定的，由国家强制力保证实施的，调整国家及其有关机构、企事业单位、社会团体、公民之间在建设活动中或建设行政管理活动中发生的各种社会关系的法律规范的统称。

1. 法律

由全国人大及其常委会制定，通常以国家主席令的形式向社会公布，具有国家强制力和普遍约束力，一般以法、决议、决定、条例、办法、规定等为名称，如《中华人民共和国建筑法》《中华人民共和国招标投标法》《中华人民共和国政府采购法》《中华人民共和国安全生产法》等。

2. 法规

法规包括行政法规和地方性法规。

行政法规，由国务院制定，通常由总理签署国务院令公布，一般以条例、规定、办法、实施细则等为名称，如《建设工程质量管理条例》《建设工程勘察管理条例》。

地方性法规，由省、自治区、直辖市及较大的市(省、自治区政府所在地的市，经济特区所在地的市，经国务院批准的较大的市)的人大及其常委会制定，通常以地方人大公告的方式公布，一般使用条例、实施办法等名称，如《河南省建筑市场管理条例》。

3. 规章

规章包括国务院部门规章和地方政府规章。

国务院部门规章，是指国务院所属的部、委、局和具有行政管理职责的直属机构制定，通常以部委令的形式公布，一般以办法、规定等为名称，如《建筑业企业资质管理规定》《工程建设项目招标代理机构资格认定办法》等。

地方政府规章，由省、自治区、直辖市、省级自治区政府所在地的市、经国务院批准的较大的市的政府制定，通常以地方人民政府令的形式发布，一般以规定、办法等为名称，如《北京市工程建设项目招标范围和规模标准的规定》。

4. 行政规范性文件

行政规范性文件是指各级政府及其所属部门和派出机关在其职权范围内，依据法律、法规和规章制定的具有普遍约束力的具体规定，如《国务院办公厅印发国务院有关部门实施招标投标活动行政监督的职责分工意见的通知》。

7.2 工程项目的招标投标

7.2.1 招标投标概述

1. 基本概念

《中华人民共和国建筑法》第十九条规定：建筑工程依法实行招标发包，对不适于招标发包的可以直接发包。

招标投标是市场主体通过有序竞争，择优配置工程、货物和服务要素的交易方式，是规范选择交易主体和订立交易合同的法律程序。

招标人发出招标公告(邀请)和招标文件，公布招标采购或出售标的物内容范围、技术标准、投标资格、合同条件；满足条件的潜在投标人按招标文件要求进行公平竞争，编制投标文件，一次密封投标；招标人依法组建的评标委员会按招标文件规定的评标标准和办法，公正评价，推荐中标候选人，招标人依法择优确定中标人，公布中标结果，并与中标人签订合同。

2. 招标投标的基本原则

招标投标应当遵循公开、公平、公正和诚实信用的原则。公开原则是指招标项目的需求、投标人资格条件、评标标准和办法，以及开标信息、中标候选人、中标结果等招标投标程序和时间安排等信息应当按规定公开透明；公平原则是指每个潜在投标人都享有参与平等竞争的机会和权利，不得设置任何条件歧视排斥或偏袒保护潜在投标人，招标人与投标人应当公平交易；公正原则是指招标人和评标委员会对每个投标人应当公正评价，行政监督部门应当公正执法，不得偏袒护私；诚实信用原则是指招标投标活动主体应当遵纪守法、诚实善意，恪守信用，严禁弄虚作假、言而无信。

3. 招标方式

按照竞争开放程度，招标方式分为公开招标和邀请招标两种方式。招标项目应依据法律规定条件，项目的规模、技术、管理特点要求以及投标人的选择空间等因素选择合适的招标方式。国有资金占控股或者主导地位的必须依法进行招标的项目一般应采用公开招标，如符合条件，确实需要采用邀请招标方式的，须经有关部门核准、备案或认定。

公开招标和邀请招标方式特点对比见表 7-1。

表 7-1　公开招标和邀请招标方式对比表

招标方式对比项目	公开招标	邀请招标
适用条件	适用范围较广，大多数项目均可以采用公开招标方式。规模较大、建设周期较长的项目尤为适用	通常适用于技术复杂、有特殊要求或者受自然环境限制只有少数潜在投标人可供选择的项目，或者拟采用公开招标的费用占合同金额比例过大的项目国家和省级重点项目、国有资金占控股或主导地位的依法必须进行招标的项目，采用邀请招标应当经批准或认定
竞争程度	属非限制性竞争招标方式，投标人之间相互竞争比较充分	属有限竞争性招标方式，投标人之间的竞争受到一定限制
招标成本	招标成本和社会资源耗费相对较大	招标成本和社会资源耗费相对较少
信息发布	招标人以公告的方式向不特定的对象发出投标邀请。依法必须进行招标的项目，应当在指定媒体发布招标公告或资格预审公告	招标人以投标邀请书的方式向特定的对象发出投标邀请
优点	信息公开、程序规范、竞争充分，不容易被串标、抬标；投标人较多，招标人挑选余地较大，有利于从中选择出合适的中标人	招标工作量相对较小，招标花费较省，投标人比较重视，招标人选择的目标相对集中
缺点	素质能力良莠不齐，招标工作量大、时间较长	投标人数量相对较少，竞争性较差；招标人在选择邀请对象前所掌握的信息存在局限性，有可能得不到最合适的承包商和获得最佳竞争效益

4. 招标的范围

(1)《中华人民共和国招标投标法》第 3 条规定，中华人民共和国境内进行下列工程建设项目包括项目的勘察、设计、施工、监理以及与工程建设有关的重要设备、材料等的采购，必须进行招标：①大型基础设施、公用事业等关系社会公共利益、公众安全的项目；②全部或者部分使用国有资金投资或者国家融资的项目；③使用国际组织或者外国政府贷款、援助资金的项目。前款所列项目具体范围和规模标准，由国务院发展计划部门会同国务院有关部门制定，报国务院批准。法律或国务院对必须进行招标的其他项目的范围有规定的，依照其规定。上述规定，不仅明确了工程建设项目必须进行招标的范围，而且指明了可以从项目性质和资金来源两个方面来衡量与判断具体建设项目是否属于必须招标的范围。

(2) 根据由国家发展改革委(原国家发展计划委)发布的《工程建设项目招标范围和规模标准规定》，详细规定了工程建设项目必须招标的范围如下。

① 关系社会公共利益、公众安全的基础设施项目：煤炭、石油、天然气、电力、新能源等能源项目；铁路、公路、管道、水运、航空以及其他交通运输业等交通运输项目；邮政、电信枢纽、通信、信息网络等邮电通信项目；防洪、灌溉、排涝、引(供)水、滩涂治理、水土保持、水利枢纽等水利项目；道路、桥梁、地铁和轻轨交通、污水排放及处理、垃圾处理、地下管道、公共停车场等城市设施项目；生态环境保护项目；其他基础设施项目。

② 关系社会公共利益、公众安全的公用事业项目：供水、供电、供气、供热等市政工程项目；科技、教育、文化等项目；体育、旅游等项目；卫生、社会福利等项目；商品住宅，包括经济适用住房；其他公用事业项目。

③ 使用国有资金投资项目：使用各级财政预算资金的项目；使用纳入财政管理的各种政府性专项建设基金的项目；使用国有企业事业单位自有资金，并且国有资产投资者实际拥有控制权的项目。

④ 国家融资项目：使用国家发行债券所筹资金的项目；使用国家对外借款或者担保所筹资金的项目；使用国家政策性贷款的项目；国家授权投资主体融资的项目；国家特许的融资项目。

⑤ 使用国际组织或者外国政府资金的项目：使用世界银行、亚洲开发银行等国际组织贷款资金的项目；使用外国政府及其机构贷款资金的项目；使用国际组织或者外国政府援助资金的项目。

⑥ 以上规定范围内的各类工程建设项目，包括项目的勘察、设计、施工、监理以及与工程建设有关的重要设备、材料等的采购，达到下列标准之一的，必须进行招标：施工单项合同估算价在 200 万元人民币以上的；重要设备、材料等货物的采购，单项合同估算价在 100 万元人民币以上的；勘察、设计、监理等服务的采购，单项合同估算价在 50 万元人民币以上的；单项合同估算价低于规定的标准，但项目总投资额在 3000 万元人民币以上的。

7.2.2 招标投标的基本程序

招标投标最显著的特点就是招标投标活动具有严格规范的程序。按照《中华人民共和国招标投标法》的规定，一个完整的招标投标程序，必须包括招标、投标、开标、评标、中标和签订合同六大环节。

1. 招标

招标是指招标人按照国家有关规定履行项目审批手续、落实资金来源后，依法发布招标公告或投标邀请书，编制并发售招标文件等具体环节。根据项目特点和实际需要，有些招标项目还要委托招标代理机构，组织现场踏勘、进行招标文件的澄清与修改等。由于这些是招标投标活动的起始程序，招标项目条件、投标人资格条件、评标标准和方法、合同主要条款等各项实质性条件和要求都是在招标环节得以确定，因此对于整个招标投标过程是否合法、科学，能否实现招标目的，具有基础性影响。

2. 投标

投标是指投标人根据招标文件要求，编制并提交投标文件，响应招标活动。投标人参与竞争并进行一次性投标报价是在投标环节完成的，在投标截止时间结束后，再不能接受新的投标，投标人也不得再更改投标报价及其他实质性内容。因此投标情况确定了竞争格局，是决定投标人能否中标、招标人能否取得预期招标效果的关键。

3. 开标

开标是招标人按照招标文件确定的时间和地点，邀请所有投标人到场，当众开启投标人提交的投标文件，宣布投标人名称、投标报价及投标文件中其他重要内容。开标最基本要求和特点是公开，保障所有投标人的知情权，这也是维护各方合法权益的基本条件。

4. 评标

招标人依法组建评标委员会，依据招标文件规定和要求，对投标文件进行审查、评审和比较，确定中标候选人。评标是审查确定中标人的必经程序。对于依法必须招标的项目招标人必须根据评标委员会提出的书面评标报告和推荐的中标候选人确定中标人，因此，评标是否合法、规范、公平、公正，对于招标结果具有决定性作用。

5. 中标

中标，也称定标，即招标人从评标委员会推荐的中标候选人中确定中标人，并向中标人发出中标通知书，并同时将中标结果通知所有未中标的投标人。中标既是竞争结果的确定环节，也是发生异议、投诉、举报的环节，有关行政监督部门应当依法进行处理。

6. 签订合同

中标通知书发出后，招标人和中标人应当按照招标文件和中标人的投标文件在规定时间内订立书面合同，中标人按合同约定履行义务，完成中标项目。依法必须进行招标的项目，招标人应当从确定中标人之日起15日内，向有关行政监督部门提交招标投标情况的书面报告。

阅读案例

某市有重点大型建设项目工程，总投资20000万元。其中对工程概算9000万元的基础工程进行招标。本次招标采取了邀请招标的方式，由建筑单位自行组织招标。6月中旬，由工程建设单位组建的资格评审小组对申请招标的20家施工企业进行资格审查。6月20日，建设单位向10家通过资格审查的企业发售了招标文件，并组织了现场勘察和答疑。建设单位于7月16日首次与政府有关部门

联系，向政府有关部门发出参加招标活动的邀请。7 月 18 日，由投资方、建设方、技术部门等各方代表参加的评标委员会组成。7 月 20 公开开标。当日下午至次日上午，评标委员会的商务组、技术组对 10 家投标企业的标书进行审查，并向建设单位按顺序推荐了中标候选人。有关部门派员参与了开标和评标监督。建设单位认为评标委员会推荐的中标候选人不如名单之外的某施工企业提出的优惠条件好(实际上是垫资施工)，决定让某施工企业中标。但在有关部门的干预和协调下，建设部门最终从评标委员会的中标候选人中选择了承包商。根据《工程建设项目施工招投标办法》的相关规定，该案例招标中有何不妥之处？

该案例招标中不妥之处如下。

(1) 招标范围不符合《中华人民共和国招标投标法》的规定。该项目属于大型基础设施，属于必须招标项目。本项目总投资 20000 万元，只对投资 9000 万元的基础工程进行招标，显然违反了法律关于依法招标项目“包括项目的勘察、设计、施工、监理以及与工程建设有关的重要设备、材料等的采购，必须进行招标”的规定。

(2) 招标方式选择不当。按规定依法招标项目应采用公开招标方式发包，即便不适宜公开招标，选用邀请招标方式也应经法定方式审批，本项目显然未经批准程序。

(3)自行招标应向有关部门进行备案。根据有关规定：“依法必须进行招标的项目，招标人自行办理招标事宜的，应当向有关行政监督部门备案”。行政监督部门根据有关法规，对招标人是否具有自行招标的条件进行监督，确定其是否具备编制招标文件的能力和组织招标的能力。国家纪委《工程建设项目自行招标试行办法》，规定了办理经国家计委审批项目自行招标的事宜。建设部《房屋建筑和市政基础设施工程施工招标投标》第十二条规定：招标人自行办理施工招标事宜的，应当在发布招标公告或发出投标邀请书的 5 日前，向工程所在地县级以上地方人民政府建设行政主管部门备案。从本案例资料看，招标人未作此备案。

(4) 评标委员会组成不合法。由投资方、建设方、技术部门等各方代表参加组成评标委员会的做法违反了法律规定的评标委员会“由招标人从国务院有关部门或者省、自治区、直辖市人民政府有关部门提供的专家名册或者招标代理机构的专家库的相关专业的专家名单中确定，一般招标项目可以采取随机抽取方式，特殊招标项目可以由招标人直接确定”的规定。

(5) 招标人确定推荐中标人之外的单位中标的做法违反法律规定。

《中华人民共和国招标投标法》规定：招标人根据评标委员会提出的书面评标报告和推荐的中标候选人确定中标人。国家计委部门在《评标委员会和评标方法暂行规定》中进一步明确：“使用国有资金投资或者国家融资的项目，招标人应当确定排名第一的中标候选人为中标人。排名第一的中标候选人放弃中标的，因不可抗力剔除不能履行合同，或者招标文件规定应当提交履约保证金而在规定的期限内未能提交的，招标人可以确定排名第二的中标候选人为中标人。排名第二的中标候选人因前款规定的同样原因不能签订合同的，招标人可以确定第三的中标候选人为中标人”。因此，本案例中的招标人只能依法选择评标委员会推荐的排名第一的中标候选人为中标人，而不能是其他。

7.3 工程项目管理

7.3.1 项目管理的概念及知识体系

1. 项目管理的概念

项目管理是指在一定的约束条件下，为达到目标(在规定的时间和预算费用内，达到所要求的质量)而对项目所实施的计划、组织、指挥、协调和控制的过程。

一定的约束条件是制定项目目标的依据，也是对项目控制的依据。项目管理的目的就是保证项目目标的实现。由于项目具有单件性和一次性的特点，要求项目管理具有针对性、系统性、程序性和科学性。只有用系统工程的观点、理论和方法对项目进行管理，才能保证项目的顺利完成。

2. 项目管理的知识体系

项目管理知识体系包括 9 个知识领域，即范围管理、时间管理、成本管理、质量管理、人力资源管理、沟通管理、采购管理、风险管理和综合管理。

(1) 项目范围管理，是指对项目应该包括什么和不应该包括什么进行定义和控制的过程。具体内容包括项目核准、范围规划、范围定义、范围核实和范围变更控制。

(2) 项目时间管理，是指为确保项目按期完成所必需的一系列管理过程和活动。具体内容包括活动定义、活动排序、活动时间估算、进度计划和进度控制。

(3) 项目成本管理，是指为确保项目在批准的预算范围内完成所需的各个过程。具体内容包括资源规划、成本估算、成本预算和成本控制。

(4) 项目质量管理，是指为满足项目利益相关者的需要而开展的项目管理活动。项目质量管理包括工作质量管理和项目产出物的质量管理。具体内容包括质量规划、质量保证和质量控制。

(5) 项目人力资源管理，是指对项目组织中的人员进行招聘、培训、组织和调配，同时对组织成员的思想、心理和行为进行恰当诱导控制和协调，充分发挥其主观能动性的过程。具体内容包括组织规划、人员招聘和团队建设。

(6) 项目沟通管理，是指为确保项目信息合理收集和传输，以及最终处理所需实施的一系列过程。具体内容包括沟通规划、信息传输、进展报告和管理收尾。

(7) 项目采购管理，是指在整个项目生命期内，有关项目组织从外部寻求和采购各种项目所需资源的管理过程。具体内容包括采购规划、询价与招标、供方选择、合同管理和合同收尾。

(8) 项目风险管理，是指系统识别和评估项目风险因素，并采取必要对策控制风险的过程。具体内容包括风险识别、风险评估、风险对策和风险控制。

(9) 项目综合管理，是指在项目生命期内协调所有其他项目管理知识领域所涉及的过程。具体内容包括项目计划制定、项目计划实施和综合变更控制。

7.3.2 建设工程项目管理的类型和任务

1. 建设工程项目管理的类型

在建设工程项目的决策和实施过程中，由于各阶段的任务和实施主体不同，构成了不同类型的项目管理。从系统工程的角度分析，每一类型的项目管理都是在特定条件下为实现整个建设工程项目总目标的一个管理子系统。

(1) 业主方项目管理

业主方项目管理是全过程的项目管理，包括项目决策与实施阶段的各个环节。由于项目实施的一次性，使得业主方自行进行项目管理往往存在很大的局限性。首先，在技术和管理方面缺乏相应的配套力量；其次，即使是配备健全的管理机构，如果没有持续不断的项目管理任务也是不经济的。为此，项目业主需要专业化、社会化的项目管理单位为其提供项目管理服务。项目管理单位既可以为业主提供全过程的项目管理服务，也可以根据业主需求提供分阶段的项目管理服务。

对于需要实施监理的建设工程项目，具有工程监理资质的项目管理单位可以为业主提供项目监理服务，但这通常需要业主在委托项目管理任务时一并考虑。当然，工程项目监理任务也可由项目管理单位协助业主委托给其他具有工程监理资质的单位。

(2) 工程总承包方项目管理

在项目设计、施工综合承包或设计、采购和施工综合承包(即 EPC 承包)的情况下，业主在项目决策之后，通过招标择优选定总承包单位全面负责工程项目的实施过程，直至最终交付使用功能和质量标准符合合同文件规定的工程项目。由此可见，工程总承包方的项目管理是贯穿于项目实施全过程的全面管理，既包括项目设计阶段，也包括项目施工安装阶段。

工程总承包方为了实现其经营方针和目标，必须在合同条件的约束下，依靠自身的技术和管理优势或实力，通过优化设计及施工方案，在规定的时间内，按质、按量地全面完成工程项目的承建任务。

(3) 设计方项目管理

勘察设计单位承揽到项目勘察设计任务后，需要根据勘察设计合同所界定的工作目标及责任义务，引进先进技术和科研成果，在技术和经济上对项目的实施进行全面而详尽的安排，最终形成设计图样和说明书，并在项目施工安装过程中参与监督和验收。因此，设计方的项目管理不仅局限于项目勘察设计阶段，而且要延伸到项目的施工阶段和竣工验收阶段。

(4) 施工方项目管理

施工承包单位通过投标承揽到项目施工任务后，无论是施工总承包方还是分包方，均需要根据施工承包合同所界定的工程范围组织项目管理。施工方项目管理的目标体系包括项目施工质量、成本、工期、安全、现场标准化和环境保护。显然，这一目标体系既与建设工程项目的目标相联系，又具有施工方项目管理的鲜明特征。

(5) 供货方项目管理

从建设工程项目管理的系统角度分析，建筑材料和设备的供应工作也是实施建设工程项目的一个子系统。该子系统有明确的任务和目标、明确的约束条件以及与项目设计、施工等子系统的内在联系。因此，设备制造商、供应商同样需要根据加工生产制造和供应合同所界定的任务进行项目管理，以适应建设工程项目总目标的要求。

2. 建设工程项目管理的任务

建设工程项目管理的主要任务是在项目可行性研究、投资决策的基础上，对勘察设计、建设准备、施工及竣工验收等全过程的一系列活动进行规划、协调、监督、控制和总结评价，通过合同管理、组织协调、目标控制、风险管理和信息管理等措施，保证工程项目质量、进度、造价目标得到控制。

(1) 合同管理

工程总承包合同、勘察设计合同、施工合同、材料设备采购合同、项目管理合同、监理合同、造价咨询合同等均是业主和参与项目实施各主体之间明确权利义务关系的具有法律效力的协议文件，也是市场经济体制下组织项目实施的基本手段。从某种意义上讲，项目的实施过程就是合同订立和履行的过程。合同管理主要是指对各类合同的订立过程和履行过程的管理，包括合同文本的选择，合同条件的协商、谈判，合同书的签署；合同履行的检查，变更和违约、纠纷的处理，总结评价等。

(2) 组织协调

组织协调是实现项目目标必不可少的方法和手段。在项目实施过程中，各个项目参与单位需要处理和调整众多复杂的业务组织关系，主要包括：①外部环境协调，如与政府管理部门之间的协调、资源供应及社区环境方面的协调等；②项目参与单位之间的协调；③项目参与单位内部各部门、各层次及个人之间的协调。

(3) 目标控制

目标控制是指项目管理人员在不断变化的动态环境中为保证既定计划目标的实现而进行的一系列检查和调整活动的过程。目标控制的主要任务是采用规划、组织、协调等手段，采取组织、技术、经济、合同等措施，确保项目总目标的实现。项目目标控制的任务贯穿在项目前期策划与决策、勘察设计、施工、竣工验收及交付使用等各个阶段。

(4) 风险管理

随着建设工程项目规模的大型化和技术的复杂化，业主及项目参与各方所面临的风险越来越多，遭遇的风险损失程度越来越大。为确保建设工程项目的投资效益，必须对项目风险进行识别，并在定量分析和系统评价的基础上提出风险对策组合。

(5) 信息管理

信息管理是项目目标控制的基础，其主要任务就是及时、准确地向各层级领导、各参加单位及各类人员提供所需的综合程度不同的信息，以便在项目进展的全过程中，动态地进行项目规划，迅速正确地进行各种决策，并及时检查决策执行结果。为了做好信息管理工作，需要：①建立完善的信息采集制度以收集信息；②做好信息编目分类和流程设计工作，实现信息的科学检索和传递；③充分利用现有信息资源。

(6) 环境保护

工程建设可以改造环境、为人类造福，优秀的设计作品还可以增添社会景观，给人们带来观赏价值。但建设工程项目的实施过程和结果，同时也存在着影响甚至恶化环境的种种因素。因此，应在工程建设中强化环保意识，切实有效地将环境保护和克服损害自然环境、破坏生态平衡、污染空气和水质、扰动周围建筑物和地下管网等现象的发生，作为项目管理的重要任务之一。项目管理者必须充分研究和掌握国家和地区的有关环保法规和规定，对于环保方面有要求的工程项目在可行性研究和决策阶段，必须提出环境影响评价报告，严格按工程建设程序向环保行政主管部门报批。在项目实施阶段，做到“三同时”，即主体工程与环保措施工程同时设计、同时施工、同时投入运行。

7.3.3 建设工程项目管理的目标和发展趋势

1. 建设工程项目管理目标

建设工程项目管理是指项目组织运用系统工程的理论和方法对建设工程项目寿命期内的所有工作(包括项目建议书、可行性研究、评估论证、设计、采购、施工、验收、后评价等)进行计划、组织、指挥、协调和控制的过程。建设工程项目管理的核心任务是控制项目目标(造价、质量、进度)，最终实现项目的功能，以满足使用者的需求。

建设工程项目的造价、质量和进度三大目标是一个相互关联的整体，三大目标之间既存在着矛盾的方面，又存在着统一的方面。进行项目管理，必须充分考虑建设工程项目三大目标之间的对立统一关系，注意统筹兼顾，合理确定三大目标，防止发生盲目追求单一目标而冲击或干扰其他目标的现象。

2. 建设工程项目管理的发展趋势

为了适应建设工程项目大型化、项目大规模融资及分散项目风险等需求，建设工程项目管理呈现出集成化、国际化、信息化趋势。

(1) 项目管理集成化

在项目组织方面，业主变自行管理模式为委托项目管理模式。由项目管理咨询公司作为业主代表或业主的延伸，根据其自身的资质、人才和经验，以系统和组织运作的手段和方法对项目进行集成化管理。

在项目管理理念方面，不仅注重项目的质量、进度和造价三大目标的系统性，更加强调项目目标的寿命周期管理。为了确保项目的运行质量，必须以全面质量管理的观点控制项目策划、决策、设计和施工全过程的质量。项目进度控制也不仅仅是项目实施(设计、施工)阶段的进度控制，而是包括项目前期策划、决策在内的全过程控制。项目造价的寿命周期管理是将项目建设的一次性投资和项目建成后的日常费用综合起来进行控制，力求项目寿命周期成本最低，而不是追求项目建设的一次性投资最省。

(2) 项目管理国际化

随着经济全球化及我国经济的快速发展，在我国的跨国公司和跨国项目越来越多，我国的许多项目已通过国际招标、咨询等方式运作，我国企业走出国门在海外投资和经营的项目也在不断增加。特别是我国加入 WTO 后，我国的行业壁垒正在逐步消除，国内市场国际化，国内外市场全面融合，使得项目管理的国际化已成为项目管理的必然趋势和潮流。

(3) 项目管理信息化

伴随着网络时代和知识经济时代的到来，项目管理的信息化已成为必然趋势。欧美发达国家的一些工程项目管理中运用了计算机网络技术，开始实现项目管理网络化、信息化。此外，许多项目管理单位已开始大量使用项目管理软件进行项目管理，同时还从事项目管理软件的开发研究工作。

7.4 建设工程监理

7.4.1 我国建设工程监理制度概述

我国的建设监理制度始于 1988 年，作为改革开放催生的四大建筑制度之一，与项目业主负责制、投标承包制和合同管理制一起载入了建筑业改革创新的史册。监理制为提高我国工程建设质量和投资效益、缩短建设周期发挥了巨大的作用。监理单位受聘于业主，为业主提供技术服务，对承包商则依据业主的授权进行监督管理，同时监理单位要接受行业主管部门、政府建设行政主管部门的监督管理。业主、监理单位与承包商三者之间以经济为纽带，以合同为依据，相互监督、相互制约，构成建设项目的基本管理体制。

1. 建设工程监理的概念

监理就是监督管理。所谓建设工程监理，是指具有相应资质的工程监理单位，接受建设单位的委托，依照法律法规、有关技术标准、经国家批准的工程项目建设文件、工程建设监理合同和其他建设工程合同，代表建设单位对工程建设实施的专业化监督管理。监理单位与建设单位之间是委托与被委托的合同关系；与被监理单位是监理与被监理的关系。

2. 建设工程监理的特点

工程监理单位是建筑市场的主体之一，建设工程监理是一种高智能的有偿技术服务。在国际上把这类服务归为工程咨询(工程顾问)服务。我国的建设工程监理属于国际上业主方项目管理的范畴。综上所述，建设工程监理的工作性质有如下几个特点。

(1) 服务性，工程监理机构受业主的委托进行工程建设的监理活动，它提供的不是工程任务的承包，而是服务，工程监理机构将尽一切努力进行项目的目标控制，但它不可能保证项目的目标一定实现，它也不可能承担由于不是它的缘故而导致项目目标的失控。

(2) 科学性，工程监理机构拥有从事工程监理工作的专业人士——监理工程师，他将应用所掌握的工程监理科学的思想、组织、方法和手段从事工程监理活动。

(3) 独立性，指的是不依附性，它在组织上和经济上不能依附于监理工作的对象(如承包商、材料和设备的供货商等)，否则它就不可能自主地履行其义务。

(4) 公平性，工程监理机构受业主的委托进行工程建设的监理活动，当业主方和承包商发生利益冲突或矛盾时，工程监理机构应以事实为依据，以法律和有关合同为准绳，在维护业主的合法权益时，不损害承包商的合法权益，这体现了建设工程监理的公平性。

3. 建设工程监理的性质

监理单位是建筑市场的主体之一，建设工程监理是一种高智能的有偿技术服务。

建筑工程监理应当依照法律、行政法规及有关的技术标准、设计文件和建筑工程承包合同，对承包单位在施工质量、建设工期和建设资金使用等方面，代表建设单位实施监督。

4. 建设工程监理的依据

(1) 法律、法规、规章等规范性法律文件。如《建筑法》《建设工程质量管理条例》《工程建设监理规定》《工程监理企业资质管理规定》《注册监理工程师管理规定》等。

(2) 技术规范、技术标准、规程。如《建设工程监理规范》《工程建设标准强制性条文》等有关的工程技术标准、规范、规程等。

(3) 经审查批准的建设文件、设计文件和设计图样。如批准的可行性研究报告、建设项目选址意见书、建设用地规划许可证、批准的施工图设计文件、施工许可证等。

(4) 依法签订的各类工程合同文件。如建设工程委托监理合同、建筑工程承包合同等有关的建设工程合同。

5. 建设工程监理的任务

建设工程监理工作的主要内容包括协助建设单位进行工程项目可行性研究、优选设计方案、设计单位和施工单位审查设计文件、控制工程质量造价和工期监督、管理建设工程合同的履行以及协调建设单位与工程建设有关各方的工作、关系等。由于建设工程监理工作具有技术管理、经济管理、合同管理、组织管理和工作协调等多项业务、职能。因此，对其工作内容方式方法范围和深度均有特殊要求。鉴于目前监理工作在建设工程投资决策阶段和设计阶段尚未形成系统成熟的经验，需要通过进一步研究探索。因此，建设工程监理规范暂时未涉及工程项目前期可行性研究和设计阶段的监理工作。

目前，建设工程监理工作中的主要内容是被称之为“三控制、两管理、一协调”的 6 项任务。

(1) 三控制：工程的投资控制、工期控制和质量控制。

(2) 两管理：工程建设信息管理、工程建设合同管理。

(3) 一协调：协调有关单位间的工作关系。

7.4.2 建设工程监理的范围

根据建设部《建设工程监理范围和规模标准规定》(中华人民共和国建设部 86 号令)，下列建设工程必须实行监理。

1. 国家重点建设工程

国家重点建设工程，是指依据《国家重点建设项目管理办法》所确定的对国民经济和社会发展有重大影响的骨干项目。

2. 大中型公用事业工程

大中型公用事业工程，是指项目总投资额在 3000 万元以上的下列工程项目。

(1) 供水、供电、供气、供热等市政工程项目。

(2) 科技、教育、文化等项目。

(3) 体育、旅游、商业等项目。

(4) 卫生、社会福利等项目。

(5) 其他公用事业项目。

3. 成片开发建设的住宅小区工程

成片开发建设的住宅小区工程，建筑面积在 5 万 m^2 以上的住宅建设工程必须实行监理；5 万 m^2 以下的住宅建设工程，可以实行监理，具体范围和规模标准由省、自治区、直辖市人民政府建设行政主管部门规定。

为了保证住宅质量，对高层住宅及地基、结构复杂的多层住宅应当实行监理。

4. 利用外国政府或者国际组织贷款、援助资金的工程

利用外国政府或者国际组织贷款、援助资金的工程范围包括以下几种。

(1) 使用世界银行、亚洲开发银行等国际组织贷款资金的项目。

(2) 使用国外政府及其机构贷款资金的项目。

(3) 使用国际组织或者国外政府援助资金的项目。

5. 国家规定必须实行监理的其他工程

(1) 项目总投资额在 3000 万元以上关系社会公共利益、公众安全的下列基础设施项目：①煤炭、石油、化工、天然气、电力、新能源等项目；②铁路、公路、管道、水运、民航以及其他交通运输业等项目；③邮政、电信枢纽、通信、信息网络等项目；④防洪、灌溉、排涝、发电、引(供)水、滩涂治理、水资源保护、水土保持等水利建设项目；⑤道路、桥

梁、地铁和轻轨交通、污水排放及处理、垃圾处理、地下管道、公共停车场等城市基础设施项目；⑥生态环境保护项目；⑦其他基础设施项目。

(2) 学校、影剧院、体育场馆项目。

7.4.3 建设工程监理的程序

1. 签订委托监理合同

实行监理的建设工程，由建设单位委托具有相应资质条件的工程监理单位监理。建设单位与其委托的工程监理单位应当订立书面委托监理合同。合同中应包括监理单位对建设工程质量、造价、进度进行全面控制和管理的条款。建设单位与承包单位之间与建设工程合同有关的联系活动应通过监理单位进行。

2. 组建建设工程项目监理机构

监理单位应根据所承担的监理任务，组建工程建设项目监理机构。监理机构一般由总监理工程师、专业监理工程师和监理员组成，必要时可配备总监理工程师代表。

3. 书面通知

监理单位应于委托监理合同签订后十天内将项目监理机构的组织形式、人员构成及对总监理工程师的任命书面通知建设单位。实施建设工程监理前，建设单位应当将委托的工程监理单位、监理的内容、总监理工程师姓名及所赋予的监理权限，书面通知被监理单位。总监理工程师应当将其授予监理工程师的权限，书面通知被监理单位。当总监理工程师需要调整时，监理单位应征得建设单位同意，并书面通知建设单位。当专业监理工程师需要调整时，总监理工程师应书面通知建设单位和承包单位。

4. 实施监督管理

建设工程监理应当依照法律、行政法规及有关的技术标准、设计文件和建筑工程承包合同，对承包单位在施工质量、建设工期和建设资金使用等方面，代表建设单位实施监督。承担工程施工阶段的监理，监理机构应进驻施工现场。

7.4.4 监理人员应具备的基本素质

具体从事监理工作的监理人员，不仅要有一定的工程技术或工程经济方面的专业知识、较强的专业技术能力，能够对工程建设进行监督管理，提出指导性的意见，而且要有一定的组织协调能力，能够组织、协调工程建设有关各方共同完成工程建设任务。因此，监理工程师应具备以下素质。

1. 较高的专业学历和复合型的知识结构

工程建设涉及的学科很多，其中主要学科就有几十种。作为一名监理工程师，当然不可能掌握这么多的专业理论知识，但至少应掌握一种专业理论知识。没有专业理论知识的人员无法承担监理工程师岗位工作。所以，要成为一名监理工程师，至少应具有工程类大专以上学历，并应了解或掌握一定的工程建设经济、法律和组织管理等方面的理论知识，不断了解新技术、新设备、新材料、新工艺，熟悉与工程建设相关的现行法律法规、政策规定，成为一专多能的复合型人才，持续保持较高的知识水准。

2. 丰富的工程建设实践经验

监理工程师的业务内容体现的是工程技术理论与工程管理理论的应用，具有很强的实践性特点。因此，实践经验是监理工程师的重要素质之一。据有关资料统计分析，工程建设中出现的失误，少数原因是责任心不强，多数原因是缺乏实践经验。实践经验丰富则可以避免或减少工作失误。工程建设中的实践经验主要包括立项评估、地质勘测、规划设计、工程招标投标、工程设计及设计管理、工程施工及施工管理、工程监理、设备制造等方面的工作实践经验。

3. 良好的品德

监理工程师的良好品德主要体现在以下几个方面：热爱本职工作；具有科学的工作态度；具有廉洁奉公、为人正直、办事公道的高尚情操；能够听取不同方面的意见，冷静分析问题。

4. 健康的体魄和充沛的精力

尽管建设工程监理是一种高智能的管理服务，以脑力劳动为主，但是，也必须具有健康的身体和充沛的精力，才能胜任繁忙、严谨的监理工作。尤其在建设工程施工阶段，由于露天作业，工作条件艰苦，工期往往紧迫，业务繁忙，更需要有健康的身体，否则难以胜任工作。我国对年满65周岁的监理工程师不再进行注册，主要就是考虑企业人员身体健康状况的适应能力而设定的条件。

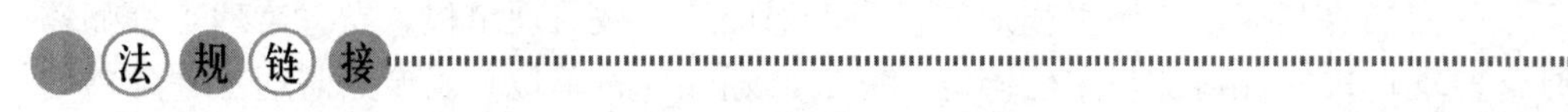

有关的法规有《建筑工程质量管理条例》《中华人民共和国建筑法》《中华人民共和国招标投标法》《中华人民共和国政府采购法》《中华人民共和国安全生产法》《建筑业企业资质管理规定》《工程建设项目招标代理机构资格认定办法》《建设工程质量管理条例》《工程建设监理规定》《工程监理企业资质管理规定》《注册监理工程师管理规定》《建设工程监理范围和规模标准规定》《专业资质注册监理工程师人数配备表》《国家重点建设项目管理办法》等。

重庆綦江彩虹桥垮塌事件

1999年1月4日18时50分，重庆市綦江县城区一座步行桥(彩虹桥)突然整体垮塌，数十名过桥者随大桥坠入桥下的綦河，造成了严重伤亡事故。这次因工程质量导致的重大责任事故，共造成40人死亡，14人受伤，直接损失600万余元。彩虹桥于1994年11月5日动工修建，1996年2月16日完工投入使用，建筑时间1年零102天，使用时间两年零322天。

事故抢救过程中，江泽民主席亲自打电话给建设部部长俞正声，要求查明原因，一追到底，举一反三。1999年1月8日，经专家鉴定，綦江彩虹桥垮塌系重大责任事故的直接原因是：拱架钢管焊接存在严重缺陷，个别焊缝出现陈旧性裂痕，焊接质量不合格；混凝土强度不足，普遍低于设计标号的三分之一；连接桥梁、桥面与钢拱架的拉索、锚片、锚具都有严重锈蚀；另外，工程的承发包也不符合国家建筑管理规定和要求，施工单位系个人挂靠行为，不具备市政工程施工资格。

间接原因是：建设过程严重违反基本建设程序，未办理立项及计划审批手续，未办理规划、国土手续，未进行设计审查，未进行施工招投标，未办理建筑施工许可手续，未进行工程竣工验收。设计、施工主体资格不合格。私人设计，非法出图；施工承包主体不合法；挂靠承包，严重违规，管理混乱；綦江县个别领导行政干预过多，对工程建设的许多问题擅自决断，缺乏约束监督；建设业主与县建设行政主管部门职责混淆，责任不落实，工程发包混乱，管理严重失职；工程总承包关系混乱，总承包单位在履行职责上严重失职；施工管理混乱，设计变更随意，手续不全，技术管理薄弱，责任不落实，关键工序及重要部位的施工质量无人把关；材料及构配件进场管理失控，不按规定进行试验检测，外协加工单位加工的主拱钢管未经焊接质量检测合格就交付施工方使用；质监部门未严格审查项目建设条件就受理质监委托，且未认真履行职责，对项目未经验收就交付使用的错误做法未有效制止；工程档案资料管理混乱，无专人管理；未经验收，强行使用；另外，负责项目管理的少数领导干部存在严重腐败行为，使国家明确规定的各项管理制度形同虚设。

模块小结

建设工程项目的建设程序包括立项决策阶段、设计准备阶段、设计阶段、施工阶段、动用前的准备阶段和保修阶段 6 个阶段。建设项目管理中的建设法规包括建设法律的体系、《建筑法》《中华人民共和国招标投标法》《建设工程质量管理法律制度》《建设工程安全生产法律制度》等。

工程项目招投标要遵循的原则是公开、公平、公正、诚实信用。工程项目招标方式包括公开招标、邀请招标。工程项目招投标程序包括招标、投标、开标、评标、中标和签订合同。

项目管理知识体系包括范围管理、时间管理、成本管理、质量管理、人力资源管理、沟通管理、采购管理、风险管理和综合管理。工程项目管理的类型包括业主方项目管理、工程总承包方项目管理、设计方项目管理、施工方项目管理、供货方项目管理。建设工程项目管理的任务包括合同管理、组织协调、目标控制、风险管理、信息管理等。

建设监理的特点服务性、科学性、独立性、公平性。建设监理的依据是法律、法规、规章等规范性法律文件；技术规范、技术标准、规程；经审查批准的建设文件、设计文件和设计图纸；依法签订的各类工程合同文件。建设监理的工作内容主要是“三控制、两管理、一协调”。监理工程师的素质较高的专业学历和复合型的知识结构、丰富的工程建设实践经验、良好的品德、健康的体魄和充沛的精力。

复习思考题

一、填空题

1. 我国建设工程项目的建设程序大体分为项目__________和项目__________两大阶段，又可细分为__________阶段、__________阶段、__________阶段、__________阶段、__________阶段和__________阶段 6 个阶段。

2. 建设工程实施阶段，项目在开工建设之前要做好完成“三通一平”即________、__________、________、______________。

3. 招标投标应遵循的基本原则是______、______、______和________。

4. 按照《中华人民共和国招标投标法》的规定，一个完整的招标投标程序，必须包括________、__________、_________、________、________和____________六大环节。

5. 建设工程监理的特点是_________、__________、_________和__________。

6. 建设工程监理工作中的主要内容是被称之为“三控制、两管理、一协调”的6项任务，三控制是指：______________、______________、________________；两管理是指：_______________、________________；一协调是指：____________________。

二、选择题

1. 我国《建筑工程质量管理条例》第四十条规定：在正常使用条件下，屋面防水工程的最低保修期限为______________。

A. 5年　　B. 2年

C. 2个采暖期、供冷期　　D. 由建设单位和施工单位约定

2. 招标人以招标公告的方式邀请不特定的法人或其他组织参加投标，按照法律程序和招标文件公开的评标标准和办法选择中标人的一种招标方式是_____________。

A. 邀请招标　　B. 公开招标　　C. 组织招标　　D.特定招标

3. 招标人以投标邀请书的方式直接邀请特定的潜在投标人参加投标，按照法律程序和招标文件规定的评标标准方法选择中标人的招标方式是_______________。

A. 公开招标　　B. 组织招标　　C. 邀请招标　　D. 特定招标

4. 邀请招标不必发布招标公告或资格预审公告，但必要时可以组织资格预审，且投标人不应少于____个。

A.7　　B. 5　　C. 4　　D. 3

5. 根据工程监理企业的专业资质标准要求，甲级应具有独立法人资格且注册资本不少于________。

A.300万元　　B. 100万元　　C. 50万元　　D. 200万元

三、简答题

1. 简述建设工程项目的建设程序。

2. 招标投标应当遵循什么原则？

3. 招标方式有哪几种？各有何特点？

4. 何为项目管理？项目管理知识体系包括哪些内容？

5. 简述建设工程监理的特点。

6. 根据建设部《建设工程监理范围和规模标准规定》，必须实行监理的建设工程有哪些？

7. 监理单位的资质等级有哪几级？其业务范围有何要求？

8. 监理人员应具备哪些基本素质？

模块 8 工程防灾和抗灾

学习目标

了解工程“灾害”的种类。掌握地震灾害预防、风灾及其抗风设计、结构受撞及其修复与防护措施。熟悉建筑防火及相关规定。

学习要求

能力目标	知识要点	权重
工程“灾害”的种类	火灾、震灾、风灾、结构相撞	20%
建筑物防火及相关规定	起火原因及特点、发展规律、防火间距、安全出口设计	20%
地震灾害预防	抗震性能、多层砖混房屋、高层建筑、单层工业厂房、多层工业厂房	15%
风灾及其抗风设计	类型、等级、危害、抗风设计	15%
结构受撞及其修复与防护措施	类型、鉴别、修复、措施	15%
结构改造与加固	粘钢加固、碳纤维加固、外包型钢加固、植钢筋补强加固、压力注浆加固	15%

导入案例

【事故过程】

2009年6月27日清晨5时30分左右，上海闵行区莲花南路、罗阳路口西侧“莲花河畔景苑”小区，一栋在建的13层7号住宅楼全部倒塌(图8-1)，造成一名工人死亡。庆幸的是，由于倒塌的高楼尚未竣工交付使用，所以，事故并没有酿成居民伤亡。楼盘倾倒还不到半分钟。

【分析倒塌原因】

(1) 倒塌的7号楼南面4.6m深的地下车库基坑掏空13层楼房基础下面的土体，加速房屋南面的沉降，使房屋向南倾斜。

(2) 倒塌的7号楼北侧堆土太高，堆载已是土承载力的两倍多，使第3层土和第4层土处于塑性流动状态，造成土体向淀浦河方向的局部滑动，滑动面上的滑动力使桩基倾斜，使向南倾斜的上部结构加速向南倾斜。同时，10m高的堆土是快速堆上的，这部分堆土是松散的，在雨水的作用下，堆土自身要滑动，滑动的动力水平作用在房屋的基础上，不但使该楼水平位移，更严重的是这个力与深层的土体滑移力形成一对力偶，加速桩基继续倾斜。

【点评】

7号楼的倒塌直接原因是土方堆放不当；开挖基槽违反相关规定；监理不到位；管理不到位；安全措施不到位；围护桩施工不规范等。高层建筑上部结构的重力对基础底面积形成的力矩随着倾斜的不断扩大而增加，最后使得高层建筑上部结构向南迅速倒塌至地。这个过程是逐步发生的，是可以监测得到的，因为高层建筑倾斜到一定数值才会突然倾倒。在这个变化的过程中，施工、监理、检测人员都没“察觉”，不能不让人们觉得遗憾，同时也值得建筑人深思。

图8-1 “莲花河畔景苑”小区倒塌的7号楼

(a) 整体倒塌的7号楼；(b) 倒塌的7号楼的断桩

8.1 工程灾害

8.1.1 概述

所谓“灾害”，一般系指突发性的、剧烈性的、对人类生活带来直接重大破坏的自然现象，如暴雨、洪水、台风、海啸、泥石流、滑坡、地震、风沙等。随着人类对大自然的改造，大规模扰乱了有机界和无机界的自然状况，以致破坏了自然界所特有的微妙的平衡状态，这不仅会加剧上述的各种自然灾害，甚至还会形成新的灾害，如水土流失、温室效应、臭氧层破坏、酸雨等，这些灾害一般表现为缓慢的、积累性的，而不为人类所注意。可以说，前者是天灾，后者为人祸，还有一种是由于人类活动不善或玩忽职守所酿成的大灾，如大兴安岭火灾，前苏联的切尔诺贝利核电站泄核，印度的化工厂毒气泄漏等。所以，广义上的灾害就是，凡对人类生活的环境和人类生存造成巨大破坏的和带来重大危害的事件都属于灾害。

由于人类活动不当，对自然进行毫无顾忌、盲目地开发所造成灾害往往是缓慢的、积累性的，和多数自然灾害相比，它往往还表现为非直接性的破坏，因而人类在未遭其害时也往往不为所动。泥石流、滑坡和水土流失是我国山区的主要灾害，而富庶的平原地区不少是依靠漫长的堤防防御洪水，堤防保护的人口、耕地分别占全国的一半和近 1/3，工农业产值也分别占全国的 60%～70%。一旦溃堤，将酿成毁灭性灾害。我国东南沿海地区的台风灾害也是侵扰这些人口密集地区经济发展的主要灾害，每年因台风和暴雨使东部地区损失达 29 亿元之多。

8.1.2 常见灾害的种类

1. 火灾

火能造福于人类，也能祸害于人类。若对火缺乏足够的认识和重视，不采取必要的防范措施，则公共财产和人民生命财产就有可能被毁于一旦。特别对城市防火尤为重要。《中华人民共和国消防条例》中规定，消防工作实行“预防为主、防消结合”的方针。“预防为主”就是要在消防工作的指导思想上，把防火灾放在首位，动员和依靠人民群众从根本上防止火灾的发生。“防消结合”，是指同火灾做斗争的两个基本手段，即预防和扑救的两个方面，必须有机地结合起来，也就是在做好防火工作的同时，要大力加强消防的专业化和现代化建设，积极做好灭火准备，以便一旦发生火灾，即能够迅速、有效地予以扑灭。最大限度地减少火灾造成的人身伤亡和财产损失。

1994 年 12 月 8 日新疆克拉玛依友谊宾馆发生大火，导致 287 名儿童葬身火海；2000 年 12 月 25 日河南洛阳市东都商厦发生特大火灾 309 人死亡；2001 年 6 月 5 日江西省广播电视局事业发展中心幼儿园一间寝室发生火灾 13 名 3 至 4 岁幼儿丧生；2003 年 2 月 2 日黑龙江省哈尔滨市道外区天潭酒店发生火灾事故造成 33 人死亡。2010 年 11 月 15 日 14 时上海余姚路胶州路一正在进行外立面墙壁施工 28 层住宅由于无证电焊工违章操作引起突发大火，造成 58 人死亡。据统计，2000 年全国火灾中烧死 3021 人，烧伤 4404 人，平均每天有 8.3 人在火中被烧死。国际消防技术委员会对全球火灾调查统计表明，近几年全球每年发生 600 万～700 万起火灾，有 6 万～7 万人在火灾中丧命。图 8-2 所示是某建筑物发生火灾时的情景。

2. 地震灾害

地震是一种突发的自然灾害，主要由地下某处薄弱岩层突然破裂，在原有累积弹性应力作用下断层两侧发生回跳而引起振动，或者地球板块相互挤压、冲撞引起振动，并以波的形式将岩层振动传至地表引起地面的剧烈颠簸和摇晃。这种地面运动对人工建筑物可以造成严重破坏。中国多为 30km 以内的浅源地震，6 度设防城市超过 80%。历史上死亡 2 万人以上的地震有十余次，中国占 4 次，其中 1556 年 1 月 23 日的陕西华县、潼关大地震中死亡人数为 83 万，为历史之最。图 8-3 所示为地震中倒塌的建筑物。

图 8-2　建筑物发生火灾

图 8-3　地震中倒塌的建筑物

知识链接

地震通常按其成因可划分为 4 种类型。

(1) 构造地震：由于地球内部岩层的构造变动引起的地震。它分布最广，危害最大。

(2) 火山地震：由于火山爆发，岩浆猛烈冲出地面引起的地面震动。它在我国很少见。

(3) 陷落地震：由于地表或地下的岩层如石灰岩地区较大的地下溶洞或古旧矿坑等突然发生大规模的陷落和崩塌时引起小范围内的地面震动。它很少造成破坏，其震级也很小。

(4) 诱发地震：由于水库蓄水或深井注水等引起地面震动。

3. 风灾

常见的风灾有台风、龙卷风和暴风。

台风为急速旋转的暖湿气团，直径在 300～1000km 不等。靠近台风中心的风速常超过 180km/h，由中心到台风边缘风速逐渐减弱。

龙卷风是一股急速上升的旋转气流，呈漏斗状，移动速度通常超过 300km/h。对于高层建筑、大跨结构、柔性大跨桥梁、输电塔和渡槽等受风面积大的柔性结构，抗风设计与抗震设计具有同等的重要意义。图 8-4 为风灾后的树木和房屋。

4. 结构受撞

结构受撞是指具有一定质量的物体在自然力或机动力的驱使下撞击结构物，造成结构物位移、变形或损失的事故。损坏的程度取决于撞击力的大小、方向和撞击部位以及被撞结构物的强度和刚度。

最容易遭受撞击的结构物有：江河上的铁路桥和公路桥、江边或海岸码头及其引桥、公路立交桥、桥墩、高承台的桩基以及某些建筑物或构筑物等。结构受撞事故虽属偶然事件，但其一旦发生造成的事故是非常严重的。据部分统计资料显示，长江中下游的枝城、武汉、九江、南京 4 座长江大桥，自 1959 年至 1984 年共发生 62 起船舶碰撞桥梁事故；川黔线白沙沱长江桥，自 1959 年至 1983 年共发生 100 多起船舶和排筏碰撞桥墩事故；内昆线宜宾岷江桥，自 1958 年至 1983 年为止，两个桥墩共受船舶和排筏碰撞达 400 多起。图 8-5 为被撞后的桥梁。

图 8-4　风灾后的树木和房屋

图 8-5　被撞后的桥梁

8.2　工程结构抗灾与改造加固

8.2.1　建筑防火及相关规定

1. 建筑物起火的原因及特点

(1) 建筑物起火的原因

建筑物起火的原因是多种多样的，存在着各种致灾因素。例如，生活和生产用火不慎，违反生产安全制度，电气设备设计、安装、使用及维护不当，自然现象(自燃、雷击、静电、地震等) 引起的，人为纵火，建筑布局不合理，建筑材料选用不当等都易引发火灾。

(2) 火灾发展规律

火灾之初通常是局部的、缓慢的，随着热量积聚而愈烧愈烈，当达到最大值时，在某种作用下又逐渐衰落，甚至熄灭。火势的发展一般经过初起、发展、猛烈、下降和熄灭 5 个阶段。由于下降、熄灭阶段对灭火工作的指导意义不大，所以通常只讲前 3 个阶段。可见，火灾的发展规律，就是火场燃烧在初起、发展、猛烈等阶段中表现的特点。

① 火灾初起阶段是物体在起火后的十几分钟里，燃烧面积不大，烟气流动速度较缓慢，火焰辐射出的能量还不多，周围物品和结构开始受热，温度上升不快，但呈上升趋势，在这个阶段，用较少的人力和应急的灭火器材就能将火控制住或扑灭。

② 火灾发展阶段是由于燃烧强度增大，载热 500℃以上的烟气流加上火焰的辐射热的作用，使周围可燃物品和结构受热并开始分解，气体对流加强，燃烧面积扩大，燃烧速度加快，在这个阶段需要投入较多的力量和灭火器材才能将火扑灭。

③ 火灾猛烈阶段是由于燃烧面积扩大，大量的热释放出来，空间温度急剧上升，使周围可燃物品几乎全部卷入燃烧，火势达到猛烈的程度。这个阶段，燃烧强度最大，热辐射最强，温度和烟气对流达到最大限度，不燃材料和结构的机械强度受到破坏，以致发生变形或倒塌，大火突破建筑物外壳，并向周围扩大蔓延，是火灾最难扑救的阶段，不仅需要很多的力量和器材扑救火灾，而且要用相当多的力量和器材保护周围建筑物和物质，以防止火势蔓延。

(3) 建筑物的特点对火势发展变化的影响

从火灾发生的部位和起数来看，大部分火灾发生在建筑物内。建筑物发生火灾以后，火势发展速度、蔓延方向的规律及特点，往往取决于建筑物的构造形式和构件的耐火程度。

① 建筑结构的耐火程度，对火势发展变化的影响。实践告诉我们，各种材料建造的建筑结构，对火势发展都有不同程度的阻碍作用。例如，用不燃材料建造的墙壁、楼板和房屋等耐火结构，能有效地阻止火势发展；就是较薄的可燃木板隔墙或门、窗之类的结构，也能在短时间内阻碍火势发展变化。但是，不燃的钢结构受到高温作用后，会发生变形或塌落。难燃与可燃结构发生燃烧时，又能助长火场的燃烧强度，促使火势猛烈地发展和蔓延。

在某些情况下，断面较大的可燃木质结构要比没有保护层的金属结构抗烧能力强，其主要原因是，这两种不同物质的结构受到同样高温作用时，金属结构在短时间内即会发生变形和塌落，以至引起结构过早倒塌；而木质结构，虽然易被燃烧，但发生变形或塌落的时间比金属结构迟缓。从这个意义上看，发生火灾时，大断面的木质结构能在较长的时间内，保持建筑物不至发生变形和倒塌，有利于扑救工作的进行。

综上所述，由于建筑结构所用材料不同，建筑物的耐火程度也不一样。因此，在平时掌握建筑物耐火程度，灭火时就能充分利用各种有利条件，赢得时间，有效地控制火势发展，顺利地扑灭火灾。

② 建筑物构造特点，对火势发展变化的影响。建筑物的内部发生火灾，主要蔓延方向是：火焰通过室内的门、窗和孔洞，沿走廊向邻近房间蔓延；火势向空间较大的房间或沿楼梯间蔓延；火焰在空心结构内部，向纵横方向扩展，尤其是向上部蔓延的速度较快；当火焰烧穿楼板、顶棚、屋面或墙壁以后，随即发展成为外部火灾。影响火势发展变化的基本条件是：建筑物的平面布置，房间容积的大小，空心结构的数量和相互连通的情况，以及建筑物外表构造特点等。

2. 建筑物的防火间距

在建筑物之间留出适当的距离，可以有效地防止火灾的蔓延扩大，这个距离称为防火间距。亦即两相邻建筑一幢着火，在二、三级风力条件下，在 20min 内无扑救的情况，火势不致蔓延到相邻建筑所需要的间距。实践表明，防火间距不仅能阻止火灾的蔓延扩大，同时还可为扑救灭火和安全疏散创造有利的条件。所以，它在建筑防火中也具有相当重要的作用。

确定建(构)筑物之间的防火间距，除了考虑建(构)筑物的耐火等级、建(构)筑物的使用性质、储存物品的火灾危险性以及有无防火隔离措施等因素外，还要考虑消防人员能够及时到达并迅速扑救的要求。

防火间距应按相邻建筑物外墙的最近距离计算或测定，如外墙有凸出的燃烧构件(如门厅、外廊、挑檐、雨篷等)，则应以其外缘算起。

3. 安全疏散设施

建筑物发生火灾时，为避免室内人员遭受伤害，必须尽快撤离；室内物资财富也要尽快抢救出来，以减少火灾损失；同时，消防人员也要迅速接近起火部位。为此，均需有完善的安全出口和必要的疏散距离，为安全疏散创造良好条件。

(1) 安全出口的条件

符合下列条件的设施可作为安全出口。

① 出口能直接通向屋外。

② 经走道、楼梯间或门厅能通向屋外者。

③ 通过相邻建筑或房间可至屋外者(此相邻建筑或房间不低于二级耐火等级，且不应是甲、乙、丙类生产厂货仓库建筑，并有安全出口)。

建筑物的外门在多数情况下都可作为安全出口。但须注意，凡朝向封闭院子或死胡同的外门，则不能作为安全出口。民用建筑的安全出口应分散布置，一座建筑或每个防火分区至少要设有两个安全出口。当在火灾中一个安全出口被烟火堵住时，人员可由其他出口迅速疏散。

(2) 安全出口的设置要求

① 公共建筑和通廊式建筑安全出口不应少于两个，当符合下列要求时，可设一个。

a. 一个房间的面积不超过 60 ㎡，且人数不超过 50 人时，可设一个门；位于走道尽端的房间(托儿所、幼儿园除外)内由最远一点到房门的直线距离不超过 14m，且人数不超过 30 人的单元式宿舍，可设一个楼梯。

b. 单层公共建筑(托儿所、幼儿园除外)如面积不超过 $200m^2$ 且人数不超过 50 人时，可设一个直通室外的安全出口。

c. 设有不少于两个疏散楼梯的一、二级耐火等级的公共建筑，如顶层局部升高时，其高出部分的层数不超过两层，每层面积不超过 $200m^2$，人数之和不超过 50 人时，可设一个楼梯，但应另设一个直通平屋面的安全出口。

② 九层及九层以下，每层不超过 6 户，建筑面积不超过 $400m^2$ 的塔式住宅，可设一个楼梯。

③ 超过六层的组合式单元住宅和宿舍，各单元的楼梯间均应通至平屋顶，如户门采用乙级防火门时，可不通至屋顶。

④ 剧院、电影院、礼堂的观众厅安全出口的数目均不应少于两个，且每个安全出口的平均疏散人数不应超过 250 人。容纳人数超过 2000 人时，其超过 2000 人的部分，每个安全出口的平均疏散人数应不超过 400 人。

⑤ 体育馆观众厅安全出口的数目不应少于两个，且每个安全出口的平均疏散人数不宜超过 400～700 人。

⑥ 地下室、半地下室每个防火分区的安全出口数目不应少于两个。但面积不超过 $50m^2$，且人数不超过 10 人时可设一个。

8.2.2 地震灾害预防

1. 增强建筑物的抗震性能

地震造成的损害不全是地震本身直接造成的，大多是由于地面建筑物的倒塌破坏所造成。因此，加强对新建工程的抗震设防和对缺乏抗震能力的工程进行抗震加固，是确保减轻震害的关键性重要措施。

(1) 对新建工程的抗震设防

为解决省会城市和 100 万人以上大城市的抗震设防问题，国家有关部门于 1984 年专门制定并颁发了《地震基本烈度 6 度地区重要城市抗震设防和加固的暂行规定》。根据已建项目的统计表明，为使建筑物达到基本烈度 7 度要求，设防投资在投资总额中占 3%，如果建成之后再加固，则设防费用要增加 2.2 倍。显然，在新建时就设防，虽然增加一定的投资，但从总体来看，实属最经济的做法。

(2) 对缺乏抗震能力的工程进行抗震加固

根据原有规定 6 度区是不设防的。以上海而论，1984 年后才在部分工程项目中考虑抗震，在此以前的大量新建工程和旧中国遗留的旧建筑均不能抗御地震的袭击。截至 1987 年，上海市区居住房屋合计 7709 万 m^2，其中旧式里弄占 40%；简屋占 1.5%；棚户占 0.14%。这些棚户简屋大多年代久远，结构破旧。新中国成立后所建大量住宅，绝大部分系普通砖混结构，预制楼板，尤以 20 世纪 60 年代建造的简易住房(19cm 厚砌块)，其抗震性能更差。因此，有必要结合城市改建，工程技术改造和房屋维修考虑有重点地分期分批进行加固。

(3) 综合开发利用地下空间

唐山大地震表面，地面建筑破坏达 96%以上，而在同一地区内的地下室、人防通道和地下煤矿巷道，则绝大部分完好无损。在井下工作的 1700 多名煤矿工人无一伤亡，唐山人防在地下工作和施工的几百名职工，也均无损伤。震后调查还表明多层建筑地下室对上部结构有减轻震害作用，因此，人防工程不仅是城市防空的掩蔽部，同时也能为抗震防灾提供综合利用的可能。

(4) 注意防止深层地下水开采而诱发地震

大量抽取地下水，可改变地下的应力分布，破坏岩体结构和原来的平衡状况，引起断层滑移，乃至地震活动。此外，还可因上层卸荷，在一定条件下导致相邻深层应力集中部位的能力释放，从而诱发地震活动。随着城市经济的发展，对地下水需要量增加，更由于深层基岩地下水水质好，有的还有优质矿化水，汲取量日益增多，尤应重视防止深层地下水开发而诱发地震。

(5) 城市建筑物应尽可能留有足够的空间和绿化地带

城市建筑物密集，相互紧挨；绿化面积受挤缩小；这对抗震防灾非常不利，由于建筑物相距过近，震倒时猛烈撞击加剧了震害，并因绿化面积过小，万一地震袭击，市民将无处避震和疏散。因此，在旧市区只能随城市改造结合改善，而新的城市建设规划中应予以关注。

2. *多层砖混房屋的抗震设防措施*

(1) 适当控制多层砖房的使用范围

多层砖房在 9 度区可适当控制使用，但要加强抗震措施，层数可在 2、3 层之内。在 7 度、8 度区，采取适当抗震措施后可用于 6 层以内的房屋。地震区房屋的体形要力求简单规整，平立面不要有突出部位，注意质量、刚度的分布匀称。

(2) 提高砖墙的强度、刚度和整体性

房屋纵横墙的间距和房间平面尺寸不宜过大，门窗孔位置要适当，不要破坏纵横墙的拉结。各种设备管道尽量不要埋设墙内。切实掌握砖墙砌筑质量，砌筑时要横平竖直，砂浆饱满，砂浆和砖的标号不宜过低，砖块必须浸水润湿使用，避免冬季施工。为了加强抗震，提高砖墙延伸性能，必要时可在砖墙内架设钢筋混凝土框格。

(3) 加强楼(屋)盖的水平刚度和整体性

当使用预制钢筋混凝土板时，宜在板端预留钢筋，相互拉结，再在板上铺设ϕ4 钢筋网，现浇一定厚度的混凝土，成为装配整体式结构，保证楼(屋)盖能起到水平梁的作用，使横向水平地震力能有效地传布到纵横墙上。同时对纵横墙也起到围箍和稳定的作用。

坡屋顶的屋盖，顶层一定要放置现浇的钢筋混凝土圈梁，并注意坡屋顶与圈梁的锚固。

楼(屋)盖的受力形式宜采用连续梁板结构，以代替常用的简支梁板结构。

(4) 加强楼(屋)盖与砖墙，以及砖墙之间的连接

宜采用纵墙(或横墙)承重的方案。采用此方案时，要注意纵横墙间的拉结。底层为内框架的多层砖混结构房屋不宜采用。尽可能在每层楼(屋)盖水平处设置现浇的钢筋混凝土圈梁并与砖墙拉结。纵横墙交接处要尽可能同时砌筑。砖墙连接处放置的抗震钢筋，防止少放、错放或漏放。

(5) 重视圈梁在多层砖房中的抗震作用

圈梁采用现浇钢筋混凝土，并使纵横墙封闭圈结，避免切断不利拉结。在 8 度、9 度区的多层砖房，宜每层设置圈梁，7 度区可隔层设置。圈梁必须与预制楼(屋)盖现浇面层浇成一体。

(6) 地下室对上部结构有减轻震害作用

震害表面：有地下室的房屋破坏较轻，在有、无地下室的交界处最易破坏。因此，有条件时可结合人防需要做满堂地下室。

(7) 注意做好悬挑结构、突出构件的抗震处理

对挑出墙面的阳台、雨篷、挑檐板、砖挑檐口等悬挑构件，以及突出屋面的小烟囱、女儿墙等，不宜挑出过大、突出太多。除对这些构件加强其本身强度外，须注意构造以及同主体结构的锚固。

3. 高层建筑的抗震措施

(1) 钢筋混凝土高层建筑结构抗震性能良好

在高层建筑中采用钢筋混凝土框架结构、框架剪力墙结构和剪力墙结构 3 种体系，均具有较好的抗震能力。采用剪力墙可以提高建筑物的刚度、减轻建筑物的震害，因此当建筑物高度较大或烈度较高时，宜采用框架加剪力墙结构或剪力墙结构。合理设防后，这 3 种结构体系均可用于 9 度及其以下的震区。

(2) 地震区不宜采用砖石结构建造高层建筑

采用砖石结构的高层建筑，虽然只有七八层高，但在 8 度左右地区破坏已十分严重，在 10 度地区则全部倒塌，采用内框架的高层建筑震害也很严重。因此，在地震区不宜采用砖石结构和内框架结构建造高层建筑。

(3) 在建筑布置上要注意抗震要求

震害分析表明，在建筑布置上要注意：抗侧力结构要尽量做到均匀对称，使刚度中心接近于质量中心，以减少扭转影响；屋顶局部突出部分(包括塔楼、水箱、屋顶小室等)不应采用砖石结构及内框架结构，而宜将钢筋混凝土主体结构延伸至顶，并加强构造措施；顶层的空旷大房间，在 6 度、7 度区即已产生结构损坏，应尽量不用。当必须采用时，不得采用砖石结构，并应经抗震验算，适当加强。

(4) 加强薄弱环节，保证施工质量

对于钢筋混凝土框架结构的边柱，特别是角柱需适当加强，除考虑垂直与水平荷载外，还要考虑扭转的影响。在框架柱顶部及梁柱相交的节点区内，必须加密箍筋，以保证结构有较好的延伸性和防止混凝土酥裂后钢筋侧向屈曲而导致破坏。施工中应按规定放足箍筋，并注意混凝土振捣密实，尤其是节点区。对原采用的剪力墙结构体系，应相对加强；内外墙连接处、纵横墙连接处、楼板与墙体的连接处，顶层端开间的纵横、山墙以及楼、电梯

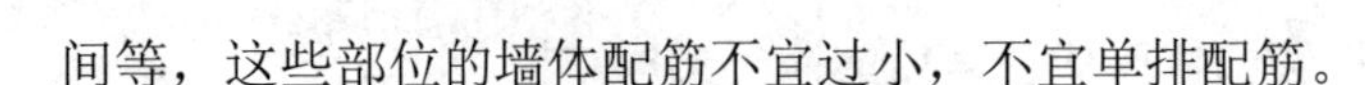

间等，这些部位的墙体配筋不宜过小，不宜单排配筋。

(5) 提高楼、电梯间的抗震能力，保证人员安全疏散

高层建筑中楼、电梯间震害普遍。为保证地震时垂直交通不中断，宜采用钢筋混凝土筒体的楼、电梯间而不用砖石结构的楼、电梯间。对于楼梯本身亦最好采用现浇楼梯，并保证有足够的强度。如采用预制楼梯，则应加强构件间的连接。

(6) 重视填充墙的抗震防震设计

高层建筑中，砖或空心砖的填充墙震害普遍，有的倒塌，直接影响安全和使用。为妥善考虑避免或减轻填充墙等非承重结构的震害，可选择下列措施。采用强度较高、自重较轻的材料作填充墙，并与框架连牢，使填充墙成为抗侧力结构的一部分与主体结构共同抗震；加强主体结构(如增设剪力墙、筒体等)，提高其刚度，限制建筑物的侧向变形，使填充墙不裂或只有小裂；采用许可变形较大的材料(柔性材料)做填充墙，或者从构造上采取措施在填充墙与框架之间设置柔性接头，使主体结构变形时不强制填充墙随之同样变形。

4. 单层工业厂房的抗震设防措施

① 重视结构选型，做好平面布置，提高厂房抗震能力。注意厂房纵向抗震验算，以满足纵向抗震能力。对于工字钢的上柱改用矩形截面增强刚度，必要时可增大上柱截面和提高最小配筋率，加密柱顶箍筋(可采用螺旋箍筋时更好)以及增强上柱根部的构造筋；不宜用预制腹板的工字柱和平腹杆的双肢柱；加强牛腿、柱根部、支撑节点等处的构造措施以保足够强度；注意高低跨厂房的高振型影响，针对高低跨柱子在低跨屋盖与吊车牛腿间普遍产生垂直裂缝、酥碎等震害，应增设水平箍筋，对高跨封墙下的牛腿也应加强构造措施。

② 加强厂房整体性，改进连接构造，提高强度和延性。装配式构件之间的连接薄弱、整体性较差，是影响整个厂房抗震能力的关键所在。调查表明：大型屋面板与屋架焊接不善、漏焊、少焊，板间灌缝质量差或未预灌缝，难以保证重屋盖的整体性。地震时，屋面板错动塌落，预埋件拔出，锚筋折断，屋架倾倒，成为重屋盖倒塌的主因之一。

③ 改进重屋盖结构，减轻屋盖自重，发展抗震性能较好的轻型和新型屋盖。调查表明，重型屋盖在高烈度地区破坏严重，大量倒塌。减轻屋盖自重，减少地震所产生的惯性力，因此大力减轻屋盖重量，积极推广长纤维石棉瓦、加筋石棉瓦、轻钢檩条等轻型屋盖很有必要；在有条件地区积极选用抗震性能较好的预应力 V 形折板冷轧马鞍壳板；在保证整体连接条件下，地震区可也采用预应力槽瓦的屋盖。预应力大型屋面板的屋盖体系，在改进(增强构造措施、改善板间灌缝、加强屋盖支撑设置，以及焊接质量等)之后仍可用于地震区。

④ 加强外围砖墙、山墙、圈梁同主体结构的连接，积极推广抗震性能好的墙板结构。地震区不宜采用一般在内预留锚筋拉墙的做法，改用螺栓拉结砖墙和圈梁；随着烈度增大，加密圈梁的间距并与山墙圈梁交圈；山墙处门窗尽量减小，山墙、侧墙在边端第一开间范围尽量不开设门窗。

⑤ 改革突出屋面的天窗做法，降低重心，减轻灾害。地震区不宜采用门形天窗架，在 8 度和 8 度以下地震区确有必要选用时，天窗架截面要改为矩形，并通过抗震验算，采用 W 形支撑，加密设置间距，加强节点连接，天窗屋盖尽量改用轻型屋面。唐山矿山机械厂和天津重型机械厂采用井式天窗，降低屋盖重心，震后基本无损，为改革天窗结构提供了很好的经验。在有条件地区可尽量推广使用横向天窗、井式天窗和采光罩，尽快取消突出屋面的天窗架做法。

5. 多层工业厂房的抗震设防措施

(1) 做好结构选型，减少震害

在地震区宜采用钢筋混凝土框架结构。当工艺允许时，宜增设抗震墙；9 度区宜做整体结构，7 度、8 度区可采用预制与现浇相结合的结构。内框架多层厂房，8 度区不宜采用，9 度区不用。多层砖混厂房 8 度区要限制使用，重要厂房不宜采用，9 度区不用。

(2) 多层框架厂房的设计要加强薄弱环节

对柱子除应按抗震计算加强配筋外，两端箍筋也宜加密。梁柱节点的柱子箍筋亦需加强，同时厂房设计宜考虑地震时的扭转影响，加强箍筋，并适当提高最小配筋率。处理好梁柱的施工缝。现浇框架的施工缝合预制装配的现浇节点，接触面必须清理干净，注意新老混凝土的连接密实，避免缺陷，保证厂房的抗震能力。突出房顶的小屋要经抗震验算，加大强度，并应与厂房屋顶妥善连接，以防震害倒塌。

(3) 框架填充墙要有利于抗震

一般填充墙多用砖、空心砖和加气混凝土砌块砌成，虽不按抗震墙设计，也宜提高砂浆标号以提高砌体强度。并且在墙内增放构造钢筋或加钢筋混凝土条以加强墙体和墙与框架的连接。对要求高的厂房，宜采用钢筋混凝土抗震墙，提高厂房刚度，控制层间变形；或与框架柔性连接以保护墙体；也可用轻质柔性材料作墙体，避免震害。

(4) 楼、电梯间宜做成防震安全区

一般楼、电梯间侧向刚度较大，地震力也相应增加，而且砌体多未设防验算，因而受震破坏普遍严重。为了保证安全畅通，楼梯段和平台宜整体现浇。钢筋混凝土多层框架的楼、电梯间宜采用钢筋混凝土筒体作为厂房结构的抗侧力体系。如因厂房平面刚度太不均匀，可用抗震缝分隔。对多层内框架和多层砖混厂房则楼、电梯间应做抗震墙设计，每层应设圈梁并与楼面牢固连接。

(5) 提高砌体强度，缩小横墙间距

为提高抗震能力，多层厂房纵横墙都要按抗震墙设计。横墙间距要缩小，层高和总高要按修订规范的要求执行。预制楼板宜用现浇面层连成整体梁板结构，每层设置圈梁。圈梁要满墙满垛，与楼盖连成一体，形成刚性水平梁，以传递地震力。内框架中钢筋混凝土柱要适当加强配筋，上下端箍筋宜加密。工业管线不宜嵌在墙内，以免减弱墙体，降低厂房抗震能力。纵横墙要加强拉结，并在施工中同时砌筑。

8.2.3 风灾及其抗风设计

1. 风的类型和等级

风速是指空气在单位时间内流动的水平距离。根据风对地上物体所引起的现象将风的大小分为 13 个等级，称为风力等级，简称风级。以 0～12 等级数字记载。

2. 风灾的危害

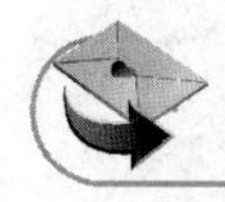

阅读案例

(1) 屋盖破坏。2003 年 8 月 2 日下午 1 时 15 分左右，雷暴雨中突如其来的旋风，居然把上海大剧院的屋顶掀去了一大块。掠过上海大剧院，把剧院东侧顶部中间的一大块钢板屋顶生生卷起，移动约 20m，又砸在剧院顶部中间的高平台上。屋顶东侧中部已露出了约 $250m^2$ 的一个大“窟窿”。卷起的这一大块钢板屋顶，被旋风撕裂成两段，已揉成皱褶不堪的纸团一般，20 多名工作人员合力搬，也难以移动；3cm 宽的避雷钢带，已卷成了麻花形；顶楼平台上直径达 10cm 粗的不锈钢防护栏，也有 10 米多被旋风扭曲。

(2) 桥梁结构破坏。1940 年，美国华盛顿州塔科马海峡建造的塔科马悬索桥，主跨 853m，建好不到 4 个月，就在一场风速不到 20m/s 的灾害下产生上下和来回扭曲振动而倒塌了。当时有一位新闻电影摄影师正巧在场，他拍下了该桥倒塌的情形。

(3) 建筑物和构筑物破坏。1926 年，美国佛罗里达州的一次飓风使一座 17 层大楼的两个横框架出现 0.6m 与 0.2m 的水平塑性变形，这座大楼的玻璃等围护结构几乎完全破坏，隔墙也严重开裂。1965 年 11 月，英国一电站的三座高为 113m 的冷却塔在阵风中倒塌。1969 年，英国约克郡 386m 高的钢管电视桅杆破坏。捷克的一座高为 180m 的钢筋混凝土电视塔由于横向风振动达 1m 而开裂。

【事故分析】

根据结构遭受风灾破坏的统计分析，风对结构产生的破坏现象主要有以下几种。

(1) 结构产生抖振和颤振，从而倒塌或严重破坏。

(2) 结构产生开裂或产生较大的残余变形，有些高耸结构还被风吹倒。

(3) 结构内墙、外墙、玻璃幕墙等开裂或损坏。

(4) 风载的频繁作用，使结构构件产生疲劳破坏。

3. 工程结构的抗风设计

抗风设计要求必须保证结构在使用过程中不出现破坏等现象，主要包括以下几个方面。

① 结构抗风设计必须满足强度设计要求。结构构件在风荷载及其他荷载共同作用下，必须满足强度设计的要求，确保结构在风作用下不会产生倒塌、开裂和大的残余变形等破坏现象，以保证结构的安全。

② 结构抗风设计必须满足刚度设计要求。结构的位移或相对位移应满足相关的规范要求，以防止在风力作用下隔墙开裂、建筑装饰和非结构构件因位移过大而损坏。高层建筑的刚度可由结构顶部水平位移或结构层间相对水平位移来控制。对于不同的结构和隔墙类型，其差别也较大。顶部水平位移或结构层间相对水平位移界限值分别由顶部位移与结构高和层间相对位移与层高的比值来决定。

③ 结构抗风设计必须满足舒适度设计要求，以防止居住者在风作用下引起的摆动造成的不舒适。影响人体感觉不舒适的主要因素有振动频率、振动加速度和振动持续时间。由于振动持续时间取决于风力作用的时间，结构振动频率的调整又十分困难，因此一般采用限制结构振动加速度的方法来满足舒适度设计要求。

④ 为防止风对外墙、玻璃、女儿墙及其他装饰构件的局部损坏，也必须对这些构件进行合理设计。

⑤ 结构抗风设计必须满足抗疲劳破坏的要求。

8.2.4 结构受撞及其修复与防护

1. 结构撞损的类型

(1) 结构整体位移(平移或转动)

桥梁结构在遭受侧向撞击后，支座可能滑动或剪坏，结构产生平移或转动。例如，上海宝钢原料码头引桥 1987 年船撞事故中，有两跨桥面结构发生转动，支座处分别移动 11.3cm 和 2.6cm。

(2) 结构受撞变形

结构受撞击后，轻者局部变形或杆件变形，重者则整体弯曲、扭曲以致不能继续工作。严重的局部变形也可能危及结构的整体稳定。例如，武汉长江大桥于 1982 年 11 月 7 日遭受约 1200t 打桩船的桩架的撞击，四号钢梁主桁一下弦杆(长 8m)严重撞伤，其侧向弯曲矢高 12mm，上拱的矢高 10mm。

(3) 局部撞损

局部撞损是指结构的小块区域或个别杆件受撞损坏的情况。其撞损轻重程度不一，主要视其对结构的整体稳定或使用功能影响轻微或严重程度而定。例如，桥墩混凝土受撞表面剥落、钢筋外露，或墩体局部混凝土碎裂等，在并不影响整体稳定的情况下只需局部修补恢复；如撞损严重，则必须局部更新杆件。

(4) 摧毁性撞击

当撞击力很大或是无法抗拒的自然力(如冰坝解体、泥石流等)冲坏了结构物的基础，整个结构将失去稳定而导致毁坏。

2. 结构损坏的鉴定

(1) 裂缝的鉴别

混凝土结构由于各种原因而形成不同情况的裂缝。在结构损坏的鉴定中，主要是区别结构裂缝与非结构裂缝。

结构裂缝系指对结构的稳定和安全受到影响的裂缝。造成结构裂缝的原因可能有：①设计错误；②受力条件变化或超载；③施工方法不当或质量失控；④意外事故，如撞击、爆破等。

非结构裂缝有如下几种。

① 塑性裂缝。最常见的是塑性慢缩裂缝，当混凝土仍具有塑性时，由于水分从混凝土表面过快地蒸发而产生，在混凝土浇筑后很快即会出现。通常为细、直裂缝，数量多，长度变化于 50～750mm。

② 温度收缩裂缝。在混凝土凝结核硬化初期，由于水和水泥之间所产生的水化热，导致混凝土升温，体积膨胀，当其冷却收缩时，由于受到某种约束，形成温度收缩应力，这种应力通常是拉应力。当其超过混凝土抗拉强度或混凝土与钢筋之间的黏结强度时，就会产生裂缝。这种裂缝通常在拆模之后出现，而且最初很细，宽度一般不超过 0.05mm。随后，由于混凝土的干缩而加宽。

③ 干缩裂缝。干缩裂缝通常仅出现于无筋或仅配有少量钢筋的非承重构件中；以及薄的找平层或抹灰层中。

基于上述，当详细查明了裂缝的位置、形式以及出现时间等情况后，就不难鉴别这些裂缝是属于结构裂缝或非结构裂缝。

(2) 局部损坏的鉴定

局部损坏的鉴定一般通过外观查验来判断。例如，钢桁架杆件和节点的损坏，包括杆件和节点的屈曲和扭曲。按我国钢桥技术标准，杆件的弯曲变形量不得大于 1/2000 杆件长度。超过上述标准，必须矫正和修复。

又如，钢筋混凝土桥墩的局部损坏，轻者表面混凝土剥落，重者钢筋外露。再如钢管桩的局部撞损，发生断裂以及局部变形(如桩顶部发生鼓形屈曲、桩身受撞凹陷变形，钢管与混凝土局部脱开)等。

(3) 整体损坏的鉴定

根据实测钢桁梁的整体上拱变形和侧向变形值，若已超过规范允许变形值，即可判断钢桁梁发生了整体变形。

3. 结构的修复

(1) 结构修复的要求

结构修复的要求包括恢复结构原有的功能；保证结构在强度和稳定性方面具有足够的安全度；尽可能恢复原结构的外观。

(2) 钢结构变形的修复

① 强力矫正法。通过施加外力对变形部分矫形，使之恢复原状。如果局部加热能控制在限定的范围，不致使刚才的蠕延影响到钢梁整体，亦可在施加外力时辅以加热措施。由于钢材强度具有变形强化的特性，因此，受撞产生轻度塑性变形的部分经矫正后，安全度不会降低，反而有所提高。例如，武汉长江大桥1982年受撞的第四孔钢梁的一根下弦杆，即采用常温下施加顶推力进行矫形复原。

② 更换杆件法。对受撞严重屈曲和扭曲损坏的杆件已不可能通过强力矫直加以复原，而必须用同样材质与构造型式的新杆件予以更换。更换时应先用专门的工具将需要更换杆件两端的节点加以固定，然后将旧杆件切除，该专用工具应具有足够的刚度和强度，并能伸长或缩短，精确地调整两节点间的距离至满足设计的要求，此时再将相应长度的新杆件两端与节点板焊牢，并贴焊增强节点板。

③ 整体变形的校正法。整体变形包括上拱和旁弯两个方面。当变形量较小，偏位的节点较少时，可以采取更换杆件和强力矫正的方法加以复原。

当钢桁梁系采取局部更换校正法进行修复时，一般可在原位进行。例如，钢梁受撞严重，损坏杆件较多，整体变形较大，进行局部修复很难达到技术标准时，而必须采取整体修复。此时，尤其要考虑到是在原位修复或在工厂重新制作新梁，运往现场一次更换就位，并缩短修复工期，避免长期停产，提早恢复结构运用。为此，要根据具体情况比较分析进行抉择，以确定在技术、经济方面合理的修复方案。

(3) 混凝土结构裂缝的修复

钢筋混凝土结构中，受拉钢筋的应变总是大大超过混凝土的极限拉应变，所以裂缝的发生也是不可避免的。在初拉应力和弯曲应力作用下，混凝土的裂缝一般是较细较短的，这样的裂缝对结构的强度影响不大。按耐久性要求，因裂缝细小(＜0.02mm)，暴露在大气中，钢筋也不致锈蚀，只要裂缝已趋稳定，不继续发展，对结构强度不会有明显影响，对行车也不必采取特殊的限制。

当裂缝较多且较宽时，结构刚度、强度要相应降低，同时钢筋受有害介质的侵蚀，结构的寿命也要缩短。作为受撞结构裂缝是否需要修补，亦应根据其裂缝宽度和考虑结构物的耐久性、防火性、承载力及美观等要求加以判断。对于修补裂缝所用的要根据裂缝宽度与施工方法和具体要求进行选择。水泥类材料一般适用于宽度大于2mm的裂缝，而树脂类材料则可以调制成相当稀薄的浆液，能压入 0.05mm 以上宽度的裂缝。实际上宽度小于

0.05mm 的裂缝对结构的承载力和安全已无明显影响。

4. 防护措施

随着国民经济的发展和对外开放贸易的增加，海上运输日益繁重，某些大型外海港口工程、重要码头引桥采取防护措施至关重要。

这些港口工程为减少大量挖填土方量、降低造价、缩短建造周期，往往采取栈桥(引桥)式码头比较经济合理。据粗略估计，对大型外海港口工程这种结构形式占 70%～80%。但引桥被撞并非个别情况或偶然事故，而是带有一定的普遍性，且据了解目前采用引桥式的码头形式越来越多，因此对于具有咽喉地位的已有码头引桥和将来要建的码头引桥，有必要因地制宜考虑设置防护措施并加强管理，以策安全。

(1) 选择防护措施方案的原则

① 保持原来水势不改变的情况下，采用非连续式墩式防护设施。墩与墩之间以钢链条拉住，墩距与引桥墩相对应。

② 支墩允许被撞击破损，但不会影响引桥的安全使用。

③ 墩结构的选择应同时考虑造价低和施工方便、速度快以及墩身的稳定。

④ 不允许系船。

⑤ 设有靠船护舷，并具有较好的消能作用。

(2) 方案结构选择

根据码头引桥所在地区的水文地质、工程地质、气象条件以及码头船型等特定要求、考虑防护方案结构类型，并经比较分析选择。以下列 3 种方案结构为例简述如下。

① 高桩承台靠船墩。采用钢桩基础，上部用钢筋混凝土空心重力式块体与桩顶浇筑一体，每个支墩设置钢管桩 9 根 ϕ914.4，壁厚 12.7mm，桩长 56m，其中有 6 根斜桩，斜度为 8∶1。

② 重力式方案。采用砂井法加固地基，上部结构用沉箱式或扶壁式，在靠引桥一面均抛一定数量的石块，增加稳定性。

③ 双排钢管桩方案。采用两排钢管桩(或 ϕ1200 预应力钢筋混凝土大管桩)，桩长 30m，用 ϕ80 的拉杆将管桩对拉形成整体，在管桩之间和靠引桥一面抛块石，构成整体增加稳定性。

8.2.5 结构改造与加固

工程结构改造与加固是一门研究使受损的工程结构重新恢复使用功能或适应新的使用功能的学科。结构改造通过改造结构形式或结构构件的位置，拓展结构的使用范围；结构加固后能够使市区部分抗力的结构重新获得或超过原设计抗力。结构改造加固的方法很多，视具体工程而定。

常见的结构改造方案有结构加层、结构减柱或植柱。结构加层通常是为了适应结构用途的改变或新的功能要求。结构减柱常用于在结构大厅改造，通过减少大厅柱子的数量，使大厅的建筑效果和使用功能更完美。植柱通常在使用荷载加大的情况下。工程结构改造是一个复杂的过程，要验算结构承载力，施工时有一定难度，需要认真设计施工中的每个环节。

结构加固比结构改造更为常见。建筑加固是利用碳纤维、粘钢、高压灌浆对建筑进行加强加固。此技术广泛用于设计变更，增加梁、柱、悬挑梁、板等加固和变更工程，是目前建筑结构抗震加固工程上的一种钢筋后锚固利用结构胶作用的连接技术，是结构植筋加固与重型荷载紧固应用的最佳选择。钢筋混凝土结构施工中，板、梁结构调整的钢筋补强预制梁修复植筋。幕墙埋件广告牌锚固，机械设备安装植筋锚固等。岩石砖砌体等锚固，石材干挂幕墙。石材粘接，矿山洞顶、壁部位的锚固支护；铁路铁轨的锚固，水利设施码头公路桥梁隧道地铁等工程的各种锚固。

1. 粘钢加固

粘钢加固又称粘贴钢板加固，是将钢板采用高性能的环氧类粘接剂黏结于混凝土构件的表面，使钢板与混凝土形成统一的整体，利用钢板良好的抗拉强度达到增强构件承载能力及刚度的目的，如图 8-6 所示。

图 8-6 粘钢加固

粘钢加固的特点是：施工简便、快捷、基本不增加被加固构件断面尺寸和重量；建筑结构胶将钢板(型钢)与混凝土紧密粘接，将加固件与被加固体合为一体，结构胶固化时间短，完全固化后即可以正常受力工作。

施工工艺：粘贴面处理；加压固定及卸荷系统准备(根据实际情况和设计要求，卸荷步骤有时省去)；胶粘剂配制；涂胶和粘贴；固化、卸加压固定系统；检验；维护。

2. 碳纤维加固

碳纤维加固修复混凝土结构技术是采用配套胶粘剂将碳纤维布粘贴于混凝土表面，起到结构补强和抗震加固的作用。广泛适用于建筑物梁、板、柱、墙的加固，并可用于桥梁、隧道等其他土木工程的加固补强，如图 8-7 所示。

碳纤维加固具有粘贴钢板相似的优点外，还具有耐腐蚀、耐潮湿、几乎不增加结构自重、耐用、维护费用较低等优点，但需要专门的防火处理，适用于各种受力性质的混凝土结构构件和一般构筑物。

图 8-7　碳纤维加固

3. 植钢筋补强

“植筋”技术又称钢筋生根技术，在原有混凝土结构上钻孔，注结构胶，把新的钢筋旋转插入孔洞中。此技术广泛用于设计变更，增加梁、柱、悬挑梁、板等加固和变更工程。深固化学法植筋是指建筑工程化学法植筋胶植筋，简称植筋，又叫种筋，是目前建筑结构抗震加固工程上的一种钢筋后锚固利用结构胶作用的连接技术，是结构植筋加固与重型荷载紧固应用的最佳选择，如图 8-8 所示。

化学法植筋是指在混凝土、墙体岩石等基材上钻孔,然后注入高强植筋胶 (高强建筑植筋胶大致分为注射式植筋胶和桶装式植筋胶两种)，再插入钢筋或型材。胶固后将钢筋与基材粘接为一体，是加固补强行业较常用的一种建筑工程技术，化学植筋在框架结构与填充墙的连接；砖混结构混凝土柱、梁与后砌墙体的拉结；钢筋混凝土结构施工中，板、梁结构调整的钢筋补强；房屋增层植筋加固以及房屋建筑的抗震加固和建筑装修中得到广泛采用。例如，梁、柱加大断面植筋，柱加牛腿，水平植筋；墙体加厚拉结植筋；结构加层柱头拉结植筋；梁体延长水平植筋；梁板悬挑水平植筋，梁上加柱，垂直植筋；基础，连续墙植筋；预制梁修复植筋。幕墙埋件广告牌锚固，机械设备安装植筋锚固等。岩石砖砌体等锚固，石材干挂幕墙、石材粘接，矿山洞顶、壁部位的锚固支护；铁路铁轨的锚固，水利设施码头公路桥梁隧道地铁等工程的各种锚固。

4. 包钢加固

包钢加固又称黏结外包型钢加固法，钢筋混凝土梁柱外包型钢加固称之为包钢加固。当以乳胶水泥粘贴或以环氧树脂化学灌浆等方法粘贴时，称之为湿式包钢加固。适用于使用上不允许显著增大原构件截面尺寸，但又要求大幅度提高其承载能力的混凝土结构加固，如图 8-9 所示。

该法受力可靠、施工简便、现场工作量较小，但用钢量较大，且不宜在无防护的情况下用于 60℃以上高温场所；能不增大构件截面尺寸，大幅度地提高混凝土柱的承载力。

图 8-8 植钢筋补强加固

图 8-9 外包型钢加固

5. *压力注浆加固*

压力注浆法就是指利用液压过气压把能凝固的浆液均匀地注入填料层中，借用注浆设备施加压力，通过钻孔输送到受注层段中的一种施工技术。其实质是使浆液在受注层中渗透、扩散、充填和挤密等方式渗透驱走土中松散颗粒间的水分和空气后填充其位置，经过一定的时间后(5～8min)，浆液将原来松散的土粒胶结成一个整体，从而达到加固受注层和抗渗防水的目的，如图 8-10 所示。

图 8-10 压力注浆加固

建筑加固是土建施工的一个分支，我国现有一大批 20 世纪 50~60 年代建造的老房屋因超过了设计基准期而有待加固，全国又有大约三分之一的住宅安全储备不足，且城市的住宅结构逐渐进入老龄化，需要加固维修。同时，国家限定结构建设投资，从节约成本考虑，利用很多老结构、老建筑的情况越来越多，需要进行加固处理的项目逐渐增加。研究建筑结构加固技术意义非常重大。

标准链接

《中华人民共和国消防条例》、《地震基本烈度 6 度地区重要城市抗震设防和加固的暂行规定》、《建筑设计防火规范》(GB 50016—2014)、《建筑工程抗震设防分类标准》(GB 50223—2008)、《混凝土结构加固设计规范》(GB 50367—2013)、《混凝土结构设计规范》(GB 50010—2010)等。

模块小结

20 世纪 80 年代以来，中国不仅自然灾害总损失在增加，受灾面积也在增加，反映了防灾体系已与社会经济发展需要不相适应，必须大力加强灾害综合防御体系的建设。

中国已初步建立了防御各种自然灾害的工作体系，形成了一支具有一定实践经验、学科基本配套、门类比较齐全的科技队伍。监测主要自然灾害的台网已初具规模，取得了大批有科研价值的观测资料。对主要自然灾害的形成、发展规律有了一些认识，积累了一定的预测、预报经验，并取得了一批有价值的科技成果，其中一些成果达到国际先进水平，对一些重大自然灾害作出了较成功的预测、预报。各项防灾工程的设计施工技术有了一定进步。这些都是今后加强防灾减灾工作，开展国际交流合作的重要基础。

复习思考题

一、填空题

1. 结构裂缝系指对结构的稳定和安全受到影响的裂缝。造成结构裂缝的原因可能有：______________、________________、______________和_______________。

2.《中华人民共和国消防条例》中规定，消防工作实行“______________、____________”的方针。

3. 建筑物防火间距应按相邻______________________计算或测定；如外墙有凸出的燃烧构件(如门厅、外廊、挑檐、雨篷等)，则应以其________算起。

4. 结构损坏中的非结构裂缝有_______裂缝、_______裂缝和_______裂缝。

二、选择题

1. 在建筑物之间留出适当的距离，可以有效地防止火灾的蔓延扩大，这个距离称为_______。

A. 防火间距　　B. 耐火等级　　C. 安全通道　　D. 安全出口

2. 通过施加外力对变形部分矫形，使之恢复原状变形的修复方法为_____________。

A. 强力矫正法　　B. 更换杆件法　　C. 整体变形的校正法　　D. 原状修复法

三、简答题

1. 什么是灾害，常见灾害有哪些？
2. 结构的防火设计内容是什么？
3. 风灾的危害有哪些？
4. 地震灾害的特点有哪些？
5. 地震灾害的预防措施有哪些？
6. 结构修复的方法有哪些？

建筑信息化

学习目标

了解BIM的基本概念，BIM的特点，BIM的发展趋势。掌握BIM在建筑工程中的应用。

学习要求

<table>
<tr><th colspan="2">能力目标</th><th>知识要点</th><th>权　重</th></tr>
<tr><td colspan="2">BIM的基本概念</td><td>三维数字技术、信息模型、数据源、数据平台</td><td>10%</td></tr>
<tr><td colspan="2">BIM的特点</td><td>操作可视化、信息完备性、信息的协调性、信息的共享性</td><td>10%</td></tr>
<tr><td rowspan="3">BIM技术的应用</td><td>勘察阶段</td><td>工程勘察、管线综合、绿色性能分析、工程量统计、协同设计</td><td>20%</td></tr>
<tr><td>施工阶段</td><td>现场布置、机械选择、虚拟仿真模拟、碰撞检查、质量控制</td><td>20%</td></tr>
<tr><td>运营维护</td><td>可视化、数据集成管理与共享、应急管理决策与模拟</td><td>20%</td></tr>
<tr><td colspan="2">BIM技术发展趋势</td><td>绿色建筑、云技术、物联网、数字加工、3D扫描、3D打印</td><td>20%</td></tr>
</table>

导入案例

BIM 技术在上海中心大厦的应用(图 9-1)

图 9-1　上海中心大厦

上海中心大厦简介：
建筑总高度：632 米；
结构高度：580 米；
楼层：127 层；
总建筑面积：57.8 万平方米；
地点：中国(上海)；
设计者：美国 Gensler 公司；
开工：2008 年；
竣工：2014 年；
建筑高度排名：世界第 2 位，中国第 1 位。

1. 项目建设难点

上海中心大厦建筑面积超大、建筑结构超高，是目前建成的中国第一高楼；其设备机房分布点多面广，除地下 1—5 层有大量设备机房外，地上设备层有 9 处(6—7、20—21、35—36、50—51、66—67、82—83、99—100、116—117、121F)，总计 20 层之多，可见设备数量之多、分布面之广；采用多项绿色环保节能技术：采用了冰蓄冷、三联供、地源热泵、风力发电、中水、智能控制等多项绿色环保节能技术，给工程管理与系统调试等方面带来一定难度；系统齐全、垂直分区多，空调系统：设置低区和高区 2 个能源中心，分为 10 个空调分区。有中央制冷、冰蓄冷、三联供、地源热泵、VAV 空调、风机盘管、带热回收装置的新风等系统，系统复杂，风、水系统平衡及自控调试要求高。幕墙还专设散热器，支架设置复杂；采用 BIM 建模技术，图纸深化采用 BIM 技术手段，建立三维立体模型，进行管线碰撞检测和综合布置，与工厂化预制相配套，形成预制加工图。利用 BIM 模型进行劳动力策划和进度控制。

2. BIM 技术对上海中心大厦的意义

在上海中心的建设过程中，BIM 技术的运用覆盖了施工组织管理的各个环节，包括深化设计、施工组织、进度管理、成本控制、质量监控等。从建筑的全生命周期管理角度出发，施工阶段 BIM 运用的信息创建、管理和共享技术，可以更好地控制工程质量、进度和资金运用，保证项目的成功实施，为业主和运营方提供更好的售后服务，实现项目全生命周期内的技术和经济指标最优化。BIM 技术在项目的策划、设计、施工及运营管理等各阶段的深入化应用，为项目团队提供了一个信息、数据平台，有效地改善了业主、设计、施工等各方的协调沟通。同时帮助施工单位进行施工决策，以三维模拟的方式减少施工过程的错、漏、碰、撞，提高一次安装成功率，减少施工过程中的时间、人力、物力浪费，为方案优化、施工组织提供科学依据，从而为这座被誉为上海新地标的超高层建筑，成为绿色施工、低碳建造典范，提供有力保障。

通过 BIM 技术的使用上海中心大厦外幕墙的制图效率提高了 200%；处理图纸数据的转换效率提高了 50%；复杂组件的测量效率提高了 10%；机电方面减少了 60%现场制作工作量，减少 90%的焊接、胶粘等危险有毒作业，实现 70%的管道制作预制率；室内装饰从模块化、工程化方面大幅提高了工作质量和效率。

BIM 是指在建设工程及设施全生命期内，对其物理和功能特性进行数字化表达，并依此设计、施工、运营的过程和结果的总称。前期定义为“Building Information Model”，之后将 BIM 中的“Model”替换为“Modeling”，即“Building Information Modeling”，前者指的是静态的“模型”，后者指的是动态的“过程”，可以直译为“建筑信息建模”“建筑信息模型方法”或“建筑信息模型过程”，但约定俗成目前国内业界仍然称之为“建筑信息模型”。

9.1 认识 BIM

伴随着信息化浪潮席卷全球，计算机技术的应用越来越广泛。它涉及了制造业、农业以及金融业等领域，特别是在工程建设行业(Architecture、Engineering and Construction，AEC)，经历了图板时代和计算机辅助设计时代。20 世纪 60 年代时，计算机技术在工程建设行业(AEC)的主要应用是造价管理与结构设计分析的数据处理；20 世纪 80 年代时，计算机辅助设计技术(Computer Aided Design，简称 CAD)得到了广泛应用，建筑师、工程师从繁重的手工绘图、计算和设计中解放出来，迎来了建筑行业的第一次革命。

伴随着现代建筑工程不断扩大建设规模、提高质量要求和采用新的施工技术，不仅使得施工项目复杂程度越来越大而且增加了施工管理的难度，传统建筑施工企业粗放的发展和管理模式已无法适应当前建筑行业持续快速健康发展的要求。根据我国的建筑业现状，我国的建筑行业普遍存在着信息化程度不高、生产效率低、风险控制能力弱、全生命周期理念和手段缺乏等问题。目前，我国建筑行业的信息化是以 CAD 技术为支撑，其在建筑全生命周期的具体表现如图 9-2 所示。建筑的相关信息不断损失在项目全生命周期各阶段、各参与方之间的传递过程中，导致了严重的信息传递失真和大量的重复劳动。

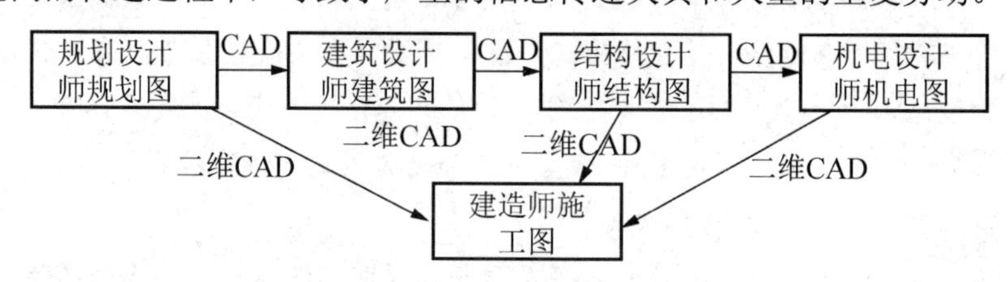

图 9-2 我国传统的建筑信息传递过程

1975 年，“BIM 之父”——乔治亚理工大学的 Chuck Eastman 教授提出了 BIM 理念，之后 BIM 概念得到深入的探索和定义。建筑信息模型是一个包含了创建与管理设施物理与功能特性的数字化表达的过程，过程中产生的一系列建筑信息模型(Building Information Models)作为共享的知识资源，在设施从早期概念阶段到设计、施工、运营及最终的拆除，这样一个建筑全生命周期过程中的决策提供支持，这是一个大众化、标准化的定义。模型从规划设计阶段开始建立，在项目的不断开展过程中对模型增加数据信息，得到不同阶段的模型满足各阶段的需求应用即模型是一个不断成长的、不断完善的、具有各阶段特点的模型。BIM 这种革命性技术的发展必引起我国建筑业第二次革命。我国建筑业两次革命历程如图 9-3 所示。

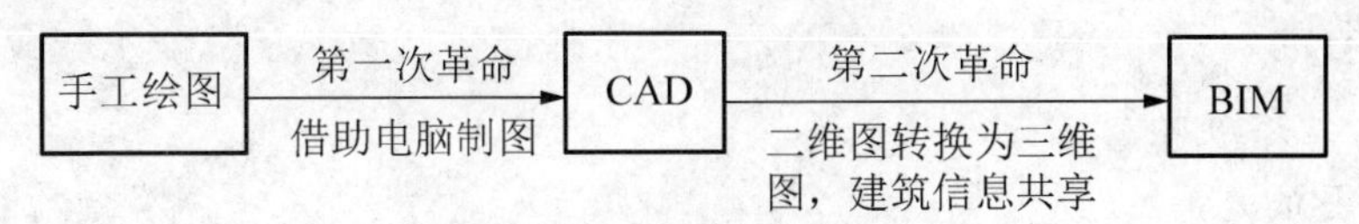

图 9-3　建筑业的两次革命

9.1.1　BIM 的概念

根据中华人民共和国住房和城乡建设部的《建筑信息模型应用统一标准》(GB/T 51212—2016)：建筑信息模型 buiding information modeling，buiding information model(BIM)，是指在建设工程及设施全生命期内，对其物理和功能特性进行数字化表达，并依此设计、施工、运营的过程和结果的总称。

BIM 技术是一种多维(三维空间、四维时间、五维成本、N 维更多应用)模型信息集成技术，可以使建设项目的所有参与方(包括政府主管部门、业主、设计、施工、监理、造价、运营管理、项目用户等)在项目从概念产生到完全拆除的整个生命周期内都能够在模型中操作信息和在信息中操作模型，进而从根本上改变从业人员依靠符号文字形式图纸进行项目建设和运营管理的工作方式，实现在建设项目全生命周期内提高工作效率和质量以及减少错误和风险的目标。

BIM 的含义总结为以下三点：

(1) BIM 是以三维数字技术为基础，集成了建筑工程项目各种相关信息的工程数据模型，是对工程项目设施实体与功能特性的数字化表达。

(2) BIM 是一个完善的信息模型，能够连接建筑项目生命期不同阶段的数据、过程和资源，是对工程对象的完整描述，提供可自动计算、查询、组合拆分的实时工程数据，可被建设项目各参与方普遍使用。

(3) BIM 具有单一工程数据源，可解决分布式、异构工程数据之间的一致性和全局共享问题，支持建设项目生命期中动态的工程信息创建、管理和共享，是项目实时的共享数据平台。

9.1.2　BIM 的特点

从 BIM 的概念理解，可得出 BIM 技术的 4 个特点：

1. 操作的可视化

可视化是 BIM 技术最显而易见的特点。BIM 技术的一切操作都是在可视化的环境下完成的，在可视化环境下进行建筑设计、进行碰撞检测、进行施工模拟。

而传统的 CAD 技术，只能提交 2D 的图纸。为了使不懂得看建筑专业图纸的业主和用户看得明白，就需要做 3D 的效果图或模型，以达到较为容易理解的可视化方式。虽然效果图和实体的建筑模型提供了可视化的视觉效果，这种可视化手段仅仅是限于展示设计的效果，却不能进行节能模拟、碰撞检测、施工仿真，不能帮助项目团队进行工程分析以提高整个工程的质量。

而 BIM 提到的可视化是一种能够同构件之间形成互动性和反馈性的可视化，由于整个

过程都是可视化的，可视化的结果不仅可以用效果图展示及报表生成，更重要的是，项目设计、建造、运营过程中的沟通、讨论、决策都在可视化的状态下进行。可视化操作为项目团队进行的一系列分析提供了方便，有利于提高生产效率、降低生产成本和提高工程质量。

2. 信息的完备性

BIM 是设施的物理和功能特性的数字化表达，包含了设施的所有信息。从 BIM 的这个定义的组成部分就体现了信息的完备性。BIM 模型包含了设施的全面信息，除了有设施 3D 几何信息和拓扑关系的描述，还包括整个设施完整的工程信息的描述。例如对象名称、结构类型、建筑材料、工程性能等设计信息；施工工序、进度、成本、质量以及人力、机械、材料资源等施工信息；工程安全性能、材料耐久性能等维护信息；对象之间工程逻辑关系；等等。

信息的完备性还体现在 BIM 这一创建建筑信息模型行为的过程。在这个过程中，设施的前期策划、设计、施工、运营维护各个阶段都可以连接起来，把各阶段产生的信息都存储进 BIM 中，使得 BIM 模型的信息来自单一的工程数据源，包含设施的所有信息。BIM 内的所有信息均以数字化形式保存在数据库中，以便于更新和共享。

信息的完备性使得 BIM 模型能够具有良好的基础条件，支持可视化操作、优化分析、模拟仿真等功能，为在可视化条件下进行各种优化分析(体量分析、空间分析、采光分析、能耗分析、成本分析等)和模拟仿真(碰撞检测、虚拟施工、紧急疏散模拟等)提供了方便的条件。

3. 信息的协调性

协调性体现在两个方面：一是在数据之间创建实时的、一致性的关联，对数据库中数据的任何更改，都马上可以在其他关联的地方反映出来。二是在各构件实体之间实现关联显示、智能互动。

这个技术特点很重要。对设计师来说，设计建立起的信息化建筑模型就是设计的成果，至于各种平、立、剖 2D 图纸以及门窗表等图表都可以根据模型随时生成。这些源于同一数字化模型的所有图纸、图表均相互关联，避免了用 2D 绘图软件画图时会出现的不一致现象。而且在任何视图(平面图、立面图、剖视图)上对模型的任何修改，就视同为对数据库的修改，都会马上在其他视图或图表上关联的地方反映出来，而且这种关联变化是实时的。这样就保持了 BIM 的完整性和健壮性，在实际工作中大大提高了项目的工作效率，消除了不同视图之间的不一致性现象，保证项目的工程质量。

这种关联变化还表现在各构件实体之间可以实现关联显示、智能互动。例如模型中的屋顶是和墙相连的，如果要把屋顶升高，墙的高度就会随即跟着变高。又如，门窗都是开在墙上的，如果把模型中的墙平移，墙上的门窗也会同时平移；如果把模型中的墙删除，墙上的门窗马上也被删除，而不会出现墙被删除了，而窗还悬在半空的不协调现象。这种关联显示、智能互动表明了 BIM 能够支持对模型的信息进行计算和分析，并生成相应的图形及文档。而 BIM 中信息的协调性使得 BIM 中各个构件之间具有良好的协调性。

这种协调性为建设工程带来了极大的方便，例如在设计阶段不同专业的设计人员可以通过应用 BIM 发现彼此不协调甚至引起冲突的地方，及早修正设计，避免造成返工与浪费。

在施工阶段，可以通过应用 BIM 的技术合理地安排施工计划，保证了整个施工阶段过程衔接紧密、合理，使施工能够高效地进行。

4. 信息的共享性

应用 BIM 可以实现信息的共享性，充分保证了信息经过传输与交换以后，信息前后的一致性。

具体来说，实现共享性就是 BIM 中所有数据只需要一次性采集或输入，就可以在整个设施的全生命周期中不同专业、不同品牌的软件应用中实现信息的共享、交换与流动，使 BIM 能够自动演化，避免了信息不一致的错误。在建设项目不同阶段免除对数据的重复输入，就可以大大降低成本、节省时间、减少错误、提高效率。

正是 BIM 的这四个特点，大大改变了传统建筑业的生产模式，利用 BIM 模型使建筑项目的信息在其全生命周期中实现无障碍共享，无损耗传递，为建筑项目全生命周期中的所有决策及生产活动提供可靠的信息基础。BIM 技术较好地解决了建筑全生命周期中多工种、多阶段的信息共享问题，使整个工程的成本大大降低，质量效率得到显著提高，为传统建筑业在信息时代的发展展现了光明的前景。

9.2 BIM 在工程建设各阶段中的应用

9.2.1 BIM 在勘察设计阶段的应用

勘察设计阶段涉及到工程勘察、管线综合、性能化分析、工程量统计以及协同设计等，是影响整个项目投资的重要阶段，也是项目管理的一项难点。对于业主和项目管理方而言，需要从质量、造价和进度等环节进行总体把控，但受限于专业性问题，往往很难进行充分有效的决策，从而导致设计功能不完善、进度滞后以及投资增加等问题。

1. 工程勘察

工程勘察信息管理是建筑设计的基础环节，现有的工程勘察设计中的地质信息管理大部分是基于 CAD 的二维模型的建构，表现形式比较单一，可视化表现不够形象立体。而 BIM 提供一个存储 处理数据信息的平台，可以将土工试验以及现场勘察的数据输入到 BIM 软件，并进行数据处理分析及可视化，为勘察设计提供一定的依据。工程勘察 BIM 实践表明，利用 BIM 软件将工程勘察成果可视化，实现上部建筑与其地下空间工程地质信息的三维融合具有可操作性。

2. 管线综合

基于 BIM 的管线综合，能够整合各专业的信息，建立建筑、结构和机电专业协调沟通的统一平台，以三维模型为基础，实现可视化的管线综合优化。特别是在大型、复杂建筑工程中，基于 BIM 的管线综合功能，充分发挥了计算机对庞大数据的处理能力，是目前国内工程 BIM 软件应用的最主要功能之一。现阶段，国外将 BIM 应用到管线综合领域已经达到相当规模和深度，国内基于 BIM 的管线综合还主要用于施工图深化设计阶段，为实现提高施工质量、缩短工期、节约成本的目的而进行优化设计。

3. 绿色性能化分析

在建筑环境领域中采用基于BIM的性能分析可以为绿色建筑增大节能成效，目前用于节能评估、可再生能源以及可持续建筑的软件工具众多，较多采用的是“BIM软件平台—数据格式—专业分析软件”的基本模型，可以有效地解决数据一致性问题，提高效率。

BIM技术为建筑性能的普及应用提供了可能性，主要应用方面有：(1)室外风环境模拟；(2)室内自然风模拟；(3)小区热环境模拟分析；(4)建筑环境噪声模拟分析；(5)室外绿化环境分析；(6)建筑照明分析；(7)日照分析；(8)日光分析；(9)节能设计；10)规划设计方案优化。

4. 工程量统计

工程量计算是全过程造价管理重要的一环，关系到建筑企业核心竞争力——项目成本控制能力。基于BIM的工程量计算，利用BIM建立三维模型数据库，实现对建筑项目信息的直接读取、汇总与统计，能大大降低工程师基础工作强度，提高计算效率、保证计算精确，可以更好地应付设计变更，便于项目成本控制。

工程造价员可以通过多种途径应用BIM进行工程量计算，主要有3种方法：(1)利用应用程序接口(API)在 BIM 软件和成本预算软件中建立连接；(2)利用开放式数据库连接(ODBC)直接访问BIM软件数据库；(3)BIM软件结果输出到Excel，再处理。

5. 协同设计

当前BIM技术的研究重心，已从单一应用软件的开发逐步转移到基于BIM的集成并行平台的开发研究上。集成并行平台通过BIM技术，实现对建模模型的共享与转换，将建筑设计、结构设计、工程造价等工作集合在一起，大幅度提升协同设计的技术含量。

我国目前大部分大型设计院在尝试使用基于BIM的协同设计，中、小设计院也正在积极开展相应的学习与初步实践。同济大学建筑设计研究院(集团)有限公司成立了BIM研究中心，并在上海中心等项目中展开协同设计；中国建筑设计研究院的敦煌游客中心项目使用的BIM进行协同设计。大型开发商单位万科、万达、龙湖等也在方案招标、深化设计、造价控制等层次积极探索应用BIM协同技术，BIM咨询公司也积极从专业化角度推动设计团队开展协同设计。

9.2.2 BIM在施工阶段的应用

施工阶段是人们利用各种建筑材料、机械设备按照特定的设计蓝图在一定的空间、时间内进行的为建造各式各样的建筑产品而进行的生产活动。它包括从施工准备、破土动工到工程竣工验收的全部生产过程。

1. BIM技术在施工方案优化中的应用

(1) 施工现场布置

施工现场的合理布置不仅可以加快施工的进程，还可以节约施工成本，缩短施工工期，增加施工的效益。BIM的仿真模拟和可视化功能，成功打破了传统二维施工现场总平面布置图对施工现场空间和有效信息不能有效提取和集成的局限性。利用 Revit 软件进行场地优化布置，在场地模型建立时集成了场地布置的基本资料，通过建筑红线进行场地分区规划，建立三维的作业区域空间模型，然后以可视化的模式直观地展现给施工现场项目管理人员。因此，管理人员可以根据平面布置优化现场整体布置，也可以充分考虑现场作业空间等布置问题。通过利用 BIM 的可视化模拟功能，可以对施工现场进行合理布置，减少场地内构件及材料的二次搬运，降低运输成本，大幅度提高施工作业生产效率。

(2) 施工机械选择

施工项目对机械设备的选取主要有三个要求：①起重能力可以满足吊装需要；②作业半径和起吊高度可以满足吊装的空间要求；③机械设备所占用的空间不影响其他施工作业。

利用 BIM 可以从两个方面优化机械设备的选择：首先，在机械作业能力满足施工需要的前提下，比选机械设备方案时，可以选取更经济合理的机械设备；其次，在验证施工机械的技术参数是否能满足施工需要时，如塔吊的起吊高度、回转半径等参数是否可以满足施工要求，这些都可以通过 BIM 技术建立三维的机械设备，在软件平台上设置对应的技术参数，然后进行仿真模拟分析，对机械设备进行验证。

2. BIM 在施工建造阶段的应用

(1) 虚拟仿真模拟

BIM 的优势就是可以进行虚拟仿真模拟。运用 BIM 技术，采用设计的施工数据信息，建立建筑信息模型，进行虚拟模拟建筑过程，同时可以建立成本控制模型，在虚拟建造过程中，完成对施工成本的控制。BIM 可以将各个构件的设计参数和其他影响施工的外界因素联系起来，有效地检验设计与施工之间的冲突问题，实现了 3D+2D 条件下的施工仿真模拟，可以保持仿真模拟和施工建造的一致性，从而实现虚拟仿真模拟施工过程不同阶段及不同专业间的有效整合和协调。

BIM 可以实现三维可视化，再加上时间维度，对施工进度进行虚拟仿真模拟，可以快速直观地将施工进度计划和实际施工进度的对比结果呈现出来，有利于施工的各个参与方随时掌握建设项目的动态。

因此，利用 BIM 优化施工方案，进行施工模拟，大大减少建筑质量问题，并能及时发现安全隐患，减少不必要的返工和整改。尤其是在结构形式比较复杂独特的建筑结构施工中，对结构的形式、构件的做法及特殊工艺等都要求较高，施工时只看蓝图，不可避免地出现少看、漏看及理解错误等现象，对施工作业人员的技术交底不够直观，可视化效果不好。

利用 BIM 软件建立的模型可以很好地解决这一难题，可以将复杂的构件建立模型，进行虚拟仿真模拟，施工作业人员可以根据模拟的结果进行技术交底，可以很大程度地降低施工技术失误，有利于提高工作效率。

(2) 碰撞检查

BIM 最直观的特点在于可以利用三维可视化，减少误差，也可以利用 BIM 的三维技术，对施工模型进行前期的碰撞检查，能够直观地解决空间冲突，优化工程设计，很大程度上减少建筑施工阶段可能出现的的错误和返工现象，同时可以优化净空、优化管线布置方案。

因此，施工作业人员可以利用优化的碰撞检查方案，进行施工技术交底、施工过程模拟，从而提高施工质量，同时也可以提高各个施工参与方之间的沟通的效率。

BIM 在施工前进行碰撞检查是基于 Revit 软件平台建立设备、机电的设计模型，通过软件对机电安装管线进行仿真模拟，快速锁定所有碰撞点，同时产生碰撞检查报告。设计单位可以根据碰撞检查结果，配合施工单位对现场施工图进行方案深度优化。

3. BIM在施工管理中的应用

(1) 质量控制

质量控制是对施工项目的质量目标进行事前控制、事中控制和事后控制的过程，该过程主要是按照PDCA的循环原理，即按照计划、实施、检查和处理的步骤对项目进行质量控制。在项目施工时，现场发生的很多问题是在所难免的，所以如果可以在事前对项目可能发生的质量问题进行预测，就可以及时整改，对节约成本、提高施工效率有很大的作用。

目前，传统的做法是施工阶段中对工程的质量控制主要是施工前先召开施工方案讨论会，施工过程中由现场专业技术人员和现场管理人员进行跟踪管理，这种传统的质量控制模式容易出现很多问题，而利用BIM建立数据模型，将模型与实际现场进行对比，事前可以对重点部位进行模拟预测，事中也可以通过数据模型进行事中质量管理，最后进行事后质量问题排除检查。BIM在现场质量管理中的应用及推广，极大地提高了质量控制的效率，将工程的质量信息数据导入到BIM中，通过三维模型的模拟及查询，可以及时检测出可能出现的质量问题，然后进行改进，避免质量问题的发生。特别是针对管件碰撞检查的质量控制十分便捷高效。施工蓝图中的水、暖、电图纸和建筑结构是不同工种的设计人员，分开设计的二维图纸，但是利用BIM信息平台建立的建筑模型，将结构、暖通和机电三者整合在同一个数据模型中，可以利用BIM进行事中质量检查，核对土建施工中的各个构件及预埋件的位置，对整个项目的各个部位逐一排查，方便对项目进行事后控制。

(2) 文明施工

利用BIM建立的数据模型不仅能反映出拟建工程的各种信息，对现场安全管理和文明施工也有一定的指导作用。以安全管理为例，现场安全管理是一个动态过程，安全措施应随着工程的进展不断变化，可以利用BIM中事前设计出安全措施，随时对施工现场的安全状况进行检查和对比，保证项目施工安全进行，同时可以根据项目的进程，利用BIM三维模拟技术，随时调整安全管理措施。开工前的施工现场平面布置中，BIM可以将道路、临时建筑、工具棚、设备等进行统一的布置，同时对颜色、尺寸、标识等都可以进行详细说明，这对于企业形象宣传、安全施工措施合理化、施工器具标准化等文明施工都有一定的指导作用。

(3) 现场协调

在BIM数据中，工程中所有构件的基本参数都存储在数据库中，实现了项目信息的集成。BIM具有三维可视化和协调性等优势，可以进行漫游、碰撞检查、三维净高分析、模拟预留孔洞。合理运用BIM5D管理平台，可以提前对项目建造过程进行模拟，根据模拟时出现的问题进行协调和管控，这样可以大幅度减少由于施工技术差异、沟通误解带来的协调问题。这就可以使电气、排水、室内装修等各个专业的设计人员根据BIM进行协同设计，合理规划安排材料进场、材料堆放等问题，同时可以在BIM平台中与业主、承包商及材料供应商等各部门沟通并传达信息，保证设计协调高效、顺利地进行。

9.2.3 BIM在运营维护阶段的应用

运营维护管理(简称运维管理)国际上多称为设施管理，是由古代匠人对房屋的修缮和改造的物业管理逐渐演变而来，至今已形成在建筑物运营阶段对人、财、物、技等多种因素的综合管理，特别是近十几年来，随着国家经济的高速发展，复杂的大型和超大型公共建筑的不断出现，运维管理已经发展成了整合地点、流程、人员、空间、资产、建筑设施等因素的系统工程。

BIM 可以将建筑物各个构件的位置、规格、材质、型号、造价、颜色、安装工序、施工问题、维修保养等各类相关信息都作为该构件的属性附件，存储在该模型的数据库中，并以三维的形式展示给使用者，能让使用者在直观了解建筑物的基础上，以简单便捷的方式查询和使用设计、施工、维护过程中的各种信息，为运维工作的开展提供了便利。

因此，BIM 应用于运维管理的主要应用价值在于：

1. 利用 BIM 的三维模拟技术可以实现运维管理的可视化

BIM 应用于运维管理可以提供运维管理的可视化操作平台，使管理人员可以形象、直观、清晰的掌握建筑物各构件的相关情况，增强相关信息的准确性，并在运维管理过程中极大的降低了难度。

传统的运维主要依据是包括建筑、结构、给排水、采暖通风、电气等专业的纸质版 CAD 图纸，具体图纸主要为平面图、立面图、剖面图，并根据需要配备大样图、系统图，部分位置还需配合图集等。图纸多而复杂，需要一定水平的专业技术人员。BIM 操作平台采用三维立体式表达，将多专业复杂的平面图转换为易于理解的三维图像，大大简化了图纸阅读难度。

利用 BIM 的三维模拟技术可以进行应急管理决策与模拟，随着城镇化的进一步发展，高层和超高层建筑的不断增加，相应的人员聚集区也不断增多，这就对我们的灾害应急管理工作提出了更高的要求。传统的灾害应急管理大多是事先制定好书面应急预案和应急文档，主要关注灾害发生后的应急响应与及时救援，但面对突发事件启动应急预案通常比较耗时，影响对突发事件的响应速度，而应用 BIM 在应急管理模拟与决策方面有着巨大的优势。如火灾发生后，BIM 的应用能够以三维可视模式显示出火灾发生的位置，并提供受困人员逃跑路线和救援人员进入路线，同时还能向管理人员提供设备、管线情况，为灾情提供实时信息，辅助救援工作的开展。若发生水管爆裂事件，目前大都是通过查找相关图纸来确定管线、阀门位置，但经常因为不能快速找到正确的管线或阀门位置而造成不能在事件发生初期进行有效的控制，通过BIM的应用就可以快速定位出问题管线和关键阀门位置，在事件发生初期能够有效的控制灾害的扩大。BIM 的应用可以为应急管理决策提供数据支持以外，还可以作为灾害模拟的工具，评估灾害可能导致的损失，对应急预案进行模拟和讨论。

2. 利用 BIM 的共享性可以实现数据集成管理与共享

BIM 为运维管理提供的运维管理建筑信息模型能集成从设计、施工到运维的全生命周期内的各种相关信息，为运维管理提供数字化信息，使各应用部门及各信息独立的系统达到信息的共享和业务的协同，实现了实时调用、有序管理及充分共享。

BIM 可以将设计、施工及运维阶段产生的各类过程信息进行整合分类，并提供数字化管理。将建筑信息模型用于运维管理可以实现建筑物全生命周期的信息集成，并便捷的实现添加、修改、完善和更新，有利于运维可持续的管理。

BIM 可以集成建筑物全生命周期内的相关信息，可以快速的查询各种相关信息，节省了大量的查找纸质图纸、资料、记录的时间，减少了人力、时间的消耗。

3. BIM 在项目全生命周期的作用与价值

在传统的设计-招标-建造模式下，基于 CAD 图纸的交付模式使得跨阶段时信息损失带来大量价值的损失，导致出错、遗漏，需要花费额外的精力来创建、补充精确的信息。而基于 BIM 模型的协同合作模型下，利用三维可视化、数据信息丰富的模型，各方可以获得更大投入产出比。

BIM 应用贯穿了建筑的规划、设计、施工与运营四大阶段，多项应用是跨阶段的，尤其是基于 BIM 的“现状建模”与“成本预算”贯穿了建筑的全生命周期。

因为 BIM 无法比拟的优势和活力，BIM 已被越来越多的专家应用在各式各样的工程项目中，涵盖了从简单的仓库到形式最为复杂的新建筑，随着建筑物的设计、施工、运营的推进，BIM 将在建筑的全生命周期管理中不断体现其价值。

9.3 BIM 发展趋势

9.3.1 BIM 的深度应用趋势

1. BIM 与绿色建筑

绿色建筑是指在建筑的全寿命周期内，最大限度节约资源，节能、节地、节水、节材、保护环境和减少污染，提供健康适用、高效使用，与自然和谐共生的建筑。

BIM 最重要意义在于它重新整合建筑设计的流程，其所涉及的建筑生命周期管理，又恰好是绿色建筑设计的关注和影响对象。真实的 BIM 数据和丰富的构件信息给各种绿色分析软件以强大的数据支持，确保了结果的准确性；BIM 的某些特性(如参数化、构件库等)使建筑设计及后续流程针对上述分析的结果，有非常及时和高效的反馈；绿色建筑设计是一个跨学科，跨阶段的综合性设计过程，而 BIM 刚好顺应需求，实现了单一数据平台上各个工种的协调设计和数据集中；BIM 的实施，能将建筑各项物理信息分析从设计后期显著提前，有助于建筑师在方案、甚至概念设计阶段进行绿色建筑相关的决策。

另外，BIM 提供了可视化的模型和精确的数字信息统计，将整个建筑的建造模型摆在人们面前，三维立体会增加人们的视觉冲击和图像印象。而绿色建筑则是根据现代的环保理念提出的，主要是运用高科技设备利用自然资源，实现人与自然的和谐共处。基于 BIM 的绿色建筑设计应用主要通过数字化的建筑模型、全方位的协调处理、环保理念的渗透三个方面来进行，实现绿色建筑的环保和节约资源的原始目标，对于整个绿色建筑的设计有很大的辅助作用。

2. BIM 与云计算

云计算是一种基于互联网的计算方式，以这种方式共享的软硬件和信息资源可以按需提供给计算机和其他终端使用。BIM 与云计算集成应用，是利用云计算的优势将 BIM 应用转化为 BIM 云服务，目前在我国尚处于探索阶段。

基于云计算强大的计算能力，可将 BIM 应用中计算量大且复杂的工作转移到云端，以提升计算效率；基于云计算的大规模数据存储能力，可将 BIM 及其相关的业务数据同步到云端，方便用户随时随地访问并与协作者共享；云计算使得 BIM 走出办公室，用户在施工现场可通过移动设备随时连接云服务，及时获取所需的 BIM 数据和服务等。

天津高银金融 117 大厦项目，在建设之初启用了项目总承包管理系统，将其作为 BIM 团队数据管理、任务发布和信息共享的数据平台，并提出基于管理系统的 BIM 系统云建设方案，开展 BIM 深度应用。项目总承包管理系统为该项目管理了上万份工程文件，并为来自 10 个不同单位的项目成员提供模型协作服务。项目部将 BIM 信息及工程文档同步保存至云端，并通过精细的权限控制及多种协作功能，满足了项目各专业、全过程海量数据的存储、多用户同时访问及协同的需求，确保了工程文档能够快速、安全、便捷、受控地在团队中流通和共享，大大提升了管理水平和工作效率。

根据云的形态和规模，BIM 与云计算集成应用将经历初级、中级和高级发展阶段。初级阶段以项目协同平台为标志，主要厂商的 BIM 应用通过接入项目协同平台，初步形成文档协作级别的 BIM 应用；中级阶段以模型信息平台为标志，合作厂商基于共同的模型信息平台开发 BIM 应用，并组合形成构件协作级别的 BIM 应用；高级阶段以开放平台为标志，用户可根据差异化需要从 BIM 云平台上获取所需的 BIM 应用，并形成自定义的 BIM 应用。

阅读案例

图 9-4　117 大厦

天津高银金融 117 大厦(图 9-4)

天津高银金融 117 大厦简介：

结构高度：596.5 米；

楼层：117 层；

建筑面积：约 233 万平方米；

地点：天津市西青区；

设计者：李华武；

开工：2008 年；

进展：在建

建筑高度排名：世界结构第二高楼，中国在建结构第一高楼

天津高银金融 117 大厦，位于天津滨海高新技术产业园区，项目总投资 180 亿元，由中央商务区、配套居住区及天津环亚国际马球运动主题公园及其他设施为一体的大型超高层建筑。因 117 层而得名。另外，《易经》中奇数为阳，偶数为阴。《易经》认为，阳是充满活力和创造力的，数字 7 为“少阳”，因此大厦与数字“7”结缘，597 米与 117 层的高度与层数设计由此而生。大厦建筑形体自下而上逐渐收缩，顶端呈钻石形，设计灵感采用古代天圆地方的理念，大楼整体方方正正，代表“方”；塔楼顶部为巨大的钻石造型，代表“圆”，钻石造型则象征着尊贵无比的至高荣誉。

天津 117 项目施工建设过程中，项目部积累了大量图档信息资料，如何实现项目图档的协同工作尤为重要。积累的图档资料主要包括施工图纸、设计方案、合同、来往函件、会议纪要、电子邮件、多媒体等电子文档、纸张文档等，这让项目管理和协同工作的难度也随之加大。

项目部如何对这些图档资料实现统一集中管理，从而提高团队工作效率，节约成本，有效进行授权访问、文档访问记录跟踪、文档的全功能检索、以及文档的版本管理等，成为天津高银金融 117 大厦项目建设中急需破解的难题。

天津高银金融 117 大厦项目通过构建 BIM 与项目管理系统集成应用平台-“项目总承包管理系统”。将云数据平台作为项目 BIM 团队数据管理、任务发布和信息共享的平台。实时收集项目运行中产生的数据，能实现数据云端存储、文件在线浏览、三维模型浏览、文档管理、团队协同工作等功能，提高信息资源管理能力；办公效率和协同工作能力。同时，在数据集成阶段，通过开放的接口，将不同建模软件建立的模型集成到同一平台，包括建筑、结构、装饰、钢结构、机电模型。并将合约管理、图档管理、验收管理、计划管理、质安管理等业务信息进行集成，为后期的系统集成应用，提供巨大的数据支撑。

BIM 与项目管理系统的集成应用为天津高银金融 117 大厦项目带来巨大的价值，为天津高银金融 117 大厦项目管理了超万份工程文件，并为来自近 10 个不同单位的项目成员提供模型协作服务。通过 BIM 模型直观、准确展现施工过程、关键节点、现场问题细节，进行可视化方案交底，减少专项交底会议 53 场，大幅提高了沟通效率。基于 BIM 模型为计量、报量、变更等商务工作提供数据支撑，实现了项目设计模型与商务管理之间信息共享，达到了一次专业建模满足技术和商务两个应用要求，提高商务算量效率 30%以上，精度误差小于 2%。

3. BIM 与物联网

物联网是通过射频识别、红外感应器、全球定位系统、激光扫描器等信息传感设备，按约定的协议将物品与互联网相连进行信息交换和通信，以实现智能化识别、定位、跟踪、监控和管理的一种网络。

BIM 与物联网集成应用，实质上是建筑全过程信息的集成与融合。BIM 发挥上层信息集成、交互、展示和管理的作用，而物联网技术则承担底层信息感知、采集、传递、监控的功能。二者集成应用可以实现建筑全过程“信息流闭环”，实现虚拟信息化管理与实体环境硬件之间的有机融合。目前 BIM 在设计阶段应用较多，并开始向建造和运维阶段应用延伸。物联网应用目前主要集中在建造和运维阶段，二者集成应用将会产生极大的价值。

在工程建设阶段，二者集成应用可提高施工现场安全管理能力，确定合理的施工进度，支持有效的成本控制，提高质量管理水平。如临边洞口防护不到位、部分作业人员高处作业不系安全带等安全隐患在施工现场无处不在，基于 BIM 的物联网应用可实时发现这些隐患并报警提示。高空作业人员的安全帽、安全带、身份识别牌上安装的无线射频识别，可在 BIM 系统中实现精确定位，如果作业行为不符合相关规定，身份识别牌与 BIM 系统中相关定位会同时报警，管理人员可精准定位隐患位置，并采取有效措施避免安全事故发生。在建筑运维阶段，二者集成应用可提高设备的日常维护维修工作效率，提升重要资产的监控水平，增强安全防护能力，并支持智能家居。

BIM 与物联网的深度融合与应用，势必将智能建造提升到智慧建造的新高度，开创智慧建筑新时代，是未来建设行业信息化发展的重要方向之一。未来建筑智能化系统，将会出现以物联网为核心，以功能分类、相互通信兼容为主要特点的建筑“智慧化”的控制系统。

4. BIM 与数字加工

数字化是将不同类型的信息转变为可以度量的数字，将这些数字保存在适当的模型中，再将模型引入计算机进行处理的过程。数字化加工则是在应用已经建立的数字模型基础上，利用生产设备完成对产品的加工。

BIM 与数字化加工集成，意味着将 BIM 中的数据转换成数字化加工所需的数字模型，制造设备可根据该模型进行数字化加工。目前，主要应用在预制混凝土板生产、管线预制加工和钢结构加工 3 个方面。一方面，工厂精密机械自动完成建筑物构件的预制加工，不仅制造出的构件误差小，生产效率也可大幅提高；另一方面，建筑中的门窗、整体卫浴、预制混凝土结构和钢结构等许多构件，均可异地加工，再被运到施工现场进行装配，既可缩短建造工期，也容易掌控质量。

例如，深圳平安金融中心为超高层项目，有十几万平方米风管加工制作安装量，如果采用传统的现场加工制作安装，不仅大量占用现场场地，而且受垂直运输影响，效率低下。为此，该项目探索基于 BIM 的风管工厂化预制加工技术，将制作工序移至场外，由专门加工流水线高效切割完成风管制作，再运至现场指定楼层完成组合拼装。在此过程中依靠 BIM 进行预制分段和现场施工误差测控，大大提高了施工效率和工程质量。

未来，将以建筑产品三维模型为基础，进一步加入资料、构件制造、构件物流、构件装置以及工期、成本等信息，以可视化的方法完成 BIM 与数字化加工的融合。同时，更加广泛地发展和应用 BIM 技术与数字化技术的集成，进一步拓展信息网络技术、智能卡技术、家庭智能化技术、无线局域网技术、数据卫星通信技术、双向电视传输技术等与 BIM 技术的融合。

5. BIM 与 3D 扫描

3D 扫描是集光、机、电和计算机技术于一体的高新技术，主要用于对物体空间外形、结构及色彩进行扫描，以获得物体表面的空间坐标，具有测量速度快、精度高、使用方便等优点，且其测量结果可直接与多种软件接口。3D 激光扫描技术又被称为实景复制技术，采用高速激光扫描测量的方法，可大面积高分辨率地快速获取被测量对象表面的 3D 坐标数据，为快速建立物体的 3D 影像模型提供了一种全新的技术手段。3D 激光扫描技术可有效完整地记录工程现场复杂的情况，通过与设计模型进行对比，直观地反映出现场真实的施工情况，为工程检验等工作带来巨大帮助。同时，针对一些古建类建筑，3D 激光扫描技术可快速准确地形成电子化记录，形成数字化存档信息，方便后续的修缮改造等工作。此外，对于现场难以修改的施工现状，可通过 3D 激光扫描技术得到现场真实信息，为其量身定做装饰构件等材料。

BIM 与 3D 扫描技术的集成，是将 BIM 与所对应的 3D 扫描模型进行对比、转化和协调，达到辅助工程质量检查、快速建模、减少返工的目的，可解决很多传统方法无法解决的问题，目前正越来越多地被应用在建筑施工领域，在施工质量检测、辅助实际工程量统计、钢结构预拼装等方面体现出较大价值。例如，将施工现场的 3D 激光扫描结果与 BIM 进行对比，可检查现场施工情况与模型、图纸的差别，协助发现现场施工中的问题，这在传统方式下需要工作人员拿着图纸、皮尺在现场检查，费时又费力。

再如，针对土方开挖工程中较难统计测算土方工程量的问题，可在开挖完成后对现场基坑进行 3D 激光扫描，基于点云数据进行 3D 建模，再利用 BIM 软件快速测算实际模型体积，并计算现场基坑的实际挖掘土方量。此外，通过与设计模型进行对比，还可以直观了解基坑挖掘质量等其他信息。上海中心大厦项目引入大空间 3D 激光扫描技术，通过获取复杂的现场环境及空间目标的 3D 立体信息，快速重构目标的 3D 模型及线、面、体、空间等各种带有 3D 坐标的数据，再现客观事物真实的形态特性。同时，将依据点云建立的

3D 模型与原设计模型进行对比，检查现场施工情况，并通过采集现场真实的管线及龙骨数据建立模型，作为后期装饰等专业深化设计的基础。BIM 与 3D 扫描技术的集成应用，不仅提高了该项目的施工质量检查效率和准确性，也为装饰等专业深化设计提供了依据。

6. BIM 与 3D 打印

3D 打印技术是一种快速成型技术，是以三维数字模型文件为基础，通过逐层打印或粉末熔铸的方式来构造物体的技术，综合了数字建模技术、机电控制技术、信息技术、材料科学与化学等方面的前沿技术。

BIM 与 3D 打印的集成应用，主要是在设计阶段利用 3D 打印机将 BIM 模型微缩打印出来，供方案展示、审查和进行模拟分析；在建造阶段采用 3D 打印机直接将 BIM 模型打印成实体构件和整体建筑，部分替代传统施工工艺来建造建筑。BIM 与 3D 打印的集成应用，是两种革命性技术的结合，为建筑从设计方案到实物的过程开辟了一条“高速公路”，也为复杂构件的加工制作提供了更高效的方案。

随着各项技术的发展，现阶段 BIM 与 3D 打印技术集成存在的许多技术问题将会得到解决，3D 打印机和打印材料价格也会趋于合理，应用成本下降也会扩大 3D 打印技术的应用范围，提高施工行业的自动化水平。虽然在普通民用建筑大批量生产的效率和经济性方面，3D 打印建筑较工业化预制生产没有优势，但在个性化、小数量的建筑上，3D 打印的优势非常明显。随着个性化定制建筑市场的兴起，3D 打印建筑在这一领域的市场前景非常广阔。

7. BIM 与装配式

装配式建筑是用预制的构件在工地装配而成的建筑，是我国建筑结构发展的重要方向之一，它有利于我国建筑工业化的发展，提高生产效率节约能源，发展绿色环保建筑，并且有利于提高和保证建筑工程质量。与现场浇筑混凝土的湿法施工相比，装配式结构有利于绿色施工，因为装配式施工更能符合绿色施工的节地、节能、节材、节水和环境保护等要求，降低对环境的负面影响，包括降低噪音、防止扬尘、减少环境污染、清洁运输、减少场地干扰、节约水、电、材料等资源和能源，遵循可持续发展的原则。而且，装配式结构可以连续地按顺序完成工程的多个或全部工序，从而减少进场的工程机械种类和数量，消除工序衔接的停闲时间，实现立体交叉作业，减少施工人员，从而提高工效、降低物料消耗、减少环境污染，为绿色施工提供保障。另外，装配式结构在较大程度上减少建筑垃圾(约占城市垃圾总量的 30%~40%)，如废钢筋、废铁丝、废竹木材、废弃混凝土等。

利用 BIM 能有效提高装配式建筑的生产效率和工程质量，将生产过程中的上下游企业联系起来，真正实现以信息化促进产业化。借助 BIM 的三维模型参数化设计，使得图纸生成修改的效率有了很大幅度的提高，克服了传统拆分设计中的图纸量大，修改困难的难题；钢筋的参数化设计提高了钢筋设计精确性，加大了可施工性。加上时间进度的 4D 模拟，进行虚拟化施工，提高了现场施工管理的水平，降低了施工工期，减少了图纸变更和施工现场的返工，节约投资。因此，BIM 的使用能够为预制装配式建筑的生产提供了有效帮助，使得装配式工程精细化这一特点更为容易实现，进而推动现代建筑产业化的发展，促进建筑业发展模式的转型。

9.3.2 BIM 的发展趋势

随着 BIM 的发展和完善，BIM 的应用还将不断扩展，BIM 将永久性地改变项目设计、施工和运维管理方式。随着传统低效的方法逐渐退出历史舞台，目前许多工作岗位、任务和职责将成为过时的东西。报酬应当体现价值创造，而当前采用的研究规模、酬劳、风险以及项目交付的模型应加以改变，才能适应新的情况。我国住房和城乡建设部 BIM 部分相关标准政策见表 9-1。在这些变革中，可能将发生的包括：

(1) 业主将期待更早地了解成本、进度计划以及质量。这将促进生产商、供应商、预制件制造商和专业承包商尽早使用 BIM 技术。

(2) 新的承包方式将出现，以支持一体化项目交付(基于相互尊重和信任、互惠互利、协同决策以及有限争议解决方案的原则)。

(3) BIM 应用将有力促进建筑工业化发展。建模将使得更大和更复杂的建筑项目预制件成为可能。更低的劳动力成本，更安全的工作环境，减少原材料需求以及坚持一贯的质量，这些将为该趋势的发展带来强大的推动力，使其具备经济性、充足的劳力以及可持续性激励。项目重心将由劳动密集型向技术密集型转移，生产商将采用灵活的生产流程，提升产品定制化水平。

(4) 随着更加完备的建筑信息模型融入现有业务，一种全新内置式高性能数据仪在不久即可用于建筑系统及产品。这将形成一个对设计方案和产品选择产生直接影响的反馈机制。通过监测建筑物的性能与可持续目标是否相符，以促进帮助绿色设计及绿色建筑全寿命期的实现。

表 9-1 住房和城乡建设部 BIM 部分相关标准政策

颁布时间	文件名称	政策要点
2011.5	2011—2015 年建筑业信息化发展纲要	“十二五”期间，基本实现建筑企业信息系统的普及应用，加快建筑信息模型(BIM)、基于网络的协同工作等新技术在工程中的应用，推动信息化标准建设，促进具有自主知识产权软件的产业化，形成一批信息技术应用达到国际先进水平的建筑企业
2012.1	关于印发 2012 年工程建设标准规范制定修订计划的通知	五项 BIM 相关标准《建筑工程信息模型应用的统一标准》《建筑工程信息模型储存标准》《建筑工程设计信息模型交付标准》《制造工业工程设计信息模型应用标准》的制定工作宣告正式启动
2013.8	关于征求关于推荐 BIM 技术在建筑领域应用的指导意见(征求意见稿)意见的函	2016 年以前政府投资的 2 万平方米以上大型公共建筑以及省报绿色建筑项目的设计、施工采用 BIM 技术；截至 2020 年，完善 BIM 技术应用标准、实施指南，形成 BIM 技术应用标准和政策体系；在有关奖项，如全国优秀工程勘察设计奖、鲁班奖(国际优质工程奖)及各行业、各地区勘察设计奖和工程质量最高的评审中，设计应用 BIM 技术的条件
2013.11	《建筑工程信息应用统一标准》征求意见稿	BIM 在中国的发展有据可依，为中国 BIM 产业的发展提供了方向性的指导

续表

颁布时间	文件名称	政策要点
2014.7	关于推进建筑业发展和改革的若干意见	推进建筑信息模型(BIM)等信息技术在工程设计、施工和运行维护全过程的应用，提高综合效益，推广建筑工程减隔震技术，探索开展白图代替蓝图、数字化审图等工作
2015.6	关于推进建筑信息模型应用的指导意见	到2020年末，建筑行业甲级勘察、设计单位以及特级、一级房屋建筑工程施工企业应掌握并实现BIM与企业管理系统和其他信息技术的一体化集成应用。到2020年末，以下新立项项目勘察设计、施工、运营维护中，集成应用BIM的项目比率达到90%：以国有资金投资为主的大中型建筑；申报绿色建筑的公共建筑和绿色生态示范小区 要求各级住房城乡建设主管部门制定BIM应用配套激励政策和措施；有关单位和企业制定BIM应用发展规划、分阶段目标和实施方案，合理配置BIM应用所需的软硬件。对建设单位、勘察单位、设计单位、施工企业、工程总承包企业、运营维护单位提出具体要求，并鼓励有条件的地区，建立企业和人员的BIM应用水平考核评价机制
2016.8	2016—2020年建筑业信息化发展纲要	全面提高建筑业信息化，增强BIM、大数据、智能化、移动通讯、云计算、物联网等信息技术集成应用能力，建筑业数字化、网络化、智能化取得突破性进展，初步建成一体化行业监管和服务平台。 在工程项目设计中，普及应用BIM进行设计方案的性能和功能模拟分析、优化、绘图、审查，以及成果交付和可视化沟通，提高设计质量；完善知识库，实现知识的共享；广泛使用无线网络及移动终端，实现项目现场与企业管理的互联互通强化信息安全；研究制定工程总承包项目基于BIM的多参与方成果交付标准，实现从设计、施工到运行维护阶段的数字化交付和全生命期信息共享；推进人脸识别、指纹识别、虹膜识别等技术在工程现场劳务人员管理中的应用；推进基于二维图的、探索基于BIM的数字化成果交付、审查和存档管理；在“一带一路”重点工程中应用BIM进行建设；探索3D打印技术运用于建筑部品、构件生产，开展示范应用
2016.12	建筑信息模型应用统一标准	《标准》是我国第一部建筑信息模型应用的工程建设标准，提出了建筑信息模型应用的基本要求，是建筑信息模型应用的基础标准，可作为我国建筑信息模型应用及相关标准研究和编制的依据
2018.5	轨道交通工程BIM应用指南	城市轨道交通应结合实际制定BIM发展规划，建立全生命技术标准与管理体系，开展示范应用，逐步普及推广，推动各参建方共享多维BIM信息、实施工程管理

模块小结

BIM是指在建设工程及设施全生命期内，对其物理和功能特性进行数字化表达，并依此设计、施工、运营的过程和结果的总称。约定俗成目前国内业界称BIM为“建筑信息模型”。本模块主要介绍BIM的特点、BIM在工程建设各阶段中的应用、BIM发展趋势。通过本模块的学习使同学们对BIM有一个简单的了解。

复习思考题

一、填空题

1. BIM 的特点主要有________、________、__________和__________四方面。

2. BIM 的应用包括在工程建设________、__________、____________等各阶段。

3. BIM 在工程建设的勘察阶段的应用包括___________、_________________、____________、____________和_____________。

4. BIM 在工程建设的施工阶段的应用包括_____________、___________和_________________。

5. BIM 在施工方案优化中的应用包括_________________、___________。

6. BIM 在施工建造阶段的应用包括_____________、__________。

7. BIM 在施工管理中的应用包括________________、____________、__________和_____________。

二、选择题

1. BIM 的深度应用趋势不包括___________。

A. BIM 与 3D 打印

B. BIM 与云技术

C. BIM 与物联网

D. BIM 与方案优化

2. BIM 在工程建设的施工管理中的应用不包括_______________。

A. 质量控制　B. 文明施工　C. 现场协调　D. 碰撞检查

3. BIM 在工程建设的施工优化中的应用包括施工现场布置和_______________。

A. 施工机械选择　B. 文明施工　C. 虚拟仿真模拟　D. 碰撞检查

三、简答题

1. 简述 BIM 的发展过程。

2. BIM 技术的发展趋势。

3. 简述 BIM 的特点。

4. 简述 BIM 在工程建设中的应用。

模块 10

建筑产业现代化

学习目标

了解建筑产业现代化的概念、建筑产业现代化特征、装配化建筑类型。掌握建筑工业化、新型建筑工业化、装配化的施工。熟悉建筑产业现代化助推绿色建筑的发展。

学习要求

能力目标	知识要点	权重
建筑产业现代化及其基本特征	技术创新、信息化、政策、建筑产品、建筑产业现代化	30%
新型建筑现代化与装配式建筑	建筑工业化、新型建筑工业化、装配式建筑、装配式建筑类型	30%
建筑产业现代化与绿色建筑	绿色建筑、绿色化、工业化、集成化、职业化、技能化、职业化	40%

导入案例

装配整体式办公综合楼(图 10-1)

建筑面积 6100 平方米，地上 5 层，建筑总高度 22.1m。主要建筑功能为办公、展示及厂区配套服务用房。各层层高分别为：底层层高 5 高 5.0m，2～5 层均 4.2m。大楼整体立面采用玻璃幕墙 + 外挂 PC 墙板。

图 10-1　装配式办公楼

设计项目概况

结构体系：装配整体式框架结构，抗震等级为三级。预制范围：预制外挂墙板、预制柱、预制叠合梁、预制预应力空心板叠合楼板(局部钢筋桁架叠合板)、预制楼梯、预制清水混凝土内墙、ALC 加气混凝土轻质条板、预制女儿墙等。单体建筑预制率：83%左右

建筑设计——柱网标准化

柱网尺寸是装配式框架建筑标准化设计的关键，标准化柱网基本决定了预制叠合梁和叠合板的布置方式和种类数量。平面布局采用了 6.9m × 6.9m 的标准化柱网尺寸，奠定了装配式建筑设计的基本模数。标准化柱网使得楼板跨度和开间种类不超过 3 种，预制柱、梁、板的种类大大减少。

预制结构设计——预制体系

考虑到本项目为预制装配式示范项目，为进一步体现装配式建筑工业化建造的优势，尽量减少现场湿作业，设计遵循预制构件范围最大化原则来进行装配结构体系设计。预制范围如下：框架柱(-0.200～屋顶)；主、次梁(二～屋顶层)(采用叠合梁做法)；楼板(局部采用钢筋桁架叠合楼板，其余均采用预应力空心板叠合板)；内隔墙(预制清水混凝土内墙、预制陶粒混凝土内墙、ALC 加气混凝土轻质条板)；楼梯(预制梯段 + 预制门架)；外立面(预制外挂墙板 + 玻璃幕墙)。

预制结构体系主要特点

框架柱从基础顶面～屋顶全高预制；办公房间无次梁布置，采用预应力空心板叠合板；

部分大跨度框架梁采用先张法预应力预制叠合梁；外立面采用预制外挂墙板 + 玻璃幕墙交错布置；预制结构设计---先张法预应力预制梁。

10.1　建筑产业现代化的概念与基本特征

10.1.1　建筑产业现代化的概念

建筑产业现代化是以建筑业转型升级为目标，以技术创新为先导，以现代化管理为支撑，以信息化为手段，以新型建筑工业化为核心，对建筑的全产业链进行更新、改造和升级，实现传统生产方式向现代工业化生产方式转变，从而提高、升建筑的质量、效率和效益。

这个过程包括融资、规划设计、开发建设、施工生产、管理服务以及新材料、新设备的更新换代等环节，已达到提高工程质量、安全生产水平、社会与经济效益，全面实现为用户提供满足需求的低碳环保的绿色建筑产品。

建筑产业现代化是一个动态的过程，是随着时代进步与科技发展而不断发展的。我国建筑产业现代化发展历程相关的政策见表 10-1。

表 10-1　建筑产业现代化发展历程相关的政策

时间	文件名	发布单位	政策要点
1956.5	《关于加强和发展建筑工业的决定》	国务院	提出逐步实现建筑工业化的目标，以应对将来更加繁重的基本建设任务，决定开启我国建筑工业化发展之路
1995.4	《建筑工业化发展纲要》	建设部	建筑工业化是我国建筑业的发展方向
1996.4	《住宅产业现代化试点工作大纲》	建设部	我国的建筑产业化发展才开始真正起步
1999.8	《关于推进住宅产业现代化提高住宅质量的若干意见》(72 号文)	国务院	明确推进住宅产业化的指导思想、主要目标
2006.6	《国家住宅产业化基地试行办法》	住建部	建立国家住宅产业化基地是推进住宅产业现代化的重要措施
2013.1	《关于转发发展改革委住房城乡建设部绿色建筑行动方案的通知(国办发〔2013〕1 号)》	国务院	明确提出要推进建筑工业化
2014.5	《2014—2015 年节能减排低碳发展行动方案》	国务院	明确提出“以住宅为重点，一建筑工业化为核心，加强对建筑部品生产的扶持力度，推进建筑产业现代化”
2014.7	《住房城乡建设部关于推进建筑业发展和改革的若干意见》	住房城乡建设部	明确提出转变建筑业发展方式，推进建筑产业现代化
2014.9	《工程质量治理两年行动方案》	住房和城乡建设部	全面落实五方主体项目负责人质量终身责任；严厉打击建筑施工转包违法分包行为；健全工程质量监督、监理机制；大力推动建筑产业现代化；加快建筑市场诚信体系建设；切实提高从业人员素质
2015.8	《工业化建筑评价标准》	住房和城乡建设部	规范工业化建筑的评价，推进建筑工业化发展，促进传统建造方式向现代工业化建造方式转变，提高房屋建筑的质量和效率
2015.8	《促进绿色建材生产和应用行动方案》	工业和信息化部、住房和城乡建设部	促进绿色建材生产和应用，推动建材工业稳增长、调结构、转方式、惠民生，更好地服务于新型城镇化和绿色建筑发展
2015.11	《建筑产业现代化发展纲要》	住建部	明确未来 5～10 年建筑产业现代化的发展目标
2016.2	《关于大力发展装配式建筑的指导意见》	国务院	加大支持力度，力争用 10 年左右的时间，使装配式建筑占新建建筑面积的比例达到 30%
2016.9	《国务院办公厅关于大力发展装配式建筑的指导意见》	国务院	对大力发展装配式建筑和钢结构重点区域、未来装配式建筑占比新建筑目标、重点发展城市进行了明确。

建筑生产工业化是用现代工业化的大规模生产方式代替传统的手工业生产方式来建造建筑产品。建筑产业现代化，既符合新时代全面深化改革的总要求，又利于建筑业在推进新型城镇化、建设美丽中国，实现中华民族伟大复兴的历史进程中，进一步强化和发挥作为国民经济基础产业、民生产业和支柱产业的重要地位，及其带动相关产业链发展的先导和引领作用。

10.1.2 建筑产业现代化的特征

现代建筑业与传统建筑业的区别在于：现代建筑业更加强调以知识和技术为投入元素，即应用现代建造技术、现代生产组织系统和现代管理理念，而进行的以现代集成建造为特征、知识密集为特色、高效施工为特点的技术含量高、附加值大、产业链长的产业组织体系。

现代建筑业是随着当代信息技术、先进建造技术、先进材料技术和全球供应链系统而产生的，主要有以下特征。

① 充分应用和吸收当今世界先进科学技术，施工工艺、装备、材料高技术化，建筑产品的科技含量、附加值、贡献率较高，并呈现出建筑业与服务业既分工又融合的特点；

② 利用现代信息技术，集成建筑产品全寿命期业务流程，形成以价值链为基础的分工协作模式；

③ 符合现代社会可持续发展理念，具有节约资源、减少污染排放、利于保护环境的低碳绿色特色；

④ 建立起与现代建造技术相适应、符合社会化大生产要求的生产方式和企业组织形式；

⑤ 具有满足建筑业可持续发展要求的高素质的产业工人队伍；

⑥ 产业关联度高，对国民经济带动作用大，能迅速成为相关产业发展的重要支撑。

现代化主要体现在行业产业劳动资料现代化；产业结构现代化；产业劳动力现代化；产业管理现代化；技术经济指标现代化等特点。建筑产业现代化首先是技术与经济的统一。一方面，产业现代化要以先进的科学技术武装产业，促使传统产业由落后技术向先进技术转变；另一方面，要求先进的科学技术一定要带来较好的经济效益。

10.2 新型建筑工业化与装配式建筑

10.2.1 新型建筑工业化

1. 建筑工业化

建筑工业化，指通过现代化的制造、运输、安装和科学管理的生产方式，来代替传统建筑业中分散的、低水平的、低效率的手工业生产方式。它的主要标志是建筑设计标准化、构配件生产工厂化，施工机械化和组织管理科学化。建筑工业化的特征有以下几个方面。

① 设计和施工的系统性。在实现一项工程的每一个阶段，从市场分析到工程交工都必须按计划进行。

② 施工过程和施工生产的重复性。只有当构配件能够适用于不同规模的建筑、不同使用目的和环境才有可能实现构配件生产的重复性。构配件如果要进行批量生产就必须具有一种规定的形式，即定型化。

③ 建筑构配件生产的批量化。没有任何一种确定的工业化结构能够适用于所有的建筑营造需求，因此，建筑工业化必须提供一系列能够组成各种不同建筑类型的构配件。

2. 新型建筑工业化

新型建筑工业化是以构件预制化生产、装配式施工为生产方式，以设计标准化、构件部品化、施工机械化为特征，能够整合设计、生产、施工等整个产业链，实现建筑产品节能、环保、全生命周期价值最大化的可持续发展的新型建筑生产方式。

建筑工业化不等于装配化，也不等于传统生产方式+装配化，用传统的施工管理模式进行装配化施工不是建筑工业化。新型建筑工业化具有以下五大特点。

① 标准化的设计。标准化设计的核心是建立标准化的单元。不同于早期标准化设计中仅是某一方面的模数化设计或标准图集，受益于信息化的运用，尤其是 bim 技术的应用，其强大的信息共享、协同工作能力突破了原有的局限性，更利于建立标准化的单元，实现建造过程中的重复使用。比如，香港的公屋已经形成 7 个成熟的设计户型，操作起来就很方便，生产效率高。

② 工厂化的生产。这是建筑工业化的主要环节。对于目前最为火热的“工厂化”，很多人的认识都止步于建筑部品生产的工厂化，其实主体结构的工厂化才是最根本的问题。在传统施工方式中，最大的问题是主体结构精度难以保证，误差控制在厘米级，比如门窗，每层尺寸各不相同；主体结构施工采用的还是人海战术，过度依赖一线农民工；施工现场产生大量建筑垃圾、造成的材料浪费、对环境的破坏等问题一直被诟病；更为关键的是，不利于现场质量控制。而这些问题均可以通过主体结构的工厂化生产得以解决，实现毫米级误差控制，同时还实现了装修部品的标准化。真正的工业化建筑，要在生产方式上实现变革，而不仅局限于预制率的多少。

③ 装配化的施工。装配化施工中的核心在施工技术和施工管理两个层面，特别是管理层面，工业化运行模式有别于传统形式。相对于目前层层分包的模式，建筑工业化更提倡“EPC”模式，即工程总承包模式，确切的说，这是建筑工业化初级阶段主要倡导的一种模式。作为一体化模式，EPC 实现了设计、生产、施工的一体化，使项目设计更加优化，利于实现建造过程的资源整合、技术集成，以及效益最大化，才能在建筑产业化过程中保证生产方式的转变。通过 EPC 模式，能真正把技术固化下来，进而形成集成技术，实现全过程的资源优化。

④ 一体化的装修。即从设计阶段开始，与构件的生产、制作，与装配化施工一体化来完成，也就是实现与主体结构的一体化，而不是现在毛坯房交工后再着手装修。

⑤ 信息化管理。即建筑全过程的信息化，设计伊始就要建立信息模型，各专业利用这一信息平台协同作业，图纸进入工厂后再次进行优化，在装配阶段也需要进行施工过程的模拟。同时，构件中装有芯片，利于质量跟踪。可以说，BIM 的广泛应用会加速工程建设逐步向工业化、标准化和集约化方向发展，促使工程建设各阶段、各专业主体之间在更高层面上充分共享资源，有效地避免各专业、各行业间不协调问题，有效解决设计与施工脱节、部品与建造技术脱节的问题，极大地提高了工程建设的精细化、生产效率和工程质量，并充分体现和发挥了新型建筑工业化的特点及优势。

10.2.2 装配式建筑

由预制部品部件在工地装配而成的建筑，称为装配式建筑。装配式建筑在 20 世纪初就开始引起人们的兴趣，到 20 世纪 60 年代，装配式建筑得到大量推广。我国的装配式建筑规划自 2015 年以来相继出台。2015 年末，国家发布的《工业化建筑评价标准》，决定 2016 年全国全面推广装配式建筑;2015 年 11 月 14 日住建部出台的《建筑产业现代化发展纲要》，计划到 2020 年装配式建筑占新建建筑的比例 20%以上，到 2025 年装配式建筑占新建建筑的比例 50%以上。2016 年 2 月国务院出台《关于大力发展装配式建筑的指导意见》要求要因地制宜发展装配式混凝土结构、钢结构和现代木结构等装配式建筑，力争用 10 年左右的时间，使装配式建筑占新建建筑面积的比例达到 30%；2016 年 9 月 27 日国务院出台《国务院办公厅关于大力发展装配式建筑的指导意见》，对大力发展装配式建筑和钢结构重点区域、未来装配式建筑占比新建筑目标、重点发展城市进行了明确。各省、市相继出台了关于装配式建筑专门的指导意见和相关配套措施。“2018 第二届全国装配式建筑与全屋整装融合发展高峰论坛”于 12 月 11 日在山东举办。

1. 装配式建筑的特点

①大量的建筑部品由车间生产加工完成，构件种类主要有：外墙板，内墙板，叠合板，阳台，空调板，楼梯，预制梁，预制柱等。

② 现场大量的装配作业，比原始现浇作业大大减少。

③ 采用建筑、装修一体化设计、施工，理想状态是装修可随主体施工同步进行。

④ 设计的标准化和管理的信息化，构件越标准，生产效率越高，相应的构件成本就会下降，配合工厂的数字化管理，整个装配式建筑的性价比会越来越高。

⑤ 符合绿色建筑的要求。

⑥ 节能环保。

2. 装配式建筑的类型

由预制部品部件在工地装配而成的建筑，称为装配式建筑。按预制构件的形式和施工方法分为砌块建筑、板材建筑、盒式建筑、骨架板材建筑及升板升层建筑等五种类型。

(1) 砌块建筑

用预制的块状材料砌成墙体的装配式建筑，适于建造 3～5 层建筑，如提高砌块强度或配置钢筋，还可适当增加层数。砌块建筑适应性强，生产工艺简单，施工简便，造价较低，还可利用地方材料和工业废料。建筑砌块有小型、中型、大型之分。小型砌块适于人工搬运和砌筑，工业化程度较低，灵活方便，使用较广；中型砌块可用小型机械吊装，可节省砌筑劳动力；大型砌块现已被预制大型板材所代替。

砌块有实心和空心两类，实心的较多采用轻质材料制成。砌块的接缝是保证砌体强度的重要环节，一般采用水泥砂浆砌筑，小型砌块还可用套接而不用砂浆的干砌法，可减少施工中的湿作业。有的砌块表面经过处理，可作清水墙。

(2) 板材建筑

由预制的大型内外墙板、楼板和屋面板等板材装配而成，又称大板建筑。它是工业化体系建筑中全装配式建筑的主要类型。板材建筑可以减轻结构重量，提高劳动生产率，扩大建筑的使用面积和防震能力。板材建筑的内墙板多为钢筋混凝土的实心板或空心板；外墙板多为带有保温层的钢筋混凝土复合板，也可用轻骨料混凝土、泡沫混凝土或大孔混凝土等制成带有外饰面的墙板。建筑内的设备常采用集中的室内管道配件或盒式卫生间等，以提高装配化的程度。大板建筑的关键问题是节点设计。在结构上应保证构件连接的整体性(板材之间的连接方法主要有焊接、螺栓连接和后浇混凝土整体连接)。在防水构造上要妥善解决外墙板接缝的防水，以及楼缝、角部的热工处理等问题。

(3) 盒式建筑

盒式建筑从板材建筑的基础上发展起来的一种装配式建筑。这种建筑工厂化的程度很高，现场安装快。一般不但在工厂完成盒子的结构部分，而且内部装修和设备也都安装好，甚至可连家具、地毯等一概安装齐全。盒子吊装完成、接好管线后即可使用。盒式建筑的装配形式有：全盒式、板材盒式、 核心体盒式、骨架盒式。

(4) 骨架板材建筑

骨架板材建筑由预制的骨架和板材组成。其承重结构一般有两种形式。一种是由柱、梁组成承重框架，再搁置楼板和非承重的内外墙板的框架结构体系；另一种是柱子和楼板组成承重的板柱结构体系，内外墙板是非承重的。承重骨架一般多为重型的钢筋混凝土结构，也有采用钢和木作成骨架和板材组合，常用于轻型装配式建筑中。骨架板材建筑结构合理，可以减轻建筑物的自重，内部分隔灵活，适用于多层和高层的建筑。

(5) 升板升层建筑

升板升层建筑是在底层混凝土地面上重复浇筑各层楼板和屋面板，竖立预制钢筋混凝土柱子，以柱为导杆，用放在柱子上的油压千斤顶把楼板和屋面板提升到设计高度，加以固定。外墙可用砖墙、砌块墙、预制外墙板、轻质组合墙板或幕墙等；也可以在提升楼板时提升滑动模板、浇筑外墙。升板建筑施工时大量操作在地面进行，减少高空作业和垂直运输，节约模板和脚手架，并可减少施工现场面积。升板建筑多采用无梁楼板或双向密肋楼板，楼板同柱子连接节点常采用后浇柱帽或采用承重销、剪力块等无柱帽节点。升板建筑一般柱距较大，楼板承载力也较强，多用作商场、仓库、工场和多层车库等。

升层建筑是在升板建筑每层的楼板还在地面时先安装好内外预制墙体，一起提升的建筑。升层建筑可以加快施工速度，比较适用于场地受限制的地方。

10.3 建筑产业现代化与绿色建筑

科技和社会的进步使人们对居住环境有了更高的要求，不仅要求建筑外表具有形式美，而且要求建筑给人们提供一个安全、舒适、便捷的生活环境。建筑艺术是建筑师赋予建筑物的灵魂，现代建筑中优秀艺术作品不断涌现，给人类留下来很高的文化价值和审美价值。伴随着人们对绿色世界的追求，“绿色建筑”登上了人类舞台，它倡导节约能源、可循环利用、回归自然的设计理念。不断进步的科技将使建筑更加智能化，从而给人们提供更为舒适、便捷的生活环境。

10.3.1 绿色建筑

绿色建筑指在建筑的全寿命周期内，最大限度地节约资源，包括节能、节地、节水、节材等，保护环境和减少污染，为人们提供健康、舒适和高效的使用空间，与自然和谐共生的建筑物。绿色建筑技术注重低耗、高效、经济、环保、集成与优化，是人与自然、现在与未来之间的利益共享，是可持续发展的建设手段。

绿色建筑评价体系共有七类指标，分别为：节地与室外环境；节能与能源环境；节水与水资源利用；节材与材料资源利用室内环境质量；施工管理；运营管理。绿色低碳是人类的共同语言，也是城市实现有质量、可持续发展的必由之路。

有关的标准《绿色建筑评价标准》(GB/T 50378—2014)、《绿色建筑运行维护技术规范》(JGJ/T 391—2016)、《装配式建筑评价标准》(GB/T 51129—2017)、《装配式混凝土结构技术规程》(JGJ 1—2014)

10.3.2 建筑产业现代化助推绿色建筑的发展

绿色建筑是一个很大的范畴，产业化建筑应该包含在绿色建筑中。产业化建筑在普及过程中，也将带动绿色建筑快速发展。

建筑产业现代化的基本内涵包括以下几个方面。

① 最终产品绿色化。20 世纪 80 年代人类提出可持续发展理念。党的十五大明确提出中国现代化建设必须实施可持续发展战略。传统建筑业资源消耗大、建筑能耗大、扬尘污染物排放多、固体废弃物利用率低。党的十八大提出了“推进绿色发展、循环发展、低碳发展”和“建设美丽中国”的战略目标，面对来自建筑节能环保方面的更大挑战，2013 年国家启动了《绿色建筑行动方案》，在政策层面导向上表明了要大力发展节能、环保、低碳的绿色建筑。

② 建筑生产工业化。建筑生产工业化主要体现在建筑设计标准化、中间产品工厂化、施工作业机械化三部分。

③ 建造过程精益化。用精益建造的系统方法，控制建筑产品的生成过程。精益建造理论是以精益生产、精益管理、精益设计和精益供应思想为指导，在保证质量、最短的工期、消耗最少资源的条件下，对工程项目管理过程进行设计，以满足用户使用要求工程为目标的新型建造模式。

④ 全产业链集成化。借助于信息技术手段，用整体综合集成的方法把工程建设的全部过程组织起来，使设计、采购、施工、机械设备和劳动力实现资源配置更加优化组合，采用工程总承包的组织管理模式，在有限的时间内发挥最有效的作用，提高资源的利用效率，创造更大的效用价值。

⑤ 项目管理国际化。随着经济全球化，工程项目管理必须将国际化与本土化、专业化进行有机融合，将建筑产品生产过程中各个环节通过统一的、科学的组织管理来加以综合协调，以项目利益相关者满意为标志，达到提高投资效益的目的。

⑥ 管理高管职业化。建设一支懂法律、守信用、会管理、善经营、作风硬、技术精的企业高层复合型管理人才队伍，是促进和实现建筑产业现代化的强大动力。

⑦ 产业工人技能化。随着建筑业科技含量的提高，繁重的体力劳动将逐步减少，复杂的技能型操作工序将大幅度增加。

模块小结

建筑产业现代化是以建筑业转型升级为目标，以技术创新为先导，以现代化管理为支撑，以信息化为手段，以新型建筑工业化为核心，对建筑的全产业链进行更新、改造和升级，实现传统生产方式向现代工业化生产方式转变，从而提高、升建筑的质量、效率和效益。

本模块主要介绍建筑产业现代化的概念、建筑产业现代化特征、装配化建筑类型、建筑工业化、新型建筑工业化、装配化的施工、建筑产业现代化助推绿色建筑的发展。通过本模块的学习使同学们对建筑产业现代化有一个简单的了解。

复习思考题

一、填空题

1. 建筑工业化的特点主要有__________、__________和__________三个方面。

2. 新型建筑工业化具有________、________、________、________和________五大特点。

3. 装配式建筑有________、________、________、________和________五种类型。

4. 建筑产业化的基本内涵包括________、________、________、________、________、________和________。

二、选择题

1. 建筑工业化的特点不包括________。
   A. 设计和施工的系统化
   B. 施工过程和施工生产的重复性
   C. 建筑构配件生产的批量化
   D. 新型建筑工业化

2. 装配式建筑的类型不包括________。
   A. 砌块建筑　　B. 文明施工　　C. 盒式建筑　　D. 板材建筑

3. 以下不是建筑生产工业化主要体现的是________。
   A. 建筑设计标准化　　B. 中间产品工厂化
   C. 施工作业机械化　　D. 产业工人技能化

三、简答题

1. 简述装配式建筑的特点。
2. 建筑产业现代化的基本内涵是什么？
3. 简述装配式建筑的类型及其特点。
4. 简述建筑产业现代化助推绿色建筑的发展。

参 考 文 献

[1] 颜高峰．建筑工程概论[M]．北京：人民交通出版社，2008.

[2] 温天锡．建筑工程概论[M]．北京：化学工业出版社，2010.

[3] 徐锡权．建筑结构[M]．2 版．北京：北京大学出版社，2013.

[4] 中华人民共和国国家标准．房屋建筑制图统一标准(GB/T 50001—2017)[S]．北京：中国建筑工业出版社，2017.

[5] 中华人民共和国国家标准．住宅设计规范(GB 50096—2011)[S]．北京：中国计划出版社，2011.

[6] 刘志麟．建筑制图[M]．2 版．北京：机械工业出版社，2009.

[7] 魏松，毛风华．房屋建筑构造[M]．北京：清华大学出版社，2013.

[8] 中华人民共和国国家标准．通用硅酸盐水泥(GB 175—2007) [S].北京：中国标准出版社，2008.

[9] 成虎，陈群．工程项目管理[M]．3 版．北京：中国建筑工业出版社，2009.

[10] 高群，张素菲．建设工程招投标与合同管理[M]．北京：机械工业出版社，2007.

[11] 王丽．建筑设备[M]．大连：大连理工大学出版社，2010.

[12] 季雪．建筑工程概论[M]．北京：化学工业出版社，2009.

[13] 商如斌．建筑工程概论[M]．天津：天津大学出版社，2010.

[14] 刘尊明．建筑工程概论[M]．北京：中国电力出版社，2009.

[15] 易成，沈世钊．土木工程概论[M]．北京：中国建筑工业出版社，2010.

[16] 中华人民共和国国家标准．中国地震烈度表(GB/T 17742—2008)[S]．北京：中国标准出版社，2009.

[17] 中华人民共和国国家标准．砌体结构设计规范(附条文说明)(GB 50003—2011)[S]．北京：中国计划出版社，2012.

[18] 宋岩丽，等．建筑材料与检测[M]．北京：人民交通出版社，2007.

[19] 中国建筑工业出版社．现行建筑设计规范大全[M]．北京：中国建筑工业出版社，2005.

[20] 中华人民共和国国家标准．建筑给水排水设计规范(2009 年版)(GB 50015—2003)[S].北京：中国计划出版社，2010.

[21] 中华人民共和国行业标准．民用建筑电气设计规范(JGJ 16—2008)[S]．北京：中国建筑工业出版社，2008.

[21] 刘宗仁．土木工程概论[M]．北京：机械工业出版社，2008.

[21] 张波，陈建伟，肖明和．建筑产业现代化概论[M]．北京：北京理工大学出版社，2016.

北京大学出版社高职高专土建系列教材书目

序号	书　名	书　号	编著者	定价	出版时间	配套情况
“互联网+”创新规划教材						
1	建筑工程概论(修订版)	978-7-301-25934-4	申淑荣等	41.00	2019.8	PPT/二维码
2	建筑构造(第二版) (修订版)	978-7-301-26480-5	肖　芳	46.00	2019.8	APP/PPT/二维码
3	建筑三维平法结构图集(第二版)	978-7-301-29049-1	傅华夏	68.00	2018.1	APP
4	建筑三维平法结构识图教程(第二版)	978-7-301-29121-4	傅华夏	69.00	2018.1	APP/PPT
5	建筑构造与识图	978-7-301-27838-3	孙　伟	40.00	2017.1	APP/二维码
6	建筑识图与构造	978-7-301-28876-4	林秋怡等	46.00	2017.11	PPT/二维码
7	建筑结构基础与识图	978-7-301-27215-2	周　晖	58.00	2016.9	APP/二维码
8	建筑工程制图与识图(第三版)	978-7-301-30618-5	白丽红等	42.00	2019.8	APP/二维码
9	建筑制图习题集(第三版)	978-7-301-30425-9	白丽红等	28.00	2019.5	APP/答案
10	建筑制图(第三版)	978-7-301-28411-7	高丽荣	39.00	2017.7	APP/PPT/二维码
11	建筑制图习题集(第三版)	978-7-301-27897-0	高丽荣	36.00	2017.7	APP
12	AutoCAD 建筑制图教程(第三版)	978-7-301-29036-1	郭　慧	49.00	2018.4	PPT/素材/二维码
13	建筑装饰构造(第二版)	978-7-301-26572-7	赵志文等	42.00	2016.1	PPT/二维码
14	建筑工程施工技术(第三版)	978-7-301-27675-4	钟汉华等	66.00	2016.11	APP/二维码
15	建筑施工技术(第三版)	978-7-301-28575-6	陈雄辉	54.00	2018.1	PPT/二维码
16	建筑施工技术	978-7-301-28756-9	陆艳侠	58.00	2018.1	PPT/二维码
17	建筑施工技术	978-7-301-29854-1	徐　淳	59.50	2018.9	APP/PPT/二维码
18	高层建筑施工	978-7-301-28232-8	吴俊臣	65.00	2017.4	PPT/答案
19	建筑力学(第三版)	978-7-301-28600-5	刘明晖	55.00	2017.8	PPT/二维码
20	建筑力学与结构(少学时版)(第二版)	978-7-301-29022-4	吴承霞等	46.00	2017.12	PPT/答案
21	建筑力学与结构(第三版)	978-7-301-29209-9	吴承霞等	59.50	2018.5	APP/PPT/二维码
22	工程地质与土力学（第三版）	978-7-301-30230-9	杨仲元	50.00	2019.3	PPT/二维码
23	建筑施工机械(第二版)	978-7-301-28247-2	吴志强等	35.00	2017.5	PPT/答案
24	建筑设备基础知识与识图(第二版)(修订版)	978-7-301-24586-6	靳慧征等	59.50	2019.7	二维码
25	建筑供配电与照明工程	978-7-301-29227-3	羊　梅	38.00	2018.2	PPT/答案/二维码
26	建筑工程测量(第二版)	978-7-301-28296-0	石　东等	51.00	2017.5	PPT/二维码
27	建筑工程测量(第三版)	978-7-301-29113-9	张敬伟等	49.00	2018.1	PPT/答案/二维码
28	建筑工程测量实验与实训指导(第三版)	978-7-301-29112-2	张敬伟等	29.00	2018.1	答案/二维码
29	建筑工程资料管理(第二版)	978-7-301-29210-5	孙　刚等	47.00	2018.3	PPT/二维码
30	建筑工程质量与安全管理(第二版)	978-7-301-27219-0	郑　伟	55.00	2016.8	PPT/二维码
31	建筑工程质量事故分析(第三版)	978-7-301-29305-8	郑文新等	39.00	2018.8	PPT/二维码
32	建设工程监理概论（第三版）	978-7-301-28832-0	徐锡权等	45.00	2018.2	PPT/答案/二维码
33	工程建设监理案例分析教程(第二版)	978-7-301-27864-2	刘志麟等	50.00	2017.1	PPT/二维码
34	工程项目招投标与合同管理(第三版)	978-7-301-28439-1	周艳冬	44.00	2017.7	PPT/二维码
35	工程项目招投标与合同管理(第三版)	978-7-301-29692-9	李洪军等	47.00	2018.8	PPT/二维码
36	建设工程项目管理（第三版）	978-7-301-30314-6	王　辉	40.00	2019.6	PPT/二维码
37	建设工程法规(第三版)	978-7-301-29221-1	皇甫婧琪	45.00	2018.4	PPT/二维码
38	建筑工程经济(第三版)	978-7-301-28723-1	张宁宁等	38.00	2017.9	PPT/答案/二维码
39	建筑施工企业会计（第三版）	978-7-301-30273-6	辛艳红	44.00	2019.3	PPT/二维码
40	建筑工程施工组织设计(第二版)	978-7-301-29103-0	鄢维峰等	37.00	2018.1	PPT/答案/二维码
41	建筑工程施工组织实训(第二版)	978-7-301-30176-0	鄢维峰等	41.00	2019.1	PPT/二维码
42	建筑施工组织设计	978-7-301-30236-1	徐运明等	43.00	2019.1	PPT/二维码
43	建筑工程计量与计价——透过案例学造价(第二版)	978-7-301-23852-3	张　强	59.00	2017.1	PPT/二维码
44	建筑工程计量与计价	978-7-301-27866-6	吴育萍等	49.00	2017.1	PPT/二维码
45	安装工程计量与计价(第四版)	978-7-301-16737-3	冯　钢	59.00	2018.1	PPT/答案/二维码
46	建筑工程材料	978-7-301-28982-2	向积波等	42.00	2018.1	PPT/二维码
47	建筑材料与检测(第二版)	978-7-301-25347-2	梅　杨等	35.00	2015.2	PPT/答案/二维码
48	建筑材料与检测	978-7-301-28809-2	陈玉萍	44.00	2017.11	PPT/二维码
49	建筑材料与检测实验指导（第二版）	978-7-301-30269-9	王美芬等	24.00	2019.3	二维码
50	市政工程概论	978-7-301-28260-1	郭　福等	46.00	2017.5	PPT/二维码
51	市政工程计量与计价(第三版)	978-7-301-27983-0	郭良娟等	59.00	2017.2	PPT/二维码
52	市政管道工程施工	978-7-301-26629-8	雷彩虹	46.00	2016.5	PPT/二维码

序号	书　　名	书　　号	编著者	定价	出版时间	配套情况
53	市政道路工程施工	978-7-301-26632-8	张雪丽	49.00	2016.5	PPT/二维码
54	市政工程材料检测	978-7-301-29572-2	李继伟等	44.00	2018.9	PPT/二维码
55	中外建筑史(第三版)	978-7-301-28689-0	袁新华等	42.00	2017.9	PPT/二维码
56	房地产投资分析	978-7-301-27529-0	刘永胜	47.00	2016.9	PPT/二维码
57	城乡规划原理与设计(原城市规划原理与设计)	978-7-301-27771-3	谭婧婧等	43.00	2017.1	PPT/素材/二维码
58	BIM 应用：Revit 建筑案例教程	978-7-301-29693-6	林标锋等	58.00	2018.9	APP/PPT/二维码/试题/教案
59	居住区规划设计（第二版）	978-7-301-30133-3	张　燕	59.00	2019.5	PPT/二维码
60	建筑水电安装工程计量与计价(第二版)（修订版）	978-7-301-26329-7	陈连姝	62.00	2019.7	PPT/二维码
61	建筑设备识图与施工工艺(第 2 版)	978-7-301-25254-3	周业梅	48.00	2019.8	PPT/二维码
	“十二五”职业教育国家规划教材					
1	★建设工程招投标与合同管理(第四版)	978-7-301-29827-5	宋春岩	44.00	2019.1	PPT/答案/试题/教案
2	★工程造价概论（修订版）	978-7-301-24696-2	周艳冬	45.00	2019.8	PPT/答案
3	★建筑装饰施工技术(第二版)	978-7-301-24482-1	王　军	39.00	2014.7	PPT
4	★建筑工程应用文写作(第二版)	978-7-301-24480-7	赵　立等	50.00	2014.8	PPT
5	★建筑工程经济(第二版)	978-7-301-24492-0	胡六星等	41.00	2014.9	PPT/答案
6	★建设工程监理(第二版)	978-7-301-24490-6	斯　庆	35.00	2015.1	PPT/答案
7	★建筑节能工程与施工	978-7-301-24274-2	吴明军等	35.00	2015.5	PPT
8	★土木工程实用力学(第二版)	978-7-301-24681-8	马景善	47.00	2015.7	PPT
9	★建筑工程计量与计价(第三版)	978-7-301-25344-1	肖明和等	65.00	2017.1	APP/二维码
10	★建筑工程计量与计价实训(第三版)	978-7-301-25345-8	肖明和等	29.00	2015.7	
	基础课程					
1	建设法规及相关知识	978-7-301-22748-0	唐茂华等	34.00	2013.9	PPT
2	建筑工程法规实务(第二版)	978-7-301-26188-0	杨陈慧等	49.50	2017.6	PPT
3	建筑法规	978-7301-19371-6	董　伟等	39.00	2011.9	PPT
4	建设工程法规	978-7-301-20912-7	王先恕	32.00	2012.7	PPT
5	AutoCAD 建筑绘图教程(第二版)	978-7-301-24540-8	唐英敏等	44.00	2014.7	PPT
6	建筑 CAD 项目教程(2010 版)	978-7-301-20979-0	郭　慧	38.00	2012.9	素材
7	建筑工程专业英语(第二版)	978-7-301-26597-0	吴承霞	24.00	2016.2	PPT
8	建筑工程专业英语	978-7-301-20003-2	韩　薇等	24.00	2012.2	PPT
9	建筑识图与构造(第二版)	978-7-301-23774-8	郑贵超	40.00	2014.2	PPT/答案
10	房屋建筑构造	978-7-301-19883-4	李少红	26.00	2012.1	PPT
11	建筑识图	978-7-301-21893-8	邓志勇等	35.00	2013.1	PPT
12	建筑识图与房屋构造	978-7-301-22860-9	贠　禄等	54.00	2013.9	PPT/答案
13	建筑构造与设计	978-7-301-23506-5	陈玉萍	38.00	2014.1	PPT/答案
14	房屋建筑构造	978-7-301-23588-1	李元玲等	45.00	2014.1	PPT
15	房屋建筑构造习题集	978-7-301-26005-0	李元玲	26.00	2015.8	PPT/答案
16	建筑构造与施工图识读	978-7-301-24470-8	南学平	52.00	2014.8	PPT
17	建筑工程识图实训教程	978-7-301-26057-9	孙　伟	32.00	2015.12	PPT
18	◎建筑工程制图(第二版)(附习题册)	978-7-301-21120-5	肖明和	48.00	2012.8	PPT
19	建筑制图与识图(第二版)	978-7-301-24386-2	曹雪梅	38.00	2015.8	PPT
20	建筑制图与识图习题册	978-7-301-18652-7	曹雪梅等	30.00	2011.4	
21	建筑制图与识图(第二版)	978-7-301-25834-7	李元玲	32.00	2016.9	PPT
22	建筑制图与识图习题集	978-7-301-20425-2	李元玲	24.00	2012.3	PPT
23	新编建筑工程制图	978-7-301-21140-3	方筱松	30.00	2012.8	PPT
24	新编建筑工程制图习题集	978-7-301-16834-9	方筱松	22.00	2012.8	
	建筑施工类					
1	建筑工程测量	978-7-301-16727-4	赵景利	30.00	2010.2	PPT/答案
2	建筑工程测量实训(第二版)	978-7-301-24833-1	杨凤华	34.00	2015.3	答案
3	建筑工程测量	978-7-301-19992-3	潘益民	38.00	2012.2	PPT
4	建筑工程测量	978-7-301-28757-6	赵　昕	50.00	2018.1	PPT/二维码
5	建筑工程测量	978-7-301-22485-4	景　铎等	34.00	2013.6	PPT
6	建筑施工技术	978-7-301-16726-7	叶　雯等	44.00	2010.8	PPT/素材
7	建筑施工技术	978-7-301-19997-8	苏小梅	38.00	2012.1	PPT
8	基础工程施工	978-7-301-20917-2	董　伟等	35.00	2012.7	PPT
9	建筑施工技术实训(第二版)	978-7-301-24368-8	周晓龙	30.00	2014.7	

序号	书　　名	书　　号	编著者	定价	出版时间	配套情况
10	PKPM 软件的应用(第二版)	978-7-301-22625-4	王　娜等	34.00	2013.6	
11	◎建筑结构(第二版)(上册)	978-7-301-21106-9	徐锡权	41.00	2013.4	PPT/答案
12	◎建筑结构(第二版)(下册)	978-7-301-22584-4	徐锡权	42.00	2013.6	PPT/答案
13	建筑结构学习指导与技能训练(上册)	978-7-301-25929-0	徐锡权	28.00	2015.8	PPT
14	建筑结构学习指导与技能训练(下册)	978-7-301-25933-7	徐锡权	28.00	2015.8	PPT
15	建筑结构(第二版)	978-7-301-25832-3	唐春平等	48.00	2018.6	PPT
16	建筑结构基础	978-7-301-21125-0	王中发	36.00	2012.8	PPT
17	建筑结构原理及应用	978-7-301-18732-6	史美东	45.00	2012.8	PPT
18	建筑结构与识图	978-7-301-26935-0	相秉志	37.00	2016.2	
19	建筑力学与结构	978-7-301-20988-2	陈水广	32.00	2012.8	PPT
20	建筑力学与结构	978-7-301-23348-1	杨丽君等	44.00	2014.1	PPT
21	建筑结构与施工图	978-7-301-22188-4	朱希文等	35.00	2013.3	PPT
22	建筑材料(第二版)	978-7-301-24633-7	林祖宏	35.00	2014.8	PPT
23	建筑材料与检测(第二版)	978-7-301-26550-5	王　辉	40.00	2016.1	PPT
24	建筑材料与检测试验指导(第二版)	978-7-301-28471-1	王　辉	23.00	2017.7	PPT
25	建筑材料选择与应用	978-7-301-21948-5	申淑荣等	39.00	2013.3	PPT
26	建筑材料检测实训	978-7-301-22317-8	申淑荣等	24.00	2013.4	
27	建筑材料	978-7-301-24208-7	任晓菲	40.00	2014.7	PPT/答案
28	建筑材料检测试验指导	978-7-301-24782-2	陈东佐等	20.00	2014.9	PPT
29	◎地基与基础(第二版)	978-7-301-23304-7	肖明和等	42.00	2013.11	PPT/答案
30	地基与基础实训	978-7-301-23174-6	肖明和等	25.00	2013.10	PPT
31	土力学与基础工程	978-7-301-23590-4	宁培淋等	32.00	2014.1	PPT
32	土力学与地基基础	978-7-301-25525-4	陈东佐	45.00	2015.2	PPT/答案
33	建筑施工组织与进度控制	978-7-301-21223-3	张廷瑞	36.00	2012.9	PPT
34	建筑施工组织项目式教程	978-7-301-19901-5	杨红玉	44.00	2012.1	PPT/答案
35	钢筋混凝土工程施工与组织	978-7-301-19587-1	高　雁	32.00	2012.5	PPT
36	建筑施工工艺	978-7-301-24687-0	李源清等	49.50	2015.1	PPT/答案
	工程管理类					
1	建筑工程经济	978-7-301-24346-6	刘晓丽等	38.00	2014.7	PPT/答案
2	建筑工程项目管理(第二版)	978-7-301-26944-2	范红岩等	42.00	2016. 3	PPT
3	建设工程项目管理(第二版)	978-7-301-28235-9	冯松山等	45.00	2017.6	PPT
4	建筑施工组织与管理(第二版)	978-7-301-22149-5	翟丽旻等	43.00	2013.4	PPT/答案
5	建设工程合同管理	978-7-301-22612-4	刘庭江	46.00	2013.6	PPT/答案
6	建筑工程招投标与合同管理	978-7-301-16802-8	程超胜	30.00	2012.9	PPT
7	工程招投标与合同管理实务	978-7-301-19035-7	杨甲奇等	48.00	2011.8	ppt
8	工程招投标与合同管理实务	978-7-301-19290-0	郑文新等	43.00	2011.8	ppt
9	建设工程招投标与合同管理实务	978-7-301-20404-7	杨云会等	42.00	2012.4	PPT/答案/习题
10	工程招投标与合同管理	978-7-301-17455-5	文新平	37.00	2012.9	PPT
11	建筑工程安全管理(第 2 版)	978-7-301-25480-6	宋　健等	43.00	2015.8	PPT/答案
12	施工项目质量与安全管理	978-7-301-21275-2	钟汉华	45.00	2012.10	PPT/答案
13	工程造价控制(第 2 版)	978-7-301-24594-1	斯　庆	32.00	2014.8	PPT/答案
14	工程造价管理(第二版)	978-7-301-27050-9	徐锡权等	44.00	2016.5	PPT
15	建筑工程造价管理	978-7-301-20360-6	柴　琦等	27.00	2012.3	PPT
16	工程造价管理(第 2 版)	978-7-301-28269-4	曾　浩等	38.00	2017.5	PPT/答案
17	工程造价案例分析	978-7-301-22985-9	甄　凤	30.00	2013.8	PPT
18	建设工程造价控制与管理	978-7-301-24273-5	胡芳珍等	38.00	2014.6	PPT/答案
19	◎建筑工程造价	978-7-301-21892-1	孙咏梅	40.00	2013.2	PPT
20	建筑工程计量与计价	978-7-301-26570-3	杨建林	46.00	2016.1	PPT
21	建筑工程计量与计价综合实训	978-7-301-23568-3	龚小兰	28.00	2014.1	
22	建筑工程估价	978-7-301-22802-9	张　英	43.00	2013.8	PPT
23	安装工程计量与计价综合实训	978-7-301-23294-1	成春燕	49.00	2013.10	素材
24	建筑安装工程计量与计价	978-7-301-26004-3	景巧玲等	56.00	2016.1	PPT
25	建筑安装工程计量与计价实训(第二版)	978-7-301-25683-1	景巧玲等	36.00	2015.7	
26	建筑与装饰装修工程工程量清单(第二版)	978-7-301-25753-1	翟丽旻等	36.00	2015.5	PPT
27	建筑工程清单编制	978-7-301-19387-7	叶晓容	24.00	2011.8	PPT
28	建设项目评估(第二版)	978-7-301-28708-8	高志云等	38.00	2017.9	PPT
29	钢筋工程清单编制	978-7-301-20114-5	贾莲英	36.00	2012.2	PPT
30	建筑装饰工程预算(第二版)	978-7-301-25801-9	范菊雨	44.00	2015.7	PPT

序号	书　名	书　号	编著者	定价	出版时间	配套情况
31	建筑装饰工程计量与计价	978-7-301-20055-1	李茂英	42.00	2012.2	PPT
32	建筑工程安全技术与管理实务	978-7-301-21187-8	沈万岳	48.00	2012.9	PPT
	建筑设计类					
1	建筑装饰 CAD 项目教程	978-7-301-20950-9	郭　慧	35.00	2013.1	PPT/素材
2	建筑设计基础	978-7-301-25961-0	周圆圆	42.00	2015.7	
3	室内设计基础	978-7-301-15613-1	李书青	32.00	2009.8	PPT
4	建筑装饰材料(第二版)	978-7-301-22356-7	焦　涛等	34.00	2013.5	PPT
5	设计构成	978-7-301-15504-2	戴碧锋	30.00	2009.8	PPT
6	设计色彩	978-7-301-21211-0	龙黎黎	46.00	2012.9	PPT
7	设计素描	978-7-301-22391-8	司马金桃	29.00	2013.4	PPT
8	建筑素描表现与创意	978-7-301-15541-7	于修国	25.00	2009.8	
9	3ds Max 效果图制作	978-7-301-22870-8	刘　晗等	45.00	2013.7	PPT
10	Photoshop 效果图后期制作	978-7-301-16073-2	脱忠伟等	52.00	2011.1	素材
11	3ds Max & V-Ray 建筑设计表现案例教程	978-7-301-25093-8	郑恩峰	40.00	2014.12	PPT
12	建筑表现技法	978-7-301-19216-0	张　峰	32.00	2011.8	PPT
13	装饰施工读图与识图	978-7-301-19991-6	杨丽君	33.00	2012.5	PPT
14	构成设计	978-7-301-24130-1	耿雪莉	49.00	2014.6	PPT
15	装饰材料与施工(第 2 版)	978-7-301-25049-5	宋志春	41.00	2015.6	PPT
	规划园林类					
1	居住区景观设计	978-7-301-20587-7	张群成	47.00	2012.5	PPT
2	园林植物识别与应用	978-7-301-17485-2	潘　利等	34.00	2012.9	PPT
3	园林工程施工组织管理	978-7-301-22364-2	潘　利等	35.00	2013.4	PPT
4	园林景观计算机辅助设计	978-7-301-24500-2	于化强等	48.00	2014.8	PPT
5	建筑・园林・装饰设计初步	978-7-301-24575-0	王金贵	38.00	2014.10	PPT
	房地产类					
1	房地产开发与经营(第 2 版)	978-7-301-23084-8	张建中等	33.00	2013.9	PPT/答案
2	房地产估价(第 2 版)	978-7-301-22945-3	张　勇等	35.00	2013.9	PPT/答案
3	房地产估价理论与实务	978-7-301-19327-3	褚菁晶	35.00	2011.8	PPT/答案
4	物业管理理论与实务	978-7-301-19354-9	裴艳慧	52.00	2011.9	PPT
5	房地产营销与策划	978-7-301-18731-9	应佐萍	42.00	2012.8	PPT
6	房地产投资分析与实务	978-7-301-24832-4	高志云	35.00	2014.9	PPT
7	物业管理实务	978-7-301-27163-6	胡大见	44.00	2016.6	
	市政与路桥					
1	市政工程施工图案例图集	978-7-301-24824-9	陈亿琳	43.00	2015.3	PDF
2	市政工程计价	978-7-301-22117-4	彭以舟等	39.00	2013.3	PPT
3	市政桥梁工程	978-7-301-16688-8	刘　江等	42.00	2010.8	PPT/素材
4	市政工程材料	978-7-301-22452-6	郑晓国	37.00	2013.5	PPT
5	路基路面工程	978-7-301-19299-3	偶昌宝等	34.00	2011.8	PPT/素材
6	道路工程技术	978-7-301-19363-1	刘　雨等	33.00	2011.12	PPT
7	城市道路设计与施工	978-7-301-21947-8	吴颖峰	39.00	2013.1	PPT
8	建筑给排水工程技术	978-7-301-25224-6	刘　芳等	46.00	2014.12	PPT
9	建筑给水排水工程	978-7-301-20047-6	叶巧云	38.00	2012.2	PPT
10	数字测图技术	978-7-301-22656-8	赵　红	36.00	2013.6	PPT
11	数字测图技术实训指导	978-7-301-22679-7	赵　红	27.00	2013.6	PPT
12	道路工程测量(含技能训练手册)	978-7-301-21967-6	田树涛等	45.00	2013.2	PPT
13	道路工程识图与 AutoCAD	978-7-301-26210-8	王容玲等	35.00	2016.1	PPT
	交通运输类					
1	桥梁施工与维护	978-7-301-23834-9	梁　斌	50.00	2014.2	PPT
2	铁路轨道施工与维护	978-7-301-23524-9	梁　斌	36.00	2014.1	PPT
3	铁路轨道构造	978-7-301-23153-1	梁　斌	32.00	2013.10	PPT
4	城市公共交通运营管理	978-7-301-24108-0	张洪满	40.00	2014.5	PPT
5	城市轨道交通车站行车工作	978-7-301-24210-0	操　杰	31.00	2014.7	PPT
6	公路运输计划与调度实训教程	978-7-301-24503-3	高福军	31.00	2014.7	PPT/答案
	建筑设备类					
1	水泵与水泵站技术	978-7-301-22510-3	刘振华	40.00	2013.5	PPT
2	智能建筑环境设备自动化	978-7-301-21090-1	余志强	40.00	2012.8	PPT
3	流体力学及泵与风机	978-7-301-25279-6	王　宁等	35.00	2015.1	PPT/答案

注：为“互联网+”创新规划教材；★为“十二五”职业教育国家规划教材；◎为国家级、省级精品课程配套教材，省重点教材。如需相关教学资源如电子课件、习题答案、样书等可联系我们获取。联系方式：010-62756290，010-62750667，pup_6@163.com，欢迎来电咨询。